智能化成本核算与管理

主　编　袁　芳　　王立群　　崔维瑜

副主编　徐兆君　　孙晓晨　　刘　刚

　　　　贺　婧　　杨　柳

北京理工大学出版社

BEIJING INSTITUTE OF TECHNOLOGY PRESS

图书在版编目（CIP）数据

智能化成本核算与管理／袁芳，王立群，崔维瑜主编．－－北京：北京理工大学出版社，2024.5

ISBN 978 - 7 - 5763 - 4087 - 7

Ⅰ．①智…　Ⅱ．①袁…②王…③崔…　Ⅲ．①智能技术-应用-成本计算-教材②智能技术-应用-成本管理-教材　Ⅳ．①F231.2 - 39

中国国家版本馆 CIP 数据核字（2024）第 106025 号

责任编辑：申玉琴　　　　**文案编辑：**申玉琴
责任校对：王雅静　　　　**责任印制：**施胜娟

出版发行／北京理工大学出版社有限责任公司
社　　址／北京市丰台区四合庄路6号
邮　　编／100070
电　　话／（010）68914026（教材售后服务热线）
　　　　　　（010）68944437（课件资源服务热线）
网　　址／http：//www.bitpress.com.cn

版 印 次／2024年5月第1版第1次印刷
印　　刷／三河市天利华印刷装订有限公司
开　　本／787 mm×1092 mm　1/16
印　　张／16
字　　数／363千字
定　　价／80.00元

前 言
Preface

　　党的二十大报告提出实施科教兴国战略，强化现代化建设人才支撑，要求各高校全面贯彻党的教育方针，落实立德树人根本任务，更好地为职业教育和企业培育高素质技能型人才。这些都对会计教材提出了新的挑战，一套优秀的会计教材对于培养会计人才的重要性是显而易见的，会计教材必须与时俱进，随时关注政策变化。本书以习近平新时代中国特色社会主义思想为指导，以二十大报告为依据，培养学生的勤俭节约、大局为重、遵纪守法、公平公正、节能减耗等意识，强化学生的职业素养，落实立德树人根本任务。

　　近年来，随着互联网技术的飞速发展和数智时代的来临，当前会计专业已经迈向大数据时代，会计人员所处的环境越来越复杂，对会计人员的业务能力要求越来越高，会计人员面临着前所未有的严峻挑战。企业会计人员亟待转型升级，逐渐向数字化、管理决策方向转变。从专业知识上来讲，不仅要求财会人员具备良好的会计核算专业知识和专业技能，还需要具备管理决策技能。

　　"智能化成本核算与管理"是高职高专大数据与会计、大数据与审计、大数据与财务管理、大数据与财税以及经济管理等相关专业的一门主干核心专业课程，也是一门操作性较强的课程，在整个课程体系中占有尤为重要的地位。本书以财政部最新颁布的《企业会计准则》、《企业会计准则——应用指南》、《企业产品成本核算制度》和各项税收政策为编写依据，以岗位能力为出发点，将成本核算与管理课程体系模块化，按照目前成本会计岗位的职业能力划分了成本会计岗位认知、成本核算、成本管理三个模块，从对成本会计的岗位认识出发，讲授了如何进行成本核算，包括怎样根据生产经营特点和管理要求选择企业适用的成本计算方法，成本计算的三种基本方法和两种辅助方法，成本费用报表的编制，在成本核算提供的数据的基础上如何进行成本管理控制，分析成本和成本差异形成的动因，为企业管理者提出解决对策。本书全面、系统地阐述了工业企业成本核算与分析的基本理论和方法，培养学生担任成本会计岗位所必需的成本核算和成本管理工作的综合职业能力和职业素质，力求与社会实际工作岗位对成本会计岗位提出的综合能力要求相衔接，以使学生将来更好地适应社会岗位的能力要求，实现从学生到会计从业人员的无缝过渡。

在编写过程中，本书通过校企合作获取企业成本核算的案例资料，融合多位主讲"智能化成本核算与管理"课程教师的教学经验，精心设计实务案例与实训资料，真实反映企业成本核算和成本管理工作的整个过程；按照成本会计岗位的实际工作流程，贯彻从实践中来、到实践中去的编写思路，采用模块化、项目化的教学编排体制，以任务驱动教学，达到在学中做、在做中教，实现教、学、做一体化。本书注重实操性，根据企业的生产特点和管理要求，结合生产工艺流程，以工业企业成本核算与成本管理为核心，每个模块内精心设计了若干个项目，模拟企业成本核算与成本管理实务，侧重项目化教学。除此之外，本书还包括知识/能力/素质目标、知识结构导图、项目案例、知识拓展、项目小结、闯关练习、技能实训等内容。同时，本书突出岗、课、赛、证融通，根据考证大纲及职业技能大赛内容，将课程内容与考证比赛互相结合，为学生未来可持续发展打好基础。

为适应智能化信息技术的发展，"智能化成本核算与管理"课程模拟仿真会计工作环境，引入信息科技手段，授课过程基于 Excel 和财务软件背景下进行，让成本核算趋于信息化和精细化，将大数据和智能化贯穿整门课程的始终。这种转变不仅提高了成本核算的效率和准确性，还使得成本管理的决策支持能力得到了增强。此外，"智能化成本核算与管理"还强调了理论与实践的结合，通过理实一体化教学方式，使学生能够全面、系统地掌握不同类型企业成本核算的基本理论和方法，从而培养具有实践能力的会计职业人才。

为了便于及时巩固所学内容，本书配有充足的技能实训，技能实训所需的各种电子版 Excel 表格已上传出版社网站，以便学生下载使用，帮助学生进一步掌握和巩固成本核算与成本管理的操作技能。此外，为了更方便教学，本书配有丰富的教辅资料，如技能实训参考答案、课程标准、授课计划、教案、电子课件、微课等相应的教学资源，供授课老师使用。

本书适用范围广，既可以作为普通高等职业院校大数据与会计、大数据与审计、大数据与财务管理、财税大数据应用以及经济管理等相关专业的教材，也可以作为财会人员在职培训或会计初级职称考试的参考辅导教材。

本书由袁芳、王立群、崔维瑜担任主编，徐兆君、孙晓晨、刘刚、贺婧、杨柳担任副主编。山东润铭会计师事务所刘刚撰写项目一和项目二，济南工程职业技术学院杨柳撰写项目三的任务一和任务三、贺婧撰写项目三的任务二、孙晓晨撰写项目三的任务四和任务五、徐兆君撰写项目三的任务六、袁芳撰写项目四和项目九、王立群撰写项目三的任务七和项目五、崔维瑜撰写项目六、项目七和项目八。

在编写过程中，虽然我们竭尽所能，但由于编者的时间和精力所限，可能仍有不足之处，敬请广大读者批评指正，提出宝贵意见和建议。

编　者

目 录
Contents

模块三　成本管理

模块一

成本会计岗位认知

项目一 认识成本和成本会计岗位

 知识目标 ┄┄┄┄┄

1. 掌握成本的含义，了解成本的作用；
2. 掌握费用的分类；
3. 明确成本会计岗位的研究对象；
4. 了解成本会计岗位的职能、任务和组织形式；
5. 掌握成本核算工作的基本要求和一般程序。

能力目标 ┄┄┄┄┄

1. 能够对企业发生的各种费用进行正确的分类；
2. 能够根据企业的实际情况熟练地设置成本核算所需的各种账户。

素质目标 ┄┄┄┄┄

1. 形成一定的成本理念和成本意识，认识成本的重要性；
2. 遵守国家财经纪律、职业道德要求。

悟道明理·

遵纪守法

知识结构导图 ┄┄┄┄┄

认识成本和成本会计岗位
- 成本和费用
  - 成本的含义
  - 成本的作用
  - 费用的分类
- 成本会计岗位
  - 成本核算与管理的演变与发展
  - 成本会计岗位的研究对象
  - 成本会计岗位的职能
  - 成本会计岗位的任务
  - 成本会计工作的组织
  - 成本核算的基本要求
  - 成本核算的账户设置
  - 成本核算的一般程序

· 项目 导入 ·

星雅服装店为客户李敏女士定做服装，服装定价500元，制作服装需要购买布料200元、耗材（衬布、衣扣、镶边等）20元，工人工资50元，加工工具（缝纫机、剪子等）消耗费用折算10元。500元的服装价格包含了哪些内容？其中服装店的成本是多少？成本里包含了哪些内容？

要回答这些问题，首先要认识成本。界定成本的概念，可为后面的学习奠定基础。

任务一　认识成本和费用

一、成本的含义

按照马克思的劳动价值论，成本就是商品价值中的 C + V 部分，亦即大多数会计学者认为的"理论成本"。理论成本的经济实质可以表述为：在生产经营过程中所消耗的生产资料转移的价值和劳动者为自己所创造价值的货币表现。

视频

成本的内涵

在实践中，由于国家政策规定及企业的生产经营特点、管理的要求不尽一致，使得实际成本不一定与理论成本的内涵完全一致。在实践中，成本开支范围是由有关法规制度加以规定的，有些费用如车间办公费、工业企业的废品损失、停工损失等最终也会计入产品成本。所以在实际工作中，我们所说的成本是一个"现实成本"，是企业为生产某种产品或提供某种劳务而发生的各项耗费。

二、成本的作用

（一）成本是补偿生产耗费的尺度

为了保证再生产的不断进行，企业必须用生产经营成果对生产耗费进行补偿，而成本就是衡量这一补偿份额大小的尺度。企业取得销售收入后，首先要能够补偿生产耗费，否则企业资金就会缺乏，再生产就无法进行，更谈不上扩大再生产了。在收入一定的前提下，成本越低，企业获得的利润就越多。可见，成本作为生产耗费的补偿尺度，对企业在成本管理水平的衡量方面有着重要的标杆作用。

（二）成本是综合反映企业工作质量的重要指标

成本同企业生产经营各个方面的工作质量和效果有着内在的联系，如劳动生产率的高低、固定资产的利用程度、原材料的使用是否合理、产品产量的变动、产品质量的好坏、企业经营管理水平等诸多因素都通过成本直接或间接地反映出来。因此，成本是反映企业工作质量的综合性指标。

（三）成本是制定产品价格的重要依据

在市场经济条件下，产品价格虽然要受到供求关系、国家的价格政策、各种产品的比价关系、市场竞争的态势等因素的影响，但总体来说仍然是产品价值的货币体现。作为生产者，制定产品价格首先必须考虑补偿生产耗费的需要，当然还要考虑产品能否为市场所接受。所以，成本是企业制定价格需要考虑的重要因素，但不是唯一因素。

（四）成本是企业进行决策的重要依据

在市场经济条件下，竞争日趋激烈，如何提高竞争能力，在竞争中立稳脚跟，是企业经营者必须考虑的大事情。而要做到这一点，首先要进行生产经营决策。进行生产经营决策要考虑的因素有很多，成本就是要考虑的重要因素之一。因为企业只有通过努力降低成本，在市场中占有低成本的优势，产品的价值才能实现，生产耗费才能得到补偿，再生产才能继续进行。

三、费用的分类

工作中我们经常会听到成本、费用等会计术语，那么成本和费用是一回事儿吗？怎样划分成本和费用？我们只有明确成本、费用的范围，才能正确区分成本和费用，从而准确地计算出产品的成本。

费用是指企业在日常活动中产生的会导致所有者权益减少、与利润分配无关的经济利益的流出。费用可以按照不同的分类标准进行分类，其中最基本的是按费用的经济内容和经济用途进行的分类。

（一）按照经济内容分类

企业生产经营过程中发生的各种费用按照经济内容进行分类，可以划分为以下几个部分。

1. 外购材料

外购材料是指企业为进行生产经营活动而耗用的从外部购入的原料及主要材料、半成品、辅助材料、周转材料、修理用备件等。

2. 外购燃料

外购燃料是指企业为进行生产经营活动而耗用的一切从外部购入的各种燃料，包括固体、液体、气体燃料。

3. 外购动力

外购动力是指企业为进行生产经营活动而耗用的从外部购入的各种动力，如电力、热力等。

4. 职工薪酬

职工薪酬是指企业支付给职工的各项薪酬，包括工资、福利、社会保险、住房公积金等。

5. 折旧费

折旧费是指企业各部门按照规定方法计提的各种固定资产的折旧费用。

6. 利息费

利息费是指企业应计入财务费用的借款利息等支出减去存款利息收入后的净额。

7. 其他

其他是指除以上各项费用以外的费用，如邮电费、差旅费、保险费、办公费、维修费等。

（二）按照经济用途分类

企业生产经营过程中发生的各种费用按照经济用途进行分类，可以分为计入产品成本的生产费用和计入当期损益的期间费用两大类。

1. 生产费用

生产费用是一定时期内为产品生产或提供劳务而发生的各项费用，应计入产品成本。对于工业企业来说，生产费用就是一定时期内为生产产品而发生的各项费用。我们所说的成本就是由生产费用形成的。成本和生产费用核算的内容一致，都是为产品生产所花的耗费。生产费用是形成产品成本的基础，成本是对象化的生产费用。区别在于生产费用是针对一段时期而言，是一段时期内的生产耗费，而成本是针对产品而言，是某种产品的生产耗费。生产费用具体有以下几种分类。

（1）按用途分类。

生产费用按照用途可以进一步划分为若干项目。

①直接材料。

直接材料也称原材料，是指直接用于产品生产、构成产品实体的原料和主要材料及有助于产品形成的辅助材料。

②燃料及动力。

燃料及动力是指直接用于产品生产的各种燃料及动力费用。在消耗燃料及动力不多的企业，也可以将该项目合并于直接材料项目。

③直接人工。

直接人工也称生产工人薪酬，是指企业支付给直接从事产品生产的工人的各种薪酬。

④制造费用。

制造费用是指车间为组织和管理产品生产而发生的各项费用，如车间的机物料消耗、厂房和机器设备折旧费、管理人员和技术人员工资、办公费、劳动保护费等。

⑤废品损失。

废品损失是指在生产过程中产生的不可修复废品的成本和可修复废品发生的修复费用。管理上不要求单独核算废品损失的，可以不设置该项目。

⑥停工损失。

停工损失是指企业生产车间或车间班组在停工期间发生的各项损失费用。管理上不要求单独核算停工损失的，可以不设置该项目。

上述六个项目中，直接材料、直接人工、制造费用三个项目必不可少，燃料及动力、废品损失、停工损失可以视企业的具体情况而定是否开设。

（2）按与生产的关系分类。

生产费用按其与产品生产的关系可以分为直接费用和间接费用。

①直接费用。

直接费用是指直接用于产品生产的费用，如直接用于产品生产的材料费，直接参与生产的工人的薪酬等。

②间接费用。

间接费用是指间接用于产品生产的费用，一般是指生产车间发生的各项费用。车间是组织和管理生产的部门，车间一般性的机物料消耗，车间机器设备的折旧费，车间管理人员和技术人员的薪酬，车间的办公费、水电费等都是间接费用。但要注意，并不是车间发生的所有费用都是间接费用，例如车间的维修费就是例外，它不是间接费用，不应计入产品成本，而应该归属于期间费用中的管理费用。

（3）按计入成本的方式分类。

生产费用按计入成本的方式可以分为直接计入费用和间接计入费用。

①直接计入费用。

直接计入费用是指对象明确，无须分配就可以直接计入某种产品成本的费用。在计算产品成本时，该类费用可以根据费用发生的原始凭证直接计入某种产品成本，例如直接用于某种产品生产的材料费。

②间接计入费用。

间接计入费用是指为生产几种产品共同发生的费用，对象不明，需要分配才可以计入某种产品的费用。这类费用无法根据费用发生的原始凭证直接计入各种产品成本，而是需要采用适当的方法先在各种产品之间进行分配，然后再分别计入有关产品成本。例如车间发生的制造费用，期末需要在车间生产的几种产品之间进行分配。

需要注意的是，直接费用并不一定是直接计入费用，间接费用也不一定是间接计入费用。例如在只生产一种产品的企业，为简化核算，可以不设制造费用明细账，所有生产费用都可以直接计入该种产品的成本，这种情况下全部生产费用均为直接计入费用。又如，用同一种材料生产几种产品，材料共同领用，这时直接材料费用必须通过分配才能计入各种产品的成本。此外，一个车间的生产工人生产几种产品，生产工人的薪酬需要在几种产品之间进行分配，上面这两种情况下直接材料费和直接人工费虽然是直接费用，却是间接计入费用。

2. 期间费用

期间费用包括销售费用、管理费用、财务费用。

（1）销售费用。

销售费用是指企业为销售产品而发生的费用，以及为销售本企业产品而专设的销售机构的经费，包括保险费、运输费、装卸费、展览费、广告费、专设销售机构的职工薪酬、差旅费、办公费、水电费等。

（2）管理费用。

管理费用是指企业行政部门为组织和管理企业生产经营活动而发生的各项费用，包括行政管理部门的职工薪酬、机物料消耗、修理费、办公费、水电费、差旅费、无形资产摊销、固定资产折旧，以及工会经费、职工教育经费、董事会费、业务招待费、技术转让费、研究开发费等。

（3）财务费用。

财务费用是指企业为筹集生产经营资金而发生的各项费用，包括利息支出（减利息收入）、汇兑损失（减汇兑收益）、金融机构相关手续费等。

项目案例 1-1

【任务情境】新华公司 9 月购买了一台设备，支出 50 万元；支付公司办公等费用 10 万元；支付本月生产工人工资 100 万元、生产管理人员工资 10 万元、行政人员工资 30 万元；支付广告费 50 万元；支付行政人员差旅费 5 万元；支付运动会赞助费 20 万元、行政罚款 10 万元；本月计提折旧费 50 万元，其中，公司管理部门折旧费 15 万元，车间折旧费 35 万元；支付给投资人利润 20 万元；生产领用材料 30 万元；支付材料采购费用 50 万元；金融机构手续费 0.05 万元。

【任务要求】计算生产费用、期间费用。

【任务目标】掌握生产费用、期间费用的划分。

【任务分析】本案例考查的是生产费用和期间费用的划分。生产费用是一定时期内为产品生产或提供劳务而发生的各项费用，应计入产品成本。案例中产品的工人工资、生产管理人员工资、车间折旧费、生产领用材料都是生产费用，应计入产品成本。而公司办公费、行政人员工资、行政人员差旅费、公司管理部门折旧是管理费用，广告费是销售费用，金融机构手续费是财务费用，这些属于期间费用，应计入当期损益。此外，购买设备、购买材料的耗费应计入固定资产和原材料，属于资产，运动会赞助费、行政罚款是营业外支出，支付给投资人的利润是利润分配，这些既不属于生产费用，也不属于期间费用，属于支出。

【任务实施】

生产费用 = 100 + 10 + 35 + 30 = 175（万元）

期间费用 = 10 + 30 + 50 + 5 + 15 + 0.05 = 110.05（万元）

任务二　认识成本会计岗位

一、成本核算与管理的演变与发展

成本会计岗位的主要内容是进行成本核算和成本管理。成本核算和成本管理是基于生产发展的需要而逐步形成和发展起来的，随着时代的变迁和科技的进步，成本核算与管理也在不断发生变迁，其发展大致经历了以下几个阶段。

（一）早期成本会计的产生（20 世纪 20 年代以前）

19 世纪中后期，工场手工业的发展及英国产业革命的完成促进了早期成本会计的产生。起初人们是在会计账簿之外，用统计的方法来计算成本。这是早期成本会计的萌芽。随着工业革命的推进，企业规模逐渐扩大，为了满足有关各方面对成本信息资料的需要，提高成本计算的准确性，成本计算与会计核算结合起来，从而形成了成本会计。但这个时期的成本会计主要是进行成本核算，进行直接材料和直接人工的计算，以及间接费用的分摊。

（二）成本会计的发展（20 世纪 20 年代至 80 年代中期）

随着科学技术的迅猛发展，企业生存的外部环境日趋复杂，对企业管理的要求也越来越高，传统的成本核算逐渐暴露出其局限性。以泰勒为代表的科学管理理论，对成本会计的发展产生了深刻的影响。尤其是标准成本制度的应用，为生产过程成本控制提供了条件。标准成本法的出现使成本管理方法和成本计算方法发生了巨大的变化，成本会计不只是事后计算产品的生产成本和销售成本，还要事前制定标准成本，并据以控制日常的生产耗费与定期分析成本。这样，成本会计的职能扩大了，它不仅包含了会计核算，而且还包含了成本控制、成本差异分析和考核等，形成了成本核算与管理的雏形。

（三）信息化成本核算与管理阶段（20 世纪 80 年代中期至 21 世纪初）

从 20 世纪 50 年代起，跨国公司大量出现，企业规模日益扩大。随着企业业务模式的多样化，企业需要面对多维度、多层次的成本因素，如何准确核算和分摊成本成为一个巨大的挑战。作业成本法通过将各种成本费用按照不同动因分开进行计算，从而更精确地计算、控制成本。同时，随着管理的现代化，计算机、大数据分析、云计算等技术在成本核算与管理中广泛应用，提高了成本核算的效率和准确性。企业可以通过大数据分析技术实现成本的实时监控和数据分析，发现成本管理的隐性问题和提升空间，帮助企业制定更加科学有效的成本管理策略。成本核算与管理发展的重点已由成本的事中控制、事后计算和分析转移到如何预测、决策和规划成本，从而形成新型的以管理为主的现代成本核算与管理。

（四）智能化成本核算与管理阶段（21 世纪初至今）

近年来伴随着数字经济崛起、人工智能技术飞速发展，企业成本核算更加数字化和智能化，注重与企业战略的融合。过去企业的业务部门和财务部门割裂，耗时耗力还难以解决问题。现在企业开始将成本核算管理与供应链等业务流程和管理流程进行一体化，实现信息的共享和协同，提高企业的运营效率和管理水平，这就是业财一体化。业财一体化旨在实现业务与财务数据流的闭环管理，促进企业实现真正的数智化。它将企业的三大主要流程即业务流程、财务会计流程、管理流程进行融合，达到业财数据一体的目标。企业可以利用先进的数字化工具和智能化算法实现成本核算的自动化和智能决策，提高核算的效率和准确性。

但是业财一体化所开发的平台只能选择一种成本核算方法进行成本计算，目前市面上的业财一体化平台中成本核算用的都是品种法，但是这并不能适用于所有的企业，因此目前的业财一体化平台尚存在一定的局限性，有待于进一步发展和完善。

不同于其他会计岗位用到的原始凭证，成本会计岗位中有很多原始凭证是需要成本会计人员自行填制的。Excel 在制作单张或多张工作表甚至跨工作簿的数据处理方面，具有极其便利的优势，同时又突出了数据自动化处理，提供了数据管理与分析等多种方法和工具。通过它，我们可以进行各种数据处理统计分析等操作，因此它被广泛应用于会计财务和管理等工作中，为大数据技术在财务中的应用奠定坚实基础。

数字化是企业改革的时代要求。通过引入信息技术，利用 Excel 和财务软件，可以使成本核算更加信息化和精细化，这不仅提高了成本核算的效率和准确性，还使得成本管理的决策支持能力得到了增强。本书介绍的成本核算与管理方法基于 Excel 电子表格强大的计算、管理和分析功能开展教学，但只做成本核算与管理方法的理论性介绍，相关的操作方法在此不进行赘述。

二、成本会计岗位的研究对象

成本会计岗位的研究对象是成本会计岗位反映和监督的内容。下面以工业企业为例，说明成本会计岗位应反映和监督的内容。

工业企业的生产活动主要是生产产品。产品制造过程中的耗费包括生产资料等物化劳动耗费和活劳动耗费两大部分。在物化劳动耗费中的劳动资料主要是指房屋、建筑物、机器设备等，其价值则需要以计提折旧的方式分次转移到所制造的产品中去，构成产品成本的组成部分。原材料、燃料等劳动对象，在产品生产中或被消耗，或被改变实物形态，其价值一次性全部转移到新产品中去，构成产品生产成本的一部分。活劳动耗费，就是以工资、福利等形式支付给劳动者，体现为劳动者通过劳动所创造的那部分价值，这部分理所当然构成产品成本的一部分。在产品制造过程中发生的各种生产耗费，主要包括原料、燃料、动力及辅助材料等的耗费，生产部门固定资产的折旧，生产工人及车间管理人员、技术人员的薪酬和其他一些为产品生产而发生的各项直接或间接费用。这些就是企业在产品生产过程中发生的全部生产费用，即为生产一定种类和数量的产品而发生的生产成本，是成本会计岗位需要核算和监督的主要内容。

企业行政部门为组织和管理企业生产经营活动而发生的各项费用，包括行政管理部门的职工薪酬、机物料消耗、修理费、办公费、水电费、差旅费、无形资产摊销、固定资产折旧，以及工会经费、职工教育经费、董事会费、业务招待费、技术转让费、研究开发费等管理费用。在产品销售过程中，企业为销售产品而发生的各种支出，包括由企业负担的包装费、运输费、广告费、装卸费、保险费和专设销售机构的人员薪酬、办公费、折旧费、物料消耗等销售费用。企业为筹集生产经营所需资金而发生的各种支出，包括利息净支出、汇兑净损失、金融机构手续费、购货方享受的现金折扣、票据贴现利息等财务费用。销售费用、管理费用和财务费用都是在生产经营过程中发生的，不能计入产品成本，但能确定归属的期间，所以把它们统称为期间费用，直接计入发生当期损益。但期间费用也应该是成本会计岗位核算和监督的内容。

综上所述，成本会计岗位的研究对象为企业生产经营费用，具体包括计入产品成本的生产费用和计入当期损益的期间费用。

三、成本会计岗位的职能

成本会计岗位的职能是指其在经济管理中所发挥的作用和功能。现代成本会计岗位的职能主要包括成本预测、成本决策、成本计划、成本控制、成本核算、成本分析和成本考核七个方面。

（一）成本预测

成本预测是指在分析企业现有经济技术、市场状况和发展趋势的基础上，根据成本特性及相关信息数据，运用科学的定量分析和定性分析的方法，对未来成本水平及其变化趋势做出科学的估计和测算。通过成本预测，经营管理者可掌握未来的成本水平及其变动趋势，选择最优方案，做出正确决策。

（二）成本决策

成本决策是指根据成本预测提供的数据和其他相关资料，制定出优化成本的各种备选方案，运用定性与定量的方法，对各种备选方案进行比较分析，从中选出最佳成本方案，确定企业目标成本的过程。成本决策可分为宏观成本决策和微观成本决策，它贯穿于整个生产经营过程，涉及面广。只有在每个环节都选择最优的成本决策方案，才能达到总体的最优。

（三）成本计划

成本计划是指根据成本决策所确定的目标成本，具体制定在计划期内为完成生产经营任务所耗费的成本、费用，并提出为达到规定的成本、费用水平所采取的各项措施。成本计划属于成本的事前管理，是企业生产经营管理的重要组成部分，有利于成本控制。

（四）成本控制

成本控制是指企业以预先确定的成本标准作为企业生产经营过程中所发生的各项费用的限额，在费用发生时，严格审核各项费用是否符合规定，并计算出实际费用与标准费用之间的差异，同时对产生差异的原因进行分析，采取有效的方法，将各项费用限制在计划之内。成本控制的过程是对企业在生产经营过程中发生的各种耗费进行计算、调节和监督的过程，同时也是一个发现薄弱环节，寻找一切可能降低成本途径的过程。

（五）成本核算

成本核算是指对生产经营过程中实际发生的成本、费用进行归集分配，计算出各种产品的成本，并进行相应的账务处理的过程。成本核算资料可以反映成本计划的完成情况，为编制下期成本计划、进行成本预测和决策提供依据。成本核算是成本会计岗位最基本的职能。

（六）成本分析

成本分析是指根据成本核算提供的相关数据及其他的有关资料，分析成本水平与构成的变动情况，与成本计划、本企业上年同期成本及同行其他企业成本相对比，研究影响成本升降的各种因素及其变动原因，寻找降低成本的分析方法。成本分析是成本管理的重要组成部分，为以后编制成本计划和制定经营决策提供重要依据。

（七）成本考核

成本考核是指在成本分析的基础上，定期审核成本目标实现情况和成本计划指标的完成结果，全面评价成本管理工作的成绩。成本考核应该与奖惩制度相结合，评价各责任中心特别是成本中心的业绩，促使各责任中心对所控制的成本承担责任，并借以控制和降低各种产品的生产成本，充分调动企业员工执行成本计划、提高经济效益的积极性。

四、成本会计岗位的任务

成本会计岗位的任务是同其职能密切联系的，其根本任务是在保证产品质量的前提下，促进企业尽可能节约产品生产经营过程中活劳动和物化劳动的消耗，不断提高经济效益。

（一）正确及时地进行成本核算，为企业管理者及时提供成本信息

成本核算提供的成本数据不仅是企业制定产品价格的依据，同时也是企业进行成本管理的依据。只有成本数据正确，才能满足成本管理的需要。如果成本数据不能反映产品成本的实际水平，不仅难以考核成本计划的完成情况和进行成本决策，而且会影响利润的正确计量和存货的正确计价，歪曲企业的财务状况。

（二）优化成本决策，确立目标成本

优化成本决策，需要在科学的成本预测基础上收集整理各种成本信息，在现实和可能的条件下，采取各种降低成本的措施，从若干可行方案中选择生产每件合格产品所消耗活劳动和物化劳动最少的方案，将成本最低化作为制定目标成本的基础。为了优化成本决策，需增强企业员工的成本意识，使之在处理每一项业务活动时都能自觉地考虑和重视降低产品成本的要求，把所费与所得进行比较，以提高企业的经济效益。

（三）加强成本控制，防止挤占成本

以成本开支范围为标准，以企业的有关计划、预算、定额为依据，严格控制成本和费用的开支，督促各生产单位节约开支，寻求降低成本的途径和方法，从而促进企业经济效益不断提高。加强成本控制，首先是进行目标成本控制。其主要依靠执行者自主管理，进行自我控制，提高技术，厉行节约，注重效益。其次是遵守各项法规的规定，控制各项费用支出、营业外支出等挤占成本。

（四）建立成本责任制度，加强成本责任考核

成本责任制度是对企业各部门、各层次及其负责人在成本方面的职责所做的规定，是促使职工在降低成本方面，增强责任心，发挥其主动性、积极性和创造力的有效办法。建立成本责任制度，把降低成本任务的责任落实到每个部门、层次及其责任人，使职工的责、权、利相结合，职工的劳动所得同成本相结合。实行成本责任制度时，成本核算要以责任者为核算对象，按责任的归属对所发生的可控成本进行记录、汇总、分配、整理、计算、传递和报告，并将各责任单位或个人的实际可控成本与其目标成本相比较，揭示差异，寻找差异产生的原因，据以进行绩效评价。

五、成本会计工作的组织

（一）成本会计机构

成本会计机构一般根据企业规模和成本管理要求来设置。进行成本核算有两种形式：

集中核算和分散核算。集中核算是指企业的成本会计工作主要由厂部成本会计机构负责，即企业的成本预测、决策、计划、控制、核算、分析和考核集中到厂部成本会计机构进行，各车间或生产单位的成本会计机构或人员只负责原始记录和原始凭证的填制，并对原始记录和原始凭证进行初步的审核、整理，为厂部成本会计机构开展成本工作提供资料。规模较小的企业通常实行集中核算。分散核算是指将企业的成本会计工作分散，即由各车间或生产单位的成本会计机构或人员分别完成主要会计凭证的审核、整理和汇总，各种费用的归集和分配，生产费用的核算和产品成本的核算等工作，厂部根据各车间或生产单位上报的成本核算资料进行全厂成本的汇总核算，并对全厂成本进行综合的计划、控制、分析和考核，同时负责对各车间或生产单位成本会计机构或人员进行业务上的指导和监督。规模较大的企业通常实行分散核算，自上而下设置专门的成本会计机构，实行分级管理，下级向上级汇报成本核算资料。

（二）成本会计人员

成本会计人员是指在会计机构或专设的成本会计机构中配备的成本工作人员，主要职责是对企业日常的成本工作进行处理。成本会计人员有权要求企业有关部门人员认真执行成本计划，严格遵守国家财经法规，有权参与制定企业经营计划和各项定额，有权督促检查各部门对成本计划的执行情况。为了保证成本信息质量，成本会计人员应具备较高的业务素质，具备良好的会计职业道德，定期进行培训，提高职业能力和职业素养。同时，要明确岗位责任制，定岗定编，成本会计人员各司其职。

悟道明理

会计人员职业
道德

知识拓展

企业内部会计
控制规范——
成本费用

（三）成本会计制度

成本会计制度是成本会计工作的规范，是会计法规制度的重要组成部分。与成本会计有关的法律、规章、制度有《中华人民共和国会计法》《企业财务通则》《企业会计准则》，以及国家统一的会计制度、企业产品成本核算制度和成本核算办法，简称"一法二则三制"。

六、成本核算的基本要求

成本核算不仅是成本会计岗位的基本任务，也是企业经营管理的重要组成部分。为了充分发挥成本核算的重要作用，在成本核算工作中企业应努力贯彻并落实好以下各方面的要求。

（一）成本核算与管理相结合

在成本核算过程中，核算和管理要结合起来。成本管理贯穿于成本核算过程中。成本核算不应只是事后对企业的生产费用和期间费用进行简单的记录和计算，还应该加强对事前、事中的成本和费用的审核和控制，审核其是否合理合法、是否超出计划或定额、是否符合成本开支的范围、是否应该计入产品成本。成本核算要从管理的要求出发，提供符合管理者要求的成本信息，对成本进行分析控制，为降低企业成本、提高企业经济效益服务。

（二）正确划分各种费用界限

为了正确计算产品成本，必须正确划分以下五个方面费用的界限。

1. 正确划分生产经营费用与非生产经营费用的界限

工业企业的经济活动是多方面的，其费用的用途不完全相同。例如，企业购建固定资产的耗费，应计入固定资产的成本；固定资产清理净损失应计入损益类科目；用于产品生产的耗费应计入产品成本；用于组织和管理的以及销售、筹资的耗费应计入期间费用。企业成本会计岗位研究的对象是生产经营费用，非生产经营费用不属于成本会计岗位的职责内容。因此，对于每一笔耗费，我们都要先分清楚是否是生产经营费用，把非生产经营费用剔除。为了正确计算产品成本，企业既不能将不应计入产品成本的支出列入产品成本，导致虚增成本，减少企业利润，少纳税，也不能将应计入产品成本的支出少计或不计入产品成本，导致虚减成本，增加企业利润，粉饰财务报告。

2. 正确划分生产费用与期间费用的界限

在划分出生产经营费用之后，尚需在生产经营费用中划分出生产费用和期间费用。生产费用是指在一定会计期间为生产产品而发生的各项耗费，最终应由产品成本承担；期间费用是指企业为生产经营活动而发生的不能按照成本计算对象进行归集但可以确定归属期间的各项耗费，最终应转入本年利润。正确划分这两项费用界限，有利于正确计算产品成本，明确各个成本责任主体的责任，与奖惩制度挂钩，调动各部门降低成本的积极性，提高企业经济效益。

3. 正确划分各个月份费用的界限

划分出生产费用和期间费用后，必须按照权责发生制原则，正确划分各个月份费用界限，以便明确各月的费用数额，按月结算费用，分别计入产品成本和期间费用。凡是归属于本月的生产费用和期间费用，无论是否在本月支付，都要计入本月的生产费用和期间费用。凡是应该计入以后月份的生产费用和期间费用，即使在本月支付，也要采取待摊的办法分配计入以后月份的生产费用和期间费用。正确划分各个月份的费用界限，要注意防止采取待摊和预提的办法，人为地调剂各月份费用的错误做法。

4. 正确划分各种产品费用的界限

划分出当月的生产费用之后，为了分析和考核各种产品成本计划的完成情况，在生产两种以上产品的企业，必须生产费用对象化，从而形成各种产品的成本。因此，由本月产品成本负担的生产费用，应该在各种产品之间进行划分。可以清楚地归属于某种产品成本的生产费用，应直接计入该种产品成本；分不清应由哪种产品负担的生产费用，应采用适当的分配方法分配计入各项产品的成本中。

5. 正确划分完工产品与在产品的界限

划分出各种产品的成本之后，期末将各项生产费用按照不同产品进行归集，如果该种产品已经全部完工，那么该产品所发生的生产费用就是该种产品的完工产品成本；如果全部没有完工，那么该产品所发生的生产费用就是该种产品的期末在产品成本。但如果既有完工产品又有未完工的在产品，这就需要采用恰当的方法在完工产品和在产品之间进行成本分配，分别计算出本期完工产品成本和期末在产品成本，并将完工产品进行结转。

综上所述，企业产品成本核算的过程，就是正确划分以上五个方面费用界限的过程，也就是费用归集和分配的过程，通过一步一步将成本费用细分，最终核算出各种产品的完工成本。

知识拓展·

成本的开支范围

（三）正确确定财产物资的计价和价值结转的方法

产品成本中有一部分是物化劳动转移的价值，因此，为了正确计算产品成本和期间费用，必须按照合理、简便、合法的原则确定财产物资的计价和价值结转的方法，各种方法一经确定，不得随意变更，如发出材料的计价方法、固定资产的折旧方法、周转材料的摊销期限和摊销方法等。

（四）做好成本核算的基础工作

为了加强成本控制，正确及时地计算产品成本，必须做好以下各项基础工作。

1. 原始记录

原始记录是反映生产经营活动的原始资料，也是成本核算和管理的基础。所以，对于在生产过程中材料的领用、工时和动力的耗费、半成品的内部转移、产品质量的检验和产品入库等都要做好真实的原始记录。只有这样，成本核算和成本分析才有据可依。

2. 定额管理

定额是企业在正常的生产条件下，对人力、物力、财力的配备以及使用消耗等所应遵守的标准或应达到的水平。定额按其反映的内容不同，分为工时定额、产量定额、材料消耗定额等。企业要根据当前的设备条件和技术水平，不断对定额进行及时的修订，这样才能充分发挥定额的作用，更好地控制降低成本。

3. 财产物资的计量、收发、领退和盘点

为了正确地进行成本核算，必须建立健全财产物资的计量、收发、领退和盘点制度。在财产物资的计量、收发、领退和盘点过程中，严格执行制度，办理审批手续，做到手续齐备、数据准确。

4. 内部结算

计划管理基础较好的企业，应制定企业内部计划价格，对原材料、燃料、半成品和企业内部各部门相互提供的劳务按计划价格进行内部结算。这样做有利于分清内部经济责任，便于考核企业内部各单位成本计划的完成情况，消除不可比因素的影响，合理评价各部门的成本管理业绩。

（五）选用适当的成本计算方法

不同企业不同产品的生产工艺和生产组织方式不同，要使产品成本的计算结果接近实际，必须选用适当的成本计算方法。成本计算方法有多种，企业要根据自身产品生产工艺的特点以及管理的要求来选择，一经选定，不得随意变更。

七、成本核算的账户设置

（一）"生产成本"账户

"生产成本"账户用来核算企业进行工业性生产所发生的各项生产费用，计算产品和劳务的实际成本。一般可以在"生产成本"总分类账下分设"基本生产成本"和"辅助生产成本"两个二级账户。

"基本生产成本"账户是用于归集企业进行产品生产或提供劳务等基本生产活动而发生的各项生产费用，计算基本生产成本的账户。对工业企业而言，生产过程即产品的生产过程，"基本生产成本"账户借方登记进行产品生产所发生的各项生产费用，贷方登记完工入库产品的成本。期末如有借方余额，表示期末在产品成本。该账户应按成本项目设立金额分析专栏，例如直接材料、直接人工、制造费用等，进行金额分析。其明细账格式如表 1-1 所示。

表 1-1　基本生产成本明细账

产品名称：　　　　　　　　　　　　　　　　　　　　　　　　　　　　单位：

日期	摘要	借方	贷方	余额	金额分析		
					直接材料	直接人工	制造费用

"辅助生产成本"账户是用于归集企业进行供水、供电、供气、机修等辅助生产活动而发生的各项生产费用，计算辅助生产成本的账户。其借方登记进行辅助生产所发生的各项生产费用，贷方登记完工入库工具材料的成本或分配转出的劳务费用。供水、供电、供气等辅助生产车间因为生产出来的水、电、气无法验收入库，因此这种情况下的辅助生产成本账户借方有多少发生额，期末贷方就分配多少，这时该账户是没有期末余额的。机修车间的辅助生产分为两种情况：若纯粹是提供维修劳务，本期有多少发生额，期末就分配多少，该账户期末无余额；若是加工工具或材料，工具材料是有实物形态可以验收入库的，这种情况下同商品的结转道理是一样的，如果期末尚未全部完工，成本不能全部结转，借方余额表示期末辅助生产尚在加工工具或材料的成本。该账户应按辅助生产车间或产品、劳务设立明细分类账，按成本项目设置专栏，例如直接材料、直接人工等，进行金额分析。其明细账格式如表 1-2 所示。

表1-2 辅助生产成本明细账

车间：　　　　　　　　　　　　　　　　　　　　　　　　　　　　　　　　　单位：

日期	摘要	借方	贷方	余额	金额分析	
					直接材料	直接人工

（二）"制造费用"账户

"制造费用"账户用于归集和分配车间发生的各项费用（车间修理费例外，计入管理费用）。该账户借方登记实际发生的制造费用，贷方登记按照适当的分配标准分配转出的制造费用。除季节性生产企业外，该账户期末全部分配转入"生产成本"账户，应无余额。该账户应按车间、部门设立明细分类账，按费用项目设置专栏，例如物料、薪酬、折旧、办公、水电等，进行金额分析。其明细账如表1-3所示。

表1-3 制造费用明细账

车间：　　　　　　　　　　　　　　　　　　　　　　　　　　　　　　　　　单位：

日期	摘要	借方	贷方	余额	金额分析				
					物料	薪酬	折旧费	办公费	其他

（三）"废品损失"账户

单独核算废品损失的企业，应设置"废品损失"账户。该账户借方登记不可修复废品的生产成本和可修复废品的修复费用，贷方登记废品残料回收的价值、赔偿的收入和分配转出的废品净损失。结转完毕后，该账户期末没有余额。废品损失应按项目设置专栏，例如直接材料、燃料动力、直接人工、制造费用等，进行金额分析。

（四）"停工损失"账户

单独核算停工损失的企业，应设置"停工损失"账户。该账户借方登记各项停工损失，贷方登记索赔收入和分配结转的净损失。结转完毕之后，该账户无期末余额。停工损失应按项目设置专栏，进行明细核算。

（五）"长期待摊费用"账户

"长期待摊费用"账户核算企业已经支出，但摊销期限在一年以上的各项费用。该账户的借方登记实际支付的各项长期待摊费用，贷方登记按期摊销的费用。该账户的借方余额表示长期待摊费用尚未摊销的剩余价值。

（六）"销售费用"账户

"销售费用"账户用于核算企业为销售产品而发生的费用以及为企业专设销售机构的经费。该账户借方登记实际发生的各项销售费用，贷方登记期末转入"本年利润"账户的销售费用，期末无余额。该账户应按费用项目设置专栏，例如广告费、展览费、运输费、包装费、职工薪酬、办公费、水电费、折旧费等，进行金额分析。

（七）"管理费用"账户

"管理费用"账户用于核算企业行政部门为组织和管理生产经营活动而发生的各项费用。该账户借方登记实际发生的各项管理费用，贷方登记期末转入"本年利润"账户的管理费用，期末无余额。该账户应按费用项目设置专栏，例如物料消耗、职工薪酬、工会经费、职工教育经费、业务招待费、办公费、水电费、折旧费等，进行金额分析。

（八）"财务费用"账户

"财务费用"账户用于核算企业为筹集生产经营所需资金而发生的各项费用。该账户借方登记实际发生的各项财务费用，贷方登记应冲减财务费用的利息收入、汇兑收益及期末转入"本年利润"账户的财务费用，期末无余额。该账户应按费用项目设置专栏，例如利息费用、汇兑损益、手续费等，进行金额分析。

八、成本核算的一般程序

产品成本的核算过程，就是将各种生产费用进行归集和分配，最后计入各种产品成本，按成本项目反映完工产品成本和期末在产品成本的过程。

（一）确定成本计算对象

成本计算对象是生产费用的归集对象和生产耗费的承担者，确定成本计算对象就是要确定将生产费用向"谁"进行归集和分配，通俗来说也就是计算的是"谁"的成本。对制造企业而言，一般按产品品种、产品批次或产品生产步骤等来确定成本计算对象。

（二）确定成本计算期

产品成本的计算，一般按月进行，也有以产品的生产周期作为成本计算期的。

（三）审核生产费用

成本会计人员对生产费用进行审核，主要是按照有关的规定，确定各项耗费是否符合法律法规、财经纪律的规定，是否属于生产经营费用，然后确定该笔费用是应该计入产品成本还是计入期间费用。

（四）归集、分配生产费用

生产费用的归集和分配，就是将应计入本期产品成本的各种生产费用在各种产品之间进行归集和分配，并按其经济用途计入产品的成本项目。

1. 归集、分配材料费用、人工费用等要素费用

对生产中产品所耗用的材料，可以根据领料凭证编制材料费用分配表；发生的人工费用，可根据产量通知单等产量工时记录凭证编制人工费用分配表等。凡是能直接计入产品成本的费用，归入"生产成本——基本生产成本""生产成本——辅助生产成本""制造费用""管理费用"等相关明细账户；不能直接计入产品成本的费用，需要分配后才能归入相关明细账户。在成本计算中，对于不能直接计入产品成本的费用，其分配计算的方法可能非常多，分配是否合理往往决定成本计算的结果正确与否，而做到合理分配的关键是找到适当的分配方法。

2. 归集、分配辅助生产费用

归集在"生产成本——辅助生产成本"明细账户的费用，除对完工入库的自制工具或材料的成本转为存货成本外，其余成本应按受益对象和所耗用的劳务数量进行分配，编制辅助生产费用分配表，并分别归入"生产成本——基本生产成本""制造费用""管理费用"等相关明细账户。

3. 归集、分配基本生产车间制造费用

归集在各基本生产车间的制造费用，应区分不同车间，在期末编制制造费用分配表；发生费用分配到各车间的产品成本中，归入"生产成本——基本生产成本"明细账户。

（五）分配本期完工产品与期末在产品成本，并结转完工产品成本

项目一

经过以上生产费用的分配，各种产品应负担的生产费用已全部计入相关的产品成本明细账。如果期末产品全部完工，所归集的生产费用即为期末完工产品成本。如果期末全部未完工，则为期末在产品成本。如果期末既有完工产品又有在产品，应将期初在产品成本与本期生产费用汇总出累计生产费用，在完工产品和在产品之间进行分配，计算出本期完工产品成本和期末在产品的成本，并将本期完工产品验收入库，完工验收入库产品的成本，从"生产成本——基本生产成本"明细账户转入"库存商品"明细账。

 项目小结

成本分为理论成本和现实成本，理论成本是在生产经营过程中所消耗的生产资料转移

的价值和劳动者所创造价值的货币表现，现实成本是指企业为生产产品或提供劳务有关的各项耗费。

费用按经济内容分为外购材料、外购燃料、外购动力、职工薪酬、折旧费、利息费和其他费用。费用按照经济用途分为生产费用和期间费用，其中的生产费用对象化就形成了产品成本。生产费用按用途分为直接材料、燃料及动力、直接人工、制造费用、废品损失、停工损失；按与生产的关系分为直接费用和间接费用；按计入成本的方式分为直接计入费用和间接计入费用。

成本会计是现代会计的一个重要分支，是运用会计的基本原理和一般原则，采用一定的技术方法，对企业生产经营过程中发生的各项生产费用和期间费用进行连续、系统、全面、综合核算和监督的一种管理活动。其研究对象为工业企业生产经营过程中发生的计入产品成本的生产费用和计入当期损益的期间费用。成本会计的职能有：预测、决策、计划、控制、核算、分析、考核。企业应根据生产经营规模的大小、业务的繁简、管理的需要建立健全成本会计工作机构，配备必要的会计人员，采取集中或者分散的工作组织形式，充分发挥成本的职能作用。

成本核算工作应与成本管理工作相结合，算管结合，算为管用。为了正确计算产品成本和期间费用，必须严格划分各种费用界限，确定财产物资的计价和价值结转的方法，做好成本核算的基础工作，选用适当的成本计算方法。

产品成本是衡量企业生产经营管理的一项重要的综合性指标，产品核算的过程又是监督与控制的过程，监督与控制的目的是降低成本、提高经济效益。进行成本核算的一般程序是：确定成本计算对象，确定成本计算期，审核生产费用，归集、分配生产费用，分配本期完工产品与期末在产品成本并结转完工产品成本。

 项目综合实训

1. 任务目的：正确划分生产费用和期间费用。

2. 任务情境：

海天工厂本月发生下列支出：

（1）车间保险费 300 元；

（2）工厂使用的水电费 500 元；

（3）生产办公桌使用木材的成本 900 元；

（4）工厂机器设备采用直线法计提的折旧 200 元；

（5）采购部门经理工资薪酬 3 000 元；

（6）销货人员的佣金 800 元；

（7）组装线上工人的工资 1 000 元；

（8）行政部门领导的工资薪酬 5 000 元；

（9）办公打印纸的费用 100 元；

（10）车间管理人员工资为 2 000 元。

3. 任务要求：分析说明以上支出应计入的成本费用项目，并阐述原因。

项目评价表

目标	要求	评分细则	分值	自评	互评	教师
知识	掌握成本含义、成本会计岗位研究对象	全部阐述清楚得10分，大部分阐述清楚得6~9分，其余视情况得1~5分	10			
	了解成本的作用、成本会计岗位的职能任务	全部阐述清楚得10分，大部分阐述清楚得6~9分，其余视情况得1~5分	10			
	掌握成本核算的基本要求	全部阐述清楚得10分，大部分阐述清楚得6~9分，其余视情况得1~5分	10			
技能	划分生产经营费用	能准确划分得15分，大部分划分准确得8~14分，其余视情况得1~7分	15			
	设计成本核算程序	能完整地进行成本核算程序的设计得15分，大部分准确得8~14分，其余视情况得1~7分	15			
素质	按时出勤	迟到早退各扣1分，旷课扣5分	10			
	团队合作	小组氛围融洽，团结合作讨论解决问题，视情况1~10分	10			
	职业道德	遵守财经纪律，认识成本的重要性，严格遵守成本范畴，视情况1~10分	10			
完成情况	按时保质完成	按时提交，视情况1~5分	5			
		书写整齐，视情况1~5分	5			
合计	自评、互评、教师评价各自占比30%、20%、50%		100			

成本核算

项目二　选择成本计算方法

知识目标

1. 了解企业的生产类型;
2. 掌握企业的生产经营特点和成本管理要求对成本计算方法的影响;
3. 了解工业企业成本计算方法,掌握成本计算基本方法的适用范围和特点。

能力目标

能够判断企业的生产类型和成本管理要求,正确选用适合本企业的成本计算方法。

素质目标

遵纪守法,廉洁自律,爱岗敬业,良好的会计职业素养。

知识结构导图

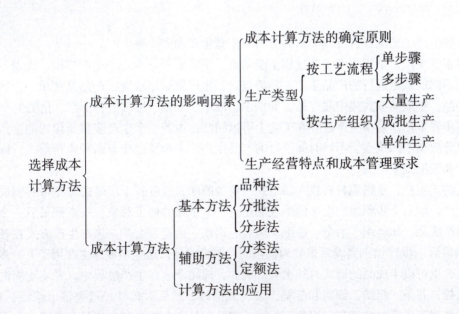

小王到新成立的一家纺织公司任职成本会计。该公司大量大批生产某种布料，其中半成品绢纱对外进行销售。小王应该选取哪种方法进行成本计算？选择成本计算方法的依据是什么？

任务一　成本计算方法的影响因素

一、成本计算方法的确定原则

产品成本是由产品生产过程中企业各个生产单位（如车间、分厂）所发生的生产费用形成的。因此，产品成本计算方法与企业生产单位的工艺过程和生产组织有紧密的联系。同时，成本计算是成本核算的一个重要组成部分，而成本核算与管理又是会计这一管理活动的一个重要分支。因此，产品成本计算必须满足企业管理方面的要求。这就是说，确定产品成本计算方法的原则是：必须从企业（或企业生产单位）的具体情况出发，充分考虑企业生产经营特点和成本管理的要求。

成本计算对象、成本项目及成本计算方法一经确定，一般不得随意变更。若需变更，需经股东大会、董事会、经理（厂长）会议等批准，并在会计报表附注中予以说明。

二、生产类型

工业企业生产根据生产工艺流程和生产组织的特点，可以分为不同的类型。

（一）按照生产工艺流程分类

按照生产工艺流程进行分类，可分为单步骤生产和多步骤生产。

单步骤生产，是指生产工艺过程不能间断、不需要划分为几个生产步骤，或者不便于分散在不同的地点进行的产品生产。其特点为：生产周期比较短，产品品种单一，通常没有在产品、半成品或其他中间产品，如供水、发电、采掘、燃气燃料生产、化肥生产等。

多步骤生产，是指生产过程在工艺上可以间断，由若干个生产步骤所组成的生产，也指可以分散在不同地点、不同时间进行的产品生产。多步骤生产有两种生产形式，即连续式生产和装配式生产。

连续式生产，是指原材料投入后按照一定的顺序，经过若干步骤的加工最终制成产成品的生产，前一个步骤生产出来的半成品是下一个步骤的加工对象，一直到最后一个步骤生产出产成品，如纺织、冶金、造纸、服装、钢铁、搪瓷等生产。该种生产方式在各个步骤（除最后一步）加工完成后多数为企业的自制半成品，这些半成品主要用于下一步骤继续加工，也可以半成品的形式对外出售。例如，棉纺企业在生产过程中，先将皮棉进行清花、梳棉、并条、粗纺、细纺和落桶，加工成棉纱，然后对棉纱经过整经、浆纱、穿经、织造和整理等步骤制成坯布。棉条、粗纱、细纱都是企业的自制半成品，既可以自用，也可以对外出售。

装配式生产又称平行式生产，是指各种原材料投入不同的加工部门（不同的车间、分厂或不同的企业）制成完工产品所需的各种零部件，再将零部件组装成完工产品的生产，如自行车、钟表、机床、客车等生产。机械、仪表、家电、汽车等生产企业大多数属于多步骤生产类型企业。例如，自行车生产企业就是将原材料分别加工制成车架、车把、前叉、钢圈、轮胎和车链等部件，然后组装成自行车。

（二）按照生产组织方式分类

按照生产组织方式进行分类，可以分为大量生产、成批生产和单件生产。

大量生产，是指不断地大量重复生产相同产品的生产，如供水、发电、纺织、采掘、冶金、造纸、酿造、面粉加工等生产。它的特点是：陆续投入，陆续产出，产品品种少且量大稳定，一般专业化程度高，生产节奏性较强。

成批生产，是指按照事先规定的产品批次和数量进行的生产，如制药、卷烟、服装、制鞋、电机等。它的特点是：产品品种多，每种产品产量多少不等，生产具有重复性。成批生产按照产量的大小，还可以分为大批生产和小批生产。大批生产，产品批量较大，往往重复生产，性质上接近大量生产；小批生产，产品批量较小，一批产品一般可同时完工，性质上接近单件生产。

单件生产，是指根据订货单位订单所要求的规格、型号、性能而组织的个别、性质特殊的产品的生产，如船舶、飞机、精密仪器、专用设备、重型机械、新产品等的生产。它的特点是：产品产量少，一般很少重复生产。

综上所述，将生产工艺流程与生产组织方式结合起来，可以形成四种基本的生产类型。其中，单步骤生产和连续式多步骤生产，一般都是大量大批生产；装配式多步骤生产，可以是大量大批生产，也可以是单件小批生产，如表2－1所示。

表2－1 工业企业生产类型

生产类型			工业企业基本生产类型	典型企业
按生产工艺流程分	按生产组织方式分			
单步骤生产	大量生产		大量大批单步骤生产	供水、发电、采掘
	成批生产	大批生产		
		小批生产	不存在	
	单件生产			
多步骤生产	大量生产		大量大批多步骤生产	大量大批连续式多步骤生产	纺织、冶金、造纸
	成批生产	大批生产		大量大批装配式多步骤生产	家电、一般机械
		小批生产	单件小批装配式多步骤生产	专用设备、重型机械
	单件生产			

三、生产经营特点和成本管理要求

生产经营特点和成本管理要求对产品成本计算方法的影响具体表现在三个方面：成本计算对象、成本计算期、生产费用在完工产品和在产品之间的分配。

（一）对成本计算对象的影响

工业企业的生产经营特点和成本管理要求对产品成本计算的影响，最主要表现在成本计算对象的确定上。计算产品成本，首先要确定成本计算对象。成本计算对象，是指为计算产品成本而确定的归集和分配生产费用的各个对象，也就是成本的承担者。成本计算对象可以是一个品种、一个批次，也可以是一个生产步骤。

大量大批单步骤生产的企业，由于单步骤生产的工艺过程不可间断，不可能划分为几个步骤生产，又由于不断重复某种或几种产品的生产，也无法分批，只能以产品的品种为成本计算对象，归集生产费用，计算产品成本。

大量大批多步骤生产的企业，由于不断大量重复生产品种相同的产品而无法分批，但工艺过程可划分为若干可以间断的生产步骤。因此，既可以以各种产成品为成本计算对象，也可以以其所经过的各种步骤为成本计算对象。是否需要计算步骤成本需要看成本管理要求，如果不需要计算步骤成本，只需要计算整个产品的总成本，则以品种作为成本计算对象。如果需要计算每一个步骤的成本，则以品种及步骤作为成本计算对象。

单件小批组织生产的企业，是按订单或企业生产计划部门下达的生产批号来组织生产，则以订单或生产批号为成本计算对象来计算产品成本。

（二）对成本计算期的影响

成本计算期是指生产费用计入产品成本的起止时期。计算产品成本的期间不一定与产品的生产周期一致，成本计算期有时与生产周期一致，有时与会计期间一致，这要看生产组织方式。对于大量大批生产，生产周期较短，生产连续不断地进行，每月都有大量的完工产品，因而产品成本计算要定期在每月末进行，与生产周期不一致，与会计报告期一致。而对于单件小批生产，产品成本需要在某批或某件产品完工后计算，故成本计算不定期，与生产周期一致，而与会计报告期不一致。

（三）对生产费用在完工产品和在产品之间分配的影响

企业生产产品过程中发生的全部生产费用，最终都集中在"生产成本——基本生产成本"账户中。如果这种产品月末在产品数量很少或没有在产品，则归集在"生产成本——基本生产成本"账户中的生产费用就是完工产品的总成本，无须在完工产品和在产品之间分配生产费用。如果这种产品月末在产品数量很多，金额较大，则需要采用一定的方法将累计的生产费用在完工产品和在产品之间进行分配。

大量大批的单步骤生产企业，由于生产不能间断、产品生产周期非常短，月末一般没有在产品，或者在产品数量很少，因而在计算产品成本时，不必计算在产品成本，生产费用不需要在完工产品和在产品之间进行分配。

大量大批的多步骤生产企业，由于不间断地进行生产，不断地投入和产出，因而月末既有完工产品，也有正在加工中的在产品，在计算产品成本时，就必须将生产费用在完工产品和在产品之间进行分配。

单件小批的多步骤生产企业，成本计算期通常与生产周期一致，同批产品往往同时投产同时完工，因此在未完工前，所归集的生产费用都是在产品成本，同批产品全部完工后，所归集的生产费用即是该批完工产品的成本，一般也不需要在完工产品和在产品之间进行分配。

视　频·
生产经营特点和管理要求对成本计算方法的影响

任务二　成本计算方法

一、成本计算的基本方法

产品成本计算方法受企业生产经营特点和成本管理要求的影响，具体而言，不同的生产经营特点和不同的成本管理要求决定着产品成本的计算对象、成本计算期和生产费用在完工产品与在产品之间的分配。成本计算对象是区别不同产品成本计算方法的主要标志，一般分为产品品种、产品批次、产品品种及生产步骤三种，相对应的，产品成本计算方法包含品种法、分批法和分步法这三种基本方法。

品种法是以产品品种为成本计算对象，归集、分配生产费用，计算各种产品成本的一种方法。该方法一般适用于大量大批的单步骤生产，例如供水、发电、供气、采掘等；也可用于大量大批的不需分步骤计算成本的多步骤生产，例如水泥生产、酿造、造纸等。品种法定期按月计算成本，成本计算期与会计报告期一致，但与生产周期不一致。采用品种法计算成本时，如果是大量大批的单步骤生产，月末一般没有在产品，则不需要在完工产品和月末在产品之间分配生产费用；如果是大量大批的管理上不需分步骤计算成本的多步骤生产，月末在产品数量多，则需要在完工产品和在产品之间分配生产费用。

分批法是以产品批次为成本计算对象，归集、分配生产费用，计算各批产品成本的一种方法。该方法一般适用于单件小批生产的多步骤生产，多为大型机械或者高精密的仪器设备，如重型机械制造、船舶制造等。分批法下，该批产品全部完工以后才计算其实际总成本和单位成本，因此不定期进行成本计算，成本计算期与产品的生产周期一致，与会计报告期不一致。采用分批法计算成本时，同批产品往往同时投产、同时完工，一般不需要将生产费用在完工产品和在产品之间进行分配。

分步法是以产品品种及其生产步骤为成本计算对象，归集、分配生产费用，计算产品成本的一种方法。该方法一般适用于大量大批的需要分步计算成本的多步骤生产，例如纺织、冶金、一般机械制造等。分步法定期按月计算成本，成本计算期与会计报告期一致，但与生产周期不一致。因为月末在产品数量多，所以分步法通常需要将生产费用在完工产品和在产品之间进行分配。

三种成本计算基本方法对比如表2-2所示。

表2-2　三种成本计算基本方法对比

对比项目	品种法	分批法	分步法
适用范围	大量大批的单步骤生产、大量大批的不分步骤计算成本的多步骤生产	单件小批的多步骤生产	大量大批的需要分步计算成本的多步骤生产
成本计算对象	品种	批次	品种及步骤
成本计算期	定期按月	生产周期	定期按月
生产费用在完工产品和在产品之间的分配	有在产品时需要分配	一般不需要	通常需要

知识拓展·

最基本的成本
计算方法

知识拓展·

实际工作中成本
计算方法的应用说明

二、成本计算的辅助方法

在产品成本计算的实际工作中,产品的生产情况多种多样,为了减少产品成本计算的工作量,更好地利用企业管理条件和管理经验,在产品成本计算上还有其他的一些方法,如分类法、定额法等。

分类法是以产品类别归集生产费用,再按一定标准在类内各产品之间进行分配,计算产品成本的一种方法。该方法一般适用于产品品种、规格繁多,但每类产品的结构、所用原材料、生产工艺过程都基本相同的企业,如灯泡厂、钉厂、鞋厂等。

定额法是以产品的定额成本为基础,加减成本差异,进而计算出产品实际成本的一种方法。该方法适用于企业管理比较健全、定额管理基础工作较好、产品生产定型和消耗定额合理且稳定的企业,目的在于加强成本管理,进行成本控制。

三、成本计算方法的应用

(一)几种方法同时应用

尽管我们介绍的产品成本计算方法都有各自的适用范围,但在实际工作中,企业采用的产品成本计算方法往往不是其中的某一种方法,而是根据需要采用几种不同的方法。例如,某企业生产A、B两种产品,其中A产品是大量大批的多步骤生产,每一步骤的半成品都可以对外销售,则A产品成本计算应该采用分步法,而B产品是大量大批的单步骤生产,应该采用品种法,这样,同一个企业的不同产品就需要采用不同的产品成本计算方法。

此外,有的企业既设有基本生产车间又设有辅助生产车间。基本生产车间和辅助生产车间生产特点和管理要求是不一样的,应该采用不同的方法进行成本计算。例如,在钢铁企业里,钢铁生产是大量大批的需要分步骤计算成本的多步骤生产,因此炼铁车间、炼钢车间、轧钢车间等基本生产车间应该采用分步法计算成本;供水、发电是大量大批的单步骤生产,因此供水车间、供电车间等辅助生产车间应该采用品种法计算成本。

（二）几种方法结合应用

在实际工作中，企业在计算某种产品时还可能出现以一种计算方法为主，结合采用其他成本计算方法的情况。

例如，单件小批量生产的机械制造企业，一般采用分批法计算产品成本。但产品生产过程由铸造、加工、装配等步骤组成，铸造车间的铸件按品种法计算成本，加工车间、装配车间各自采用分批法计算成本，而铸造车间将铸件转入加工和装配车间的结转过程中应采用分步法进行结转。这样，产品成本计算就是以分批法为主，结合了品种法和分步法来计算的。

悟道明理

守正创新

闯关练习

项目二

 项目小结

企业应该根据自身的生产经营特点和成本管理要求来选用适合本企业的成本计算方法。工业企业生产按照生产工艺流程分为单步骤生产和多步骤生产，按照生产组织方式分为大量生产、成批生产和单件生产。

产品成本计算的基本方法有品种法、分批法、分步法，其中，品种法是成本计算最基本的方法。各种成本计算方法的区别主要表现在以下三个方面：成本计算对象、成本计算期和生产费用在完工产品与在产品之间的分配。

为了解决某些特定的问题，产生了分类法、定额法等辅助生产方法。在实际工作中，企业总是将几种成本计算方法同时应用或结合应用。

 项目综合实训

1. 任务目的：正确选择适合的成本计算方法。
2. 任务情境：李明大学毕业后进入某可乐公司担任成本会计。该可乐公司的业务主要是大量生产罐装可乐。其生产过程是：第一步，生产糖浆；第二步将糖浆和碳酸水混合制成可乐；第三步是将可乐装入易拉罐包装好。其中，第一步完工的糖浆可以对外销售。
3. 任务要求：李明应该采用哪种成本计算方法？依据是什么？

项目评价表

目标	要求	评分细则	分值	自评	互评	教师
知识	了解企业的生产类型	全部阐述清楚得10分，大部分阐述清楚得6~9分，其余视情况得1~5分	10			
	熟悉并掌握企业的生产经营特点和成本管理要求对成本计算方法的影响	全部阐述清楚得10分，大部分阐述清楚得6~9分，其余视情况得1~5分	10			
	掌握三种基本的成本计算方法的适用范围和特点	全部阐述清楚得10分，大部分阐述清楚得6~9分，其余视情况得1~5分	10			
技能	能够判断企业的生产类型和成本管理要求	能准确判断得15分，大部分判断准确得8~14分，其余视情况得1~7分	15			
	能根据实际情况选择适合的成本计算方法	能准确选择得15分，其余视情况得1~14分	15			
素质	按时出勤	迟到早退各扣1分，旷课扣5分	10			
	团队合作	小组氛围融洽，合理分工，能认真完成自己承担的工作，视情况1~10分	10			
	职业道德	遵纪守法，廉洁自律，视情况1~10分	10			
完成情况	按时保质完成	按时提交，视情况1~5分	5			
		书写整齐，视情况1~5分	5			
合计	自评、互评、教师评价各自占比30%、20%、50%		100			

智能化成本核算与管理

项目三　成本计算之品种法

知识目标 ----

1. 掌握品种法的含义、适用范围、特点；
2. 熟悉品种法的成本计算程序；
3. 了解材料费用、燃料及动力费用、人工费用、辅助生产费用、制造费用、生产损失费用所包含的内容；
4. 掌握材料费用、燃料及动力费用、人工费用、辅助生产费用、制造费用、生产损失费用的计算与分配方法；
5. 明确在产品与完工产品范围的划分，掌握在产品和完工产品分配生产费用的方法。

能力目标 ----

1. 能够熟练设计品种法成本核算流程；
2. 能熟练设置成本费用核算所需要的各种账户；
3. 能自行设计各要素费用分配表、产品成本计算单等原始凭证，并准确填制；
4. 能根据各原始凭证填制记账凭证、登记账簿。

素质目标 ----

1. 具备维护国家、集体利益的职业意识，遵守财经法规，客观真实地反映每一项经济业务，诚信为本，坚持准则，恪守会计职业道德；
2. 具有吃苦耐劳、扎实肯干的工作作风和敬业精神；
3. 具有较强的岗位适应能力和一定的协调沟通能力，能与其他岗位会计团结协作。

知识结构导图

成本计算之品种法
- 认识品种法
  - 含义
  - 适用范围
  - 特点
  - 成本计算程序
- 要素费用的核算
  - 材料费用的核算
  - 燃料及动力费用的核算
  - 人工费用的核算
  - 其他要素费用的核算
- 辅助生产费用的核算
  - 直接分配法
  - 交互分配法
  - 计划成本分配法
  - 顺序分配法
  - 代数分配法
- 制造费用的核算
  - 工时比例分配法
  - 生产工人工资比例分配法
  - 年度计划分配率分配法
- 生产损失费用的核算
  - 废品损失的核算
  - 停工损失的核算
- 生产费用在完工产品和在产品之间的分配
  - 不计算在产品成本法
  - 在产品按年初固定成本计价法
  - 在产品按材料费用计价法
  - 在产品按完工产品成本计价法
  - 约当产量法
  - 定额比例法
  - 定额成本法
- 品种法应用

项目 导入

　　某发电厂只生产电力一种产品。该产品属于大量大批生产,工艺过程是以煤为燃料,对锅炉中的水加热,使其变成高温高压的蒸汽,推动汽轮机迅速旋转,借以带动发电机转动发电。该厂应采用什么方法计算电力产品的成本?为什么?如何设计电力成本计算流程?

任务一　认识品种法

一、品种法的含义

品种法是以产品品种为成本计算对象，归集分配生产费用，计算各种产品成本的一种方法。采用这种方法，既不要求计算产品批次的成本，也不要求计算生产步骤的成本，只需要计算产品的品种成本即可。

二、品种法的适用范围

品种法适用于大量大批单步骤生产，例如发电、供水、供气、采掘等，也可用于大量大批不要求分步计算成本的多步骤生产，例如水泥生产、酿酒等。企业的辅助车间，如供水车间、供电车间、供气车间等，都可以采用品种法计算其产品或劳务成本。

三、品种法的特点

（一）以产品品种作为成本计算对象

在品种法下，以产品的品种作为成本计算对象，开设基本生产成本的明细账，归集分配生产过程中发生的费用。如果企业只生产一种产品，则只需设置一个产品成本明细账，账内按成本项目设置专栏。这时，发生的所有生产费用都可直接归集计入该产品的有关成本项目中，不存在各种产品之间进行生产费用分配的问题。如果企业生产多种产品，就需要按每种产品分别设置产品成本明细账。对于生产过程中所发生的费用，凡对象明确能分清应由哪种产品负担的，则直接计入该种产品有关成本项目中；凡是几种产品共同耗用而不能分清由哪种产品负担多少数额的费用，则应采用适当的方法，在各种产品之间进行分配，再计入各种产品有关成本项目。

（二）成本计算定期按月进行

采用品种法计算成本的企业，从工艺流程上看，有的是单步骤生产，有的是多步骤生产，但是从生产组织形式上看，都是大量大批生产，不断地重复生产一种或几种产品，因此，不可能等到产品完工时才计算其实际成本，而只能定期地在月末计算。因此，品种法定期按月计算成本，成本计算期与会计报告期一致，但与生产周期不一致。

（三）如有期末在产品，月末生产费用需要在完工产品与在产品之间分配

采用品种法计算产品成本，如果月末没有在产品或只有少量在产品，则不需要在完工产品和在产品之间分配生产费用，生产成本明细账上登记的全部是该产品的完工成本；如果在产品数量较多，则需要采用适当的分配方法，在完工产品与月末在产品之间分配生产费用。

四、品种法的成本计算程序

（一）按照品种开设产品成本明细账

按产品品种设置产品成本明细账，并开设辅助生产成本明细账、制造费用、管理费用明细账等，有期初余额的登记期初余额，按成本项目或费用项目设置专栏。

（二）归集和分配各种费用要素

平时根据生产过程中材料费、人工费、燃料动力费等各种性质单一的要素费用的原始凭证和其他相关资料（如若需要分配，编制相关的费用分配表），填制记账凭证，并登记相关明细账。

（三）分配辅助生产费用

月末，将辅助生产成本明细账上归集的辅助生产费用按照各受益部门的耗用量采用适当的方法进行分配，编制辅助生产费用分配表，填制记账凭证，并登记相关明细账。如果辅助车间有开设制造费用明细账，需要先将辅助车间制造费用明细账上的金额结转到辅助生产成本明细账后，再进行辅助生产成本的分配。除进行材料或工具加工的机修车间外，辅助生产成本明细账期末应无余额。

（四）分配基本生产车间制造费用

将基本生产车间制造费用明细账上归集的费用采用一定的方法在各种产品之间进行分配，编制制造费用分配表，填制记账凭证，并登记相关明细账。除季节性生产企业外，制造费用明细账期末应无余额。

（五）分配各种完工产品成本和在产品成本

月末，将产品成本明细账上归集的全部生产费用采用适当的方法进行分配，编制产品成本计算单，计算出本月完工产品总成本、完工产品单位成本和月末在产品成本。

（六）结转完工产品生产成本

根据各产品成本计算单中计算出来的本月完工产品成本，填制入库单，结转完工产品成本，填制记账凭证，并登记相关账簿。

知识拓展

品种法的种类

视　频

品种法成本
核算程序

任务二　要素费用的核算

一、材料费用的核算

（一）材料费用的内容

材料费用包括企业生产经营过程中耗用的各种原料、主要材料、辅助材料、燃料、设备配件、包装材料、外购半成品和修理用配件等的费用。

悟道明理

节俭节约

（二）材料费用的归集

材料费用的归集是指对产品生产过程中发生的材料耗费根据各种领料凭证计入有关成本计算对象。材料费用的归集主要是解决企业生产过程中所消耗的原材料费用由谁来承担以及承担多少的问题。

材料归集时用到的原始凭证有：领料单、限额领料单、领用材料汇总表等。需要注意的是，如果余料退库和废料收回，应该根据编制的退料单或者红字的领料单，冲减原来的领料费用。退料（红字领料单）是由退料单位填制，经退料部门的部门负责人审核签字后用于退料的一次性原始凭证。该单据一式三联，一联是记账联，交给会计部门用作冲销材料费用的依据；一联是退料联，交发料仓库作为记录材料退库的依据；一联为存根联，留退料部门备查。

材料在生产经营活动中有着不同的用途，有的是产品生产领用，有的是车间一般性消耗领用，有的是行政部门或专设销售机构领用。材料费用的归集需要遵循"谁受益谁负担"的原则，按用途、领用材料部门来进行归集并分配给各受益对象。通常情况下，生产产品领用的材料费由基本生产车间的各种产品承担，应归入"生产成本——基本生产成本"账户，并列入"直接材料"成本项目。辅助生产车间领用的材料费用由辅助生产车间承担，应归入"生产成本——辅助生产成本"账户。基本生产车间一般性消耗领用的材料应先归入"制造费用"账户，月末再分配计入产品成本。产品销售部门领用的材料归入"销售费用"账户，管理部门领用的材料归入"管理费用"账户。材料费用核算过程一般是根据领料单、限额领料单编制领料凭证汇总表或材料发出汇总表等汇总原始凭证，并据以填制记账凭证，根据记账凭证登记成本费用的相关账簿。

（三）材料费用的分配

生产中耗用的材料费用，如果是几种产品共同耗用并且不能直接区分由哪一种产品耗用的，需要进行分配，编制材料费用分配表。材料费用分配依据材料消耗与产品的关系，可以按重量或体积分配，可以按产品产量分配，可以采用系数分配法，定额管理工作比较好的单位也可以按定额耗用量分配或者按定额费用分配。

基本生产车间生产某种产品并构成产品主要实体或有助于产品形成的各种直接耗用的材料费，直接归入"生产成本——基本生产成本"明细账；基本生产车间生产多种产品而共同耗用的材料费，需要采用适当的方法分配归入各种产品的"生产成本——基本生产成本"明细账；基本生产车间一般性消耗用的材料费，归入"制造费用"明细账。辅助生产车间生产辅助产品或提供劳务耗用的材料费，归入"生产成本——辅助生产成本"明细账。企业行政部门耗用的材料费，归入"管理费用"明细账。企业专设销售机构耗用的材料费，归入"销售费用"明细账。

材料分配的一般计算程序是：选择一定的分配标准；计算分配率；计算分配额。

$$分配率 = 待分配对象总额 \div 分配标准总和$$
$$某受益对象应承担的分配额 = 该对象的分配标准 \times 分配率$$

下面介绍几种常用的材料费用分配方法。

1. 重量或体积比例分配法

对于材料耗用量与产品重量、体积有关的材料费用，按其重量或体积分配。如以生铁为原材料生产各种铁铸件，应以生产的铁铸件的重量比例为分配依据。相应的计算公式为：

$$材料费用分配率 = 材料费用总额 \div 各种产品重量之和或体积之和$$
$$某产品应分摊的材料费用 = 该产品的重量或体积 \times 材料费用分配率$$

2. 产量比例分配法

多种产品使用同一种材料且单位产品耗用材料数量相同的材料费用，可以采用产量比例分配法。产量比例分配法是按照各种产品的产量比例分配材料费用的一种方法。相应的计算公式为：

$$材料费用分配率 = 材料费用总额 \div 各种产品产量之和$$
$$某产品应分摊的材料费用 = 该产品的产量 \times 材料费用分配率$$

3. 系数分配法（标准产量分配法）

多种产品使用同一种材料但单位产品耗用材料数量不同，如果单纯按照各种产品的产量分配材料费用会导致分配有失公平，可以采用系数分配法。系数分配法是根据确定的系数将不同产品的实际产量折算为统一标准的产量来分配材料费用的一种方法。采用系数分配法分配材料费用计算步骤如下：第一，选定产量最大的产品为标准产品。第二，确定各产品单位系数。标准产品系数为1，其他产品按其与标准产品单位定额之比确定各自单位系数。第三，确定标准产量，把产品的实际产量折算成标准产量。第四，计算分配率。第五，计算分配额。相关计算公式如下：

$$各产品单位系数 = 该产品单位定额 \div 标准产品单位定额$$
$$各产品标准产量 = 该产品实际产量 \times 该产品单位系数$$
$$材料费用分配率 = 材料费用总额 \div 各产品标准产量之和$$
$$某产品应分摊的材料费用 = 该产品标准产量 \times 材料费用分配率$$

项目案例 3-1

【任务情境】洪雅公司 2023 年 9 月生产 H1、H2、H3、H4、H5 五种型号产品，共用 M 材料 5 587.5 千克，单价 4 元。单件产品定额耗用量为 12 千克、8 千克、10 千克、9 千克、11 千克，产量为 3 000 件、4 000 件、5 000 件、1 000 件、2 000 件。

【任务要求】采用系数分配法（标准产量分配法）对材料费用分配并作账务处理。

【任务目标】掌握系数分配法（标准产量分配法）分配材料费。

【任务分析】首先选定标准产品 H3（最大批量生产的产品），确定各产品单位系数（各产品单位定额/标准产品 H3 单位定额），然后用实际产量和单位系数折算出各产品的标准产量，再计算费用分配率和分配额，最后设计、填制材料费分配表，编制会计分录。

【计算过程】

因为 H3 产品批量为最大批量 5 000 件，因此选定 H3 产品为标准产品。

H3 产品单位系数 =1

H1 产品单位系数 =12÷10=1.2

H2 产品单位系数 =8÷10=0.8

H4 产品单位系数 =9÷10=0.9

H5 产品单位系数 =11÷10=1.1

H3 产品标准产量 =5 000×1=5 000（件）

H1 产品标准产量 =3 000×1.2=3 600（件）

H2 产品标准产量 =4 000×0.8=3 200（件）

H4 产品标准产量 =1 000×0.9=900（件）

H5 产品标准产量 =2 000×1.1=2 200（件）

标准总产量 =5 000+3 600+3 200+900+2 200=14 900（件）

分配率 =5 587.5×4÷14 900=1.5（元/件）

H1 产品分摊的材料费用 =3 600×1.5=5 400（元）

H2 产品分摊的材料费用 =3 200×1.5=4 800（元）

H3 产品分摊的材料费用 =5 000×1.5=7 500（元）

H4 产品分摊的材料费用 =900×1.5=1 350（元）

H5 产品分摊的材料费用 =2 200×1.5=3 300（元）

【任务实施】

编制材料费用分配表，如表 3-1 所示。

表 3-1　材料费用分配表

2023 年 9 月 30 日　　　　　　　　　　　　　　　　金额单位：元

产品	单位定额消耗量/千克	单位系数	实际产量/件	标准产量/件	分配率	分配额
H1	12	1.2	3 000	3 600		5 400
H2	8	0.8	4 000	3 200		4 800
H3	10	1	5 000	5 000	1.5	7 500
H4	9	0.9	1 000	900		1 350
H5	11	1.1	2 000	2 200		3 300
合计	—	—	—	14 900		22 350

根据材料费用分配表，应编制会计分录如下：

借：生产成本——基本生产成本（H1 产品）　　　　　　　　　5 400

　　　　　　——基本生产成本（H2 产品）　　　　　　　　　4 800

　　　　　　——基本生产成本（H3 产品）　　　　　　　　　7 500

　　　　　　——基本生产成本（H4 产品）　　　　　　　　　1 350

　　　　　　——基本生产成本（H5 产品）　　　　　　　　　3 300

　　贷：原材料——M 材料　　　　　　　　　　　　　　　　　　　　22 350

4. 定额费用比例分配法

定额费用比例分配法是将材料费用按照定额费用的比例进行分配的方法。先确定各产品材料定额费用，再算出分配率，最后计算出各产品应该承担的材料费分配额。相关计算公式如下：

$$某产品材料定额费用 = 该产品产量 \times 单件产品材料费用定额$$

$$材料费用分配率 = 材料实际费用 \div 各产品材料定额费用之和$$

$$某产品应分摊的材料费用 = 该产品材料定额费用 \times 材料费用分配率$$

 项目案例 3-2

【任务情境】美树公司 2023 年 9 月 A 材料单价 4 元，X 产品领用 2 125 千克，Y 产品领用 2 200 千克，Z 产品领用 1 250 千克，供电车间领用 375 千克，供水车间领用 300 千克，基本生产车间领用 125 千克，行政部门领用 200 千克。B 材料单价 10 元，X、Y、Z 三种产品共同领用 3 630 千克，本月产量分别为 X 产品 200 件、Y 产品 100 件、Z 产品 300 件，B 材料费用定额分别为 X 产品 50 元/件，Y 产品 80 元/件，Z 产品 50 元/件。

【任务要求】采用材料定额费用比例分配法对材料费进行分配并作账务处理。

【任务目标】掌握定额费用比例分配法分配材料费。

【任务分析】本任务案例中材料费用分为两部分，A 材料的受益对象明确，可将其费用直接归入各对象的成本费用账户，B 材料是 X、Y、Z 三种产品共同耗用，需将 B 材料费用在三种产品之间按定额费用比例进行分配，最后将各种产品直接耗用的 A 材料费用和分配的 B 材料费用进行汇总，填制材料费用分配表，编制会计分录。

【计算过程】

X 产品 B 材料定额费用 = 200 × 50 = 10 000（元）

Y 产品 B 材料定额费用 = 100 × 80 = 8 000（元）

Z 产品 B 材料定额费用 = 300 × 50 = 15 000（元）

B 材料费用分配率 = 3 630 × 10 ÷（10 000 + 8 000 + 15 000）= 1.1

X 产品应分摊的共用 B 材料费用 = 10 000 × 1.1 = 11 000（元）

Y 产品应分摊的共用 B 材料费用 = 8 000 × 1.1 = 8 800（元）

Z 产品应分摊的共用 B 材料费用 = 15 000 × 1.1 = 16 500（元）

X 产品承担的材料费用 = 2 125 × 4 + 11 000 = 19 500（元）

Y 产品承担的材料费用 = 2 200 × 4 + 8 800 = 17 600（元）

Z 产品承担的材料费用 = $1\,250 \times 4 + 16\,500 = 21\,500$（元）

【任务实施】

编制材料费用分配表，如表 3 - 2 所示。

表 3 - 2　材料费用分配表

2023 年 9 月 30 日　　　　　　　　　　　　　　　金额单位：元

领用部门		直接耗用 A 材料	共同耗用 B 材料			合计
			定额费用	分配率	分配额	
产品生产	X 产品	8 500	10 000		11 000	19 500
	Y 产品	8 800	8 000		8 800	17 600
	Z 产品	5 000	15 000	1.1	16 500	21 500
	小计	22 300	33 000		36 300	58 600
辅助生产	供电车间	1 500	—	—	—	1 500
	供水车间	1 200	—	—	—	1 200
基本生产车间		500	—	—	—	500
行政部门		800	—	—	—	800
合计		26 300	—	—	36 300	62 600

根据材料费用分配表，应编制会计分录如下：

借：生产成本——基本生产成本（X 产品）　　　　　　　　　19 500
　　　　　　——基本生产成本（Y 产品）　　　　　　　　　17 600
　　　　　　——基本生产成本（Z 产品）　　　　　　　　　21 500
　　　　　　——辅助生产成本（供电车间）　　　　　　　　1 500
　　　　　　——辅助生产成本（供水车间）　　　　　　　　1 200
　　制造费用——基本生产车间　　　　　　　　　　　　　　500
　　管理费用　　　　　　　　　　　　　　　　　　　　　　800
　　贷：原材料——A 材料　　　　　　　　　　　　　　　　26 300
　　　　　　　——B 材料　　　　　　　　　　　　　　　　36 300

5. 定额消耗量比例分配法

定额消耗量比例分配法是将材料费用按照定额消耗数量的比例进行分配的方法。这种方法的计算步骤：首先，计算各种产品的材料定额消耗量；其次，按定额消耗量分配计算每种产品的材料实际耗用量；最后，根据材料实际耗用量和单价计算出某种产品应分摊的材料费用。相关计算公式如下：

某产品材料定额消耗量 = 某种产品产量 × 单件产品材料定额消耗量

材料实际耗用量分配率 = 材料实际消耗总量 ÷ 各种产品材料定额消耗量之和

某产品的材料实际耗用量 = 该产品材料定额消耗量 × 材料实际耗用量分配率

某产品应分摊的材料费用 = 该产品的实际耗用量 × 材料单价

项目案例 3－3

【任务情境】同心公司 2023 年 9 月生产 X、Y、Z 三种产品，共同耗用 A 材料 589 千克，材料售价为 4 元/千克。X、Y、Z 产品本月产量分别为 60 件、50 件、100 件，单件产品消耗 A 材料定额分别为 2 千克、4 千克、3 千克。

【任务要求】采用材料定额消耗量比例分配法对 A 材料费用进行分配并作账务处理。

【任务目标】掌握材料定额消耗量比例分配法分配材料费用。

【任务分析】本任务案例中，A 材料费用的分配标准是材料的定额消耗量，首先计算 X、Y、Z 三种产品的材料定额消耗量，以定额消耗量为标准计算材料的实际耗用量，再根据实际耗用量和材料单价计算各种产品应分摊的材料费用，然后设计、填制材料费用分配表，编制会计分录。

【计算过程】

X 产品材料定额消耗量 = 60 × 2 = 120（千克）

Y 产品材料定额消耗量 = 50 × 4 = 200（千克）

Z 产品材料定额消耗量 = 100 × 3 = 300（千克）

材料实际消耗量分配率 = 589 ÷（120 + 200 + 300）= 0.95

X 产品实际耗用材料数量 = 120 × 0.95 = 114（千克）

Y 产品实际耗用材料数量 = 200 × 0.95 = 190（千克）

Z 产品实际耗用材料数量 = 300 × 0.95 = 285（千克）

X 产品应分摊的材料费用 = 114 × 4 = 456（元）

Y 产品应分摊的材料费用 = 190 × 4 = 760（元）

Z 产品应分摊的材料费用 = 285 × 4 = 1 140（元）

【任务实施】

编制材料费用分配表，如表 3－3 所示。

表 3－3 材料费用分配表

2023 年 9 月 30 日 金额单位：元

产品	产量/件	单件产品定额消耗量/千克	材料定额消耗量/千克	分配率	材料实际消耗量/千克	单价	分配额
X 产品	60	2	120		114		456
Y 产品	50	4	200	0.95	190	4	760
Z 产品	100	3	300		285		1 140
合计	—	—	620		589		2 356

根据材料费用分配表，编制会计分录如下：

借：生产成本——基本生产成本（X 产品） 456

　　　　　——基本生产成本（Y 产品） 760

	——基本生产成本（Z 产品）	1 140
	贷：原材料——A 材料	2 356

　　还有一种做法是直接根据定额用量的比例分配材料费用，先算出要分配的材料费用，然后根据定额消耗总量算出材料费的分配率，再根据各产品的定额用量和分配率计算分配额。这种做法虽然简单，但是无法将每种产品的实际用量计算出来，因而无法进行实际用量和定额用量的对比，无法发挥定额在控制成本费用方面的作用。因而实际工作中我们提倡用项目案例 3－3 中的做法，先根据定额用量计算出实际用量，再计算各产品应分摊的材料费用。

二、燃料及动力费用的核算

视 频
材料费定额
消耗量比例分配法

（一）燃料及动力费用的内容

　　燃料及动力费用包括企业为生产经营活动从外部购入的燃料、电力、蒸汽等费用，这些费用有的直接用于产品生产，有的用于照明、取暖等，是企业产品成本的组成项目之一。

（二）燃料及动力费用的归集

　　燃料及动力费用根据受益对象分别归集到各部门的成本费用中。生产产品耗用的燃料及动力费用由生产的各种产品承担，应归入"生产成本——基本生产成本"账户；辅助生产车间耗用的燃料及动力费用由辅助生产车间承担，应归入"生产成本——辅助生产成本"账户；基本生产车间一般耗用的燃料及动力费用应归入"制造费用"账户；行政管理部门耗用的燃料及动力费用归入"管理费用"账户；专设销售机构耗用的燃料及动力费用归入"销售费用"账户。在计入产品成本时，燃料及动力费用核算有两种处理方法：如果燃料及动力费用占产品成本比重较小，可直接计入"直接材料"成本；如果燃料及动力费用占产品成本比重较大，可单独计入"燃料及动力"成本。

（三）燃料及动力费用的分配及账务处理

　　燃料及动力费用往往需要采用一定的分配标准在部门和产品之间进行分配，企业月末通过编制燃料及动力费用分配表，将燃料及动力费用在各受益部门和产品之间进行分配。

　　用于生产产品的燃料及动力费用，如果只和一种产品有关，就直接计入基本生产成本；几种产品共同耗用的燃料及动力费，采用一定的方法分配后计入各种产品的基本生产成本。

　　燃料及动力费用进行分配时，先明确被分配的燃料及动力费用额与分配标准，进而确定燃料及动力费用分配率，再计算确定每一受益对象应负担的燃料及动力费用。在有仪表记录的情况下，燃料及动力费用的分配应根据各车间、各部门安装的计量仪表所记录的实际耗用量以及该燃料动力的单价进行分配，比如外购电力的分配就可以采用该方法。在没有仪表记录或者同时生产多种产品的情况下，可以按照工时（实际工时、定额工时、机器工时）或定额耗用量等标准进行分配。具体的计算公式如下：

$$燃料及动力费用分配率 = 各种产品共同耗用的燃料及动力费用 \div$$
$$各种产品的工时之和或定额消耗量之和$$
$$某产品应分配的燃料及动力费用 = 该产品工时或定额消耗量 \times 燃料及动力费分配率$$

 项目案例 3 - 4

【任务情境】博亚公司 9 月底预付下半年电费 50 000 元，2023 年 9 月实际消耗外购电力 15 500 度，每度电的协议价格为 0.50 元。月末查明各部门耗电度数分别为：基本生产车间生产（甲、乙产品）耗电 13 000 度，基本生产车间照明耗电 1 000 度，行政部门耗电 1 000 度，专设销售机构耗电 500 度。本月甲产品实际生产工时为 6 000 小时，乙产品实际生产工时为 4 000 小时。

【任务要求】采用工时比例分配法对 9 月份电费进行分配并作账务处理。

【任务目标】掌握工时比例分配法分配燃料动力费用。

【任务分析】归集各部门需要承担的电费，其中基本生产车间生产用电应由甲、乙两种产品共同承担，需要进行电费的分配。先确定电费的分配标准，算出电费的分配率，再计算甲、乙产品各自应分摊的电费。填写电费分配表，编制会计分录。

【计算过程】

基本生产车间生产产品耗用的电费 = 13 000 × 0.5 = 6 500（元）

产品生产的电费分配率 = 6 500 ÷ （6 000 + 4 000） = 0.65（元/小时）

甲产品分摊的电费 = 6 000 × 0.65 = 3 900（元）

乙产品分摊的电费 = 4 000 × 0.65 = 2 600（元）

基本生产车间分摊的电费 = 1 000 × 0.5 = 500（元）

行政部门分摊的电费 = 1 000 × 0.5 = 500（元）

专设销售机构分摊的电费 = 500 × 0.5 = 250（元）

【任务实施】

编制电费分配表，如表 3 - 4 所示。

表 3 - 4　电费分配表

2023 年 9 月 30 日　　　　　　　　　　　　　金额单位：元

受益部门		分配标准/小时	分配率	分配额
产品生产	甲产品	6 000		3 900
	乙产品	4 000	0.65	2 600
	合计	10 000		6 500
基本生产车间		—	—	500
行政部门		—	—	500
专设销售机构		—	—	250
合计		—	—	7 750

根据电费分配表，编制会计分录如下：

借：生产成本——基本生产成本（甲产品）	3 900
——基本生产成本（乙产品）	2 600
制造费用——基本生产车间	500
管理费用	500
销售费用	250
贷：预付账款	7 750

　　企业的燃料及动力费用，倘若每月付款结算，应按燃料及动力的用途，直接借记各成本、费用账户，贷记"银行存款"账户。但在实际工作中，电费通常预付，即在付款时先作为暂付款处理，借记"预付账款"账户，贷记"银行存款"账户。各月末，按照燃料及动力费用的用途分配费用时，再借记各成本、费用账户，贷记"预付账款"账户，冲减原来计入的借方的暂付款。

三、人工费用的核算

（一）人工费用的内容

知识拓展·

电费的时间归属

　　人工费用，即职工薪酬，是指企业为了获得职工提供的服务而给予各种形式的报酬及其相关的支出，分为短期薪酬、离职后福利、辞退福利和其他长期职工福利四大类。其中，辞退福利计入管理费用，其他薪酬对应计入各部门的成本费用。在这里，我们只介绍短期薪酬。短期薪酬具体包括工资总额，职工福利费，医疗保险、失业保险、工伤保险等社会保险费，住房公积金，工会经费和职工教育经费，短期带薪缺勤，短期利润分享，非货币性福利，其他短期薪酬等。其中，工资总额主要包括计时工资、计件工资、加班加点工资、奖金，以及为了补偿职工特殊或额外劳动消耗和其他特殊原因支付给职工的津贴，为了保证职工工资不受物价变动影响而支付给职工的补贴等。

（二）人工费用的计算

　　核算人工费用需要的原始凭证有考勤记录表、产量记录表、工时记录表、工资结算汇总表等。为了正确计算和分配人工费用，企业应做好各项基础工作，应根据本企业生产、管理和制度的具体要求，建立和健全所需的工资核算原始凭证，保证各项原始记录的准确、真实和完整。

　　考勤记录表是按月登记职工出勤、缺勤时间和具体原因的原始记录。它是计算计时工资、加班加点工资的依据。一般应按车间、班组分别设置考勤簿，根据在册人员，按姓名分行逐日登记。月末，考勤簿应经车间部门负责人检查和签章，再交会计部门核算，即可作为计算职工工资的依据。除考勤簿外，考勤记录还可以卡片式按职工分别设立，通常是每人每年或每月一张，在年初、月初或职工录用、调入时设立，在人员发生变动时根据人事部门的通知将卡片在内部单位之间转移或注销。

　　产量和工时记录表是登记工人或生产班组在出勤时间内完成产品的数量、质量和生产这些产品所耗工时数量的原始记录。产量和工时记录表，不仅登记每个职工的实物产量和实用工时，而且登记每件产品的工时消耗定额和按实物产量与工时定额计算的定额工时。由于各个企业或车间的生产作业和劳动组织方式不同，所以产量和工时记录表的内容和格式也有很大差别。一般应包括的基本内容有：产品作业或订单名称，车间班组名称，工人姓名、编号、产品数量、实际工时和定额工时，以及产品质量和废品数量等。产量和工时记录表，应由车间、部门主管检查、签字，经会计部门审核后作为计算计件工资的依据。

1. 计时工资

计时工资是按照计时工资标准和工作时间支付给职工的劳动报酬。计时工资标准是根据每一位职工所从事劳动的技术难度、熟练程度、劳动强度确定的单位时间（如月、日或小时）内应得的工资额。职工工作的时间越长，拿到的计时工资越多。计时工资的计算分为两种：月薪制和日薪制。

（1）月薪制下计时工资的计算。

目前，我国企业职工的工资结算大多是按月进行的，称为月薪制。在月薪制下，不论各月的日历天数有多少，每月的工资标准是相同的，职工只要出满一个月应出勤的天数，就可以得到月标准工资。在月薪制下，虽然职工各自的月工资标准是相同的，但由于职工每月出勤和缺勤的情况不同，故每月应得的计时工资也不尽相同。

在职工有缺勤的情况下，计时工资有两种计算方法：方法一，缺勤法，即月工资标准扣除缺勤日工资额；方法二，出勤法，即出勤日工资额加病产假等日应发数额。

方法一具体计算公式如下：

$$应付计时工资 = 该职工月工资标准 - （事假、旷工天数 \times 日工资率） -$$
$$（病产假等天数 \times 日工资率 \times 扣款率）$$
$$日工资率 = 月工资标准 \div 平均每月日数$$

方法二具体计算公式如下：

$$应付计时工资 = 该职工出勤天数 \times 日工资率 + 病产假等天数 \times$$
$$日工资率 \times （1 - 扣款率）$$

日工资有两种算法：一种是按每月月历日数计算，节假日、双休日也有工资，节假日双休日视同出勤，但如果缺勤期间包含节假日双休日要扣工资；另一种是按平均每月工作日数 20.83 天计算（全年日历数 365 天减去 104 个双休日和 11 个法定节假日，再除以 12 个月，得到的每月平均工作日数 20.83 日），双休日、节假日没有工资，缺勤期间的节假日双休日不扣工资。

具体采用哪一种方法，由企业自行确定，但一经确定，不得随意变动。

项目案例 3-5

【任务情境】利民工厂职工张宏的月工资标准为 6 249 元，9 月份有 30 天，张宏出勤 17 天，周末休息 8 天，事假 3 天，病假 2 天。根据张宏的工龄，其病假工资按工资标准的 85% 计算。张宏的病假和事假没有涉及节假日。

【任务要求】分别计算 9 月份张宏的计时工资。

【任务目标】掌握计时工资的计算。

【任务分析】本任务案例中，先将张宏月工资标准 6 249 元，分别按照 30 天和 20.83 天计算日工资率。采用缺勤法计算工资，用月标准工资扣除事假工资，再扣除病假 15% 的工资。采用出勤法算工资，用出勤工资加病假 85% 工资。需要注意的是：如果天数按 30 天计，30 天是完整天数，包含周末，采用出勤法计算工资，周末视同出勤，需要算出勤工资；但如果天数按 20.83 天计，20.83 天是工作日数，本就不包含周末，因此无须考虑周末。

【任务实施】

按 30 天计算日工资率 $= 6\ 249 \div 30 = 208.3$（元/天）

方法一：按 30 日计算日工资率，按缺勤法计算月工资。

应扣事假工资 $= 208.3 \times 3 = 624.9$（元）

应扣病假工资 $= 208.3 \times 2 \times (1 - 85\%) = 62.49$（元）

应付计时工资 $= 6\ 249 - 624.9 - 62.49 = 5\ 561.61$（元）

方法二：按 30 日计算日工资率，按出勤法计算月工资。

出勤工资 $= 208.3 \times (17 + 8) = 5\ 207.5$（元）

病假应发工资 $= 208.3 \times 2 \times 85\% = 354.11$（元）

应付计时工资 $= 5\ 207.5 + 354.11 = 5\ 561.61$（元）

按 20.83 天计算日工资率 $= 6\ 249 \div 20.83 = 300$（元/天）

方法一：按 20.83 日计算日工资率，按缺勤法计算月工资。

应扣事假工资 $= 300 \times 3 = 900$（元）

应扣病假工资 $= 300 \times 2 \times (1 - 85\%) = 90$（元）

应付计时工资 $= 6\ 249 - 900 - 90 = 5\ 259$（元）

方法二：按 20.83 日计算日工资率，按出勤法计算月工资。

出勤工资 $= 300 \times 17 = 5\ 100$（元）

病假应发工资 $= 300 \times 2 \times 85\% = 510$（元）

应付计时工资 $= 5\ 100 + 510 = 5\ 610$（元）

（2）日薪制下计时工资的计算。

日薪制下的计时工资是根据职工的出勤天数和日工资率计算的。这里采用的日工资率通常以月工资标准除以全年法定平均每月工作日计算的日工资率为标准。日薪制下计时工资的计算公式如下：

$$应付计时工资 = 出勤天数 \times 日工资率$$

2. 计件工资

计件工资是按完成的工作量和计件单价计算支付的劳动报酬。完成的工作量应以产量记录为依据，计件单价是指完成单位工作量应得的工资额。

计件工资按照结算对象的不同，可分为个人计件工资和集体计件工资两种。计件工资是根据产量记录表的个人或小组完成的产品数量乘以规定的计件单价计算的。计件工资的计算公式为：

$$应付计件工资 = 个人产品产量 \times 计件单价$$

悟道明理

我国的分配制度

知识拓展

计件数量的确定

$$计件单价 = 单位产品定额工时 \times 该产品的小时计件工资率$$

（1）个人计件工资。

个人计件工资是根据个人完成的工作量乘以计件单价算得的。如果某个工人在月份内生产几种产品，并且各种产品有着不同的计件单价，则应按下式计算其应付计件工资：

$$应付个人计件工资 = \sum（各产品的产量 \times 各产品计件单价）$$

 项目案例 3-6

【任务情境】利民工厂职工张宏生产甲、乙两种产品。甲、乙产品的定额工时分别为 36 分钟、45 分钟，张宏的小时工资率为 20 元。9 月份张宏一共加工了甲产品 300件、乙产品 200 件。

【任务要求】计算张宏 9 月份的计件工资。

【任务目标】掌握个人计件工资的计算。

【任务分析】计算张宏的个人计件工资，应先计算出甲、乙产品的计件单价，再乘以产品数量，最后汇总求出张宏的计件工资。

【任务实施】

甲产品计件单价 = 20 ×（36 ÷ 60）= 12（元）

乙产品计件单价 = 20 ×（45 ÷ 60）= 15（元）

应付计件工资 = 300 × 12 + 200 × 15 = 6 600（元）

（2）集体计件工资。

集体计件工资是根据班组集体完成的工作量乘以计件单价计算求得整个集体应得计件工资后，再采用适当的方法，将其在集体成员内部进行分配。集体计件工资在集体内部各成员之间分配时，应考虑各成员的工作时间长短和工作质量高低，工作质量的高低通常可根据各成员的工资等级差别来确定，因此，可将工作时间与各成员的小时工资率的乘积（即计时工资）作为分配标准进行集体内部计件工资的分配。其计算公式如下：

$$集体应付计件工资 = 计件单价 \times 集体产品产量$$
$$计件工资分配率 = 集体应付计件工资 \div 集体计时工资总额$$
$$个人计件工资 = 个人计时工资 \times 计件工资分配率$$

 项目案例 3-7

【任务情境】利民工厂第二车间 2023 年 9 月共生产产品 279 件，计件单价为 20 元。张凌本月计时工资 2 000 元，王允本月计时工资 2 500 元，李潘本月计时工资 1 700 元。

【任务要求】计算班组内各职工的本月计件工资，班组内计件工资按照计时工资标准分配。

【任务目标】掌握集体计件工资的分配。

【任务分析】首先根据班组完成的产品数量和计件单价算出班组的集体计件工资，再算出内部分配的分配率，最后求得个人计件工资。

【任务实施】

集体应付计件工资 = 279 × 20 = 5 580（元）

计时工资总额 = 2 000 + 2 500 + 1 700 = 6 200（元）

分配率 = 5 580 ÷ 6 200 = 0.9

张凌应分得的计件工资 = 2 000 × 0.9 = 1 800（元）

王允应分得的计件工资 = 2 500 × 0.9 = 2 250（元）

李潘应分得的计件工资 = 1 700 × 0.9 = 1 530（元）

3. 加班加点工资

加班加点工资是指按规定因职工在法定工作时间以外从事劳动而支付给职工的加班加点的劳动报酬，其实质也是按时间计算工资。企业职工在普通工作日八小时以外的加班加点按平时工资标准计算，节假日加班加点按平时工资标准的双倍计算。法定节假日加班加点按平时工资标准的三倍计算。

 项目案例 3 - 8

【任务情境】利民工厂职工张宏月工资标准为 6 249 元，5 月 1 日加班加点 4 小时，5 月 2 日与 3 日各加班加点 3 小时，5 月份普通工作日加班加点 20 小时。该公司月工作日按 20.83 天计算。

【任务要求】计算张宏 5 月份加班加点工资。

【任务目标】掌握加班加点工资的计算。

【任务分析】首先算出小时工资率，其次分别算出普通工作日、节假日、周末的加班加点工资，最后汇总加班加点工资。注意：5 月 1 日属于法定节假日，按三倍工资计算，5 月 2 日与 3 日属于周末，按双倍工资计算。

【任务实施】

小时工资率 = 6 249 ÷ 20.83 ÷ 8 = 37.5（元/小时）

普通工作日的加班加点工资 = 20 × 37.5 = 750（元）

5 月 1 日的加班加点工资 = 37.5 × 4 × 3 = 450（元）

5 月 2—3 日的加班加点工资 = 37.5 × 6 × 2 = 450（元）

加班加点工资 = 750 + 450 + 450 = 1 650（元）

（三）人工费用的归集

按照权责发生制原则的要求，企业成本核算人员在每月终了时，应根据考勤记录表、产量记录表、工时记录表等原始凭证计算出职工工资，并按车间、部门等受益对象分类汇总编制班组工资结算单（见表 3 - 5）及工资结算汇总表（见表 3 - 6），归集、分配工资。归集工资时，工资费用受益对象的确定与材料费用的分配基本相同，即按"谁受益谁负担"的原则进行分配：产品生产工人的工资应由基本生产部门的各产品承担，归入"生产成本——基本生产成本"账户；辅助生产车间的工人工资应由辅助生产部门生产的各产品或劳务承担，归入"生产成本——辅助生产成本"账户；车间的管理人员和技术人员的工资应由各基本生产车间的制造费用承担，归入"制造费用"账户；销售部门人员的工资，应归入"销售费用"账户；企业行政部门人员的工资，应归入"管理费用"账户。

表3-5　班组工资结算单

部门：　　　　　　　　　　　　2023 年 9 月 30 日　　　　　　　　　金额单位：

姓名	基本工资	奖金	加班加点	津贴补贴	病假工资	应发	扣款	实发
合计								

表3-6　工资结算汇总表

2023 年 9 月 30 日　　　　　　　　　　　　　　　金额单位：

部门		应发工资						代扣款				实发工资
		基本工资	奖金	加班加点	津贴补贴	病假工资	合计	社保	公积金	个税	小计	
第一车间	生产											
	管理											
第二车间	生产											
	管理											
供电车间												
供水车间												
行政部门												
合计												

工资按受益对象归集计入相应项目成本费用。企业还应分别按照应付工资总额的规定比例计提社保和公积金，列支职工福利费、工会经费、职工教育经费等。福利费、两项经费、社保和公积金是工资费用的衍生费用，工资费用计入哪些成本费用账户，则福利费、两项经费和社保公积金就相应地计入对应的成本费用账户。要注意的是，社保公积金属于企业承担的部分，在核算中计入企业的成本费用账户；属于个人承担的部分，通过"其他应付款"或"其他应收款"账户核算。

（四）人工费用的分配及账务处理

属于直接计入费用的人工费，应直接计入产品成本；属于间接计入费用的人工费，应在各受益产品之间进行分配，分配标准通常采用产品的实际或定额生产工时。计算公式如下：

$$人工费用分配率 = 人工费用总额 ÷ 各产品实际（或定额）总工时$$
$$某产品应分摊的人工费用 = 该产品实际（或定额）工时 × 人工费用分配率$$

企业的工资在进行分配时应编制工资分配表，按用途分别计入有关项目成本、费用。生产工人的工资应归入"生产成本——基本生产成本"账户；辅助生产部门的工资应归入"生产成本——辅助生产成本"账户；车间管理人员的工资应归入"制造费用"账户；行政部门人员的工资应归入"管理费用"账户；销售部门人员的工资应归入"销售费用"账户。

项目案例 3-9

【任务情境】利民工厂 2023 年 9 月第一车间生产甲、乙两种产品，本月生产工人工资共 60 000 元，车间管理人员工资 50 000 元。第二车间生产丙、丁两种产品，本月生产工人工资共 45 000 元，车间管理人员工资 40 000 元。供电车间人员工资 30 000 元，供水车间人员工资 20 000 元，行政部门人员工资 80 000 元。第一车间甲、乙产品单位工时分别为 5 小时、10 小时，产量分别为 400 件、100 件。第二车间丙、丁产品单位工时分别为 5 小时、3 小时，产量分别为 300 件、500 件。

【任务要求】采用生产工时比例分配法对人工费用进行分配并作账务处理。

【任务目标】掌握工时比例分配法分配人工费用。

【任务分析】首先分配第一、第二车间生产工人的工资，按照两个车间的工时分别计算第一、第二车间生产工人工资的分配率，再乘以各种产品的工时算出每种产品应承担的工资。然后设计并填制工资分配表，编制会计分录。

【计算过程】

甲产品的生产工时 = 400 × 5 = 2 000（小时）

乙产品的生产工时 = 100 × 10 = 1 000（小时）

第一车间生产工人工资分配率 = 60 000 ÷（2 000 + 1 000）= 20（元/时）

甲产品应分摊的人工费用 = 2 000 × 20 = 40 000（元）

乙产品应分摊的人工费用 = 1 000 × 20 = 20 000（元）

丙产品的生产工时 = 300 × 5 = 1 500（小时）

丁产品的生产工时 = 500 × 3 = 1 500（小时）

第二车间生产工人工资分配率 = 45 000 ÷（1 500 + 1 500）= 15（元/时）

丙产品应分摊的人工费用 = 1 500 × 15 = 22 500（元）

丁产品应分摊的人工费用 = 1 500 × 15 = 22 500（元）

【任务实施】

编制工资分配表，如表 3-7 所示。

表3-7　工资分配表

2023 年 9 月 30 日　　　　　　　　　　　　　　金额单位：元

人员类别		工时/小时	分配率	工资额
第一车间	甲产品工人	2 000	20	40 000
	乙产品工人	1 000		20 000
	小计	3 000		60 000
	车间管理人员	—	—	50 000
第二车间	丙产品工人	1 500	15	22 500
	丁产品工人	1 500		22 500
	小计	3 000		45 000
	车间管理人员	—	—	40 000
辅助生产	供电车间人员	—	—	30 000
	供水车间人员	—	—	20 000
行政部门人员		—	—	80 000
合计		—	—	325 000

根据工资分配表，应编制会计分录如下：

借：生产成本——基本生产成本（甲产品）　　　　　　 40 000

　　　　　　——基本生产成本（乙产品）　　　　　　 20 000

　　　　　　——基本生产成本（丙产品）　　　　　　 22 500

　　　　　　——基本生产成本（丁产品）　　　　　　 22 500

　　　　　　——辅助生产成本（供电车间）　　　　　 30 000

　　　　　　——辅助生产成本（供水车间）　　　　　 20 000

　　制造费用——第一车间　　　　　　　　　　　　　 50 000

　　　　　　——第二车间　　　　　　　　　　　　　 40 000

　　管理费用　　　　　　　　　　　　　　　　　　　 80 000

　　贷：银行存款　　　　　　　　　　　　　　　　　 325 000

四、其他要素费用的核算

（一）固定资产折旧费用

固定资产在长期使用过程中保持实物形态不变，但其价值随着固定资产的使用和时间的推移而逐渐减少，这部分减少的价值就是固定资产折旧。折旧费用按照固定资产的使用部门进行汇总，然后计入制造费用和期间费用。

计提折旧费用需要编制折旧费计提计算表，并据此编制记账凭证，登记相关账簿。

项目案例 3-10

【任务情境】美树公司各种设备原值共 950 000 元，其中，基本生产车间 800 000 元，行政部门 100 000 元，专设销售机构 50 000 元。房屋原值基本生产车间 500 000 元，行政部门 900 000 元。机器设备的月折旧率为 0.60%，房屋建筑物的月折旧率为 0.45%。

【任务要求】作 2023 年 9 月计提折旧费的账务处理。

【任务目标】掌握计提折旧的核算。

【任务分析】首先根据固定资产原值和月折旧率计算各部门应计提的折旧额，再设计、填制折旧费计提计算表，编制会计分录。

【计算过程】

基本生产车间设备折旧费 = 800 000×0.6% = 4 800（元）

行政部门设备折旧费 = 100 000×0.6% = 600（元）

专设销售机构设备折旧费 = 50 000×0.6% = 300（元）

基本生产车间房屋折旧费 = 500 000×0.45% = 2 250（元）

行政部门房屋折旧费 = 900 000×0.45% = 4 050（元）

【任务实施】

编制折旧费计提计算表，如表 3-8 所示。

表 3-8　折旧费计提计算表

部门	设备原值	折旧率	折旧额	房屋原值	折旧率	折旧额	合计
基本生产车间	800 000		4 800	500 000		2 250	7 050
行政部门	100 000		600	900 000		4 050	4 650
专设销售机构	50 000	0.6%	300	—	0.45%	—	300
合计	950 000		8 400	1 400 000		6 300	12 000

根据折旧费计提计算表，应编制会计分录如下：

```
借：制造费用——基本生产车间          7 050
    管理费用                        4 650
    销售费用                          300
  贷：累计折旧                              12 000
```

（二）其他费用

要素费用中的其他费用是指上述各项费用以外的费用支出，包括修理费、差旅费、邮电费、保险费、劳动保护费、运输费、办公费、技术转让费、业务招待费等。这些费用有的是产品成本的组成部分，有的不是。当发生这些费用时，应该按照发生的部门和用途进行归类，分别借记"制造费用""生产成本——辅助生产成本""管理费用""销售费用"等账户，贷记"银行存款"等账户。

任务三　辅助生产费用的核算

基本生产和辅助生产是两个截然不同的概念。我们所说的基本生产通常是指产品生产，是为了对外销售赚取利润的，而辅助生产却是为企业内部的基本生产部门、行政管理部门、专设销售机构等服务而进行的生产和劳务供应。例如，企业生产产品需要用水，可以由自来水公司提供，也可以自己设一个供水车间生产水，来满足企业内部的需要。换句话说，基本生产车间生产的产品是对外销售的，而辅助生产车间生产的产品或提供的劳务则是为企业内部服务的。

悟道明理

节能减耗

辅助生产是企业生产经营活动的重要组成部分，其主要任务是为企业内部各部门提供各种辅助产品或劳务。有的辅助生产车间只生产一种产品或提供一种劳务，如供电、供水、供气等；有的则生产多种产品或提供多种劳务，如从事工具、材料等的制造和机器设备的修理等。辅助生产提供的产品和劳务，有时也可以对外销售，但这不是辅助生产的主要任务，辅助生产主要是服务单位内部。

一、辅助生产费用的内容

辅助生产部门在进行辅助生产时，也会有耗费，辅助生产部门所花的耗费就是辅助生产费用，它是指辅助生产车间在为企业内部生产产品或提供劳务时发生的各项耗费，包括料、工、动力等各项费用。

辅助生产为生产产品和提供劳务所耗费的各种生产费用之和，构成这些产品和劳务的成本。对耗用这些产品或劳务的基本生产车间、部门来说，这些辅助生产产品和劳务的成本，即辅助生产费用，最终要按照受益原则分配到各成本费用里面去。因而，辅助生产产品和劳务成本的高低，对于基本生产的产品成本和企业的管理费用水平有很大的影响。同时，只有辅助生产产品和劳务成本确定以后，才能计算基本生产的产品成本。所以，企业要正确、及时地进行辅助生产成本的核算，严格控制并正确归集与分配辅助生产费用，以便正确计算产品成本和盈亏。

二、辅助生产费用的归集

辅助生产费用的归集，是通过"生产成本——辅助生产成本"科目进行的。该科目应按车间或产品品种、劳务种类设置明细科目，进行明细核算。辅助生产费用归集的程序与基本生产费用归集的程序类似。辅助生产车间的制造费用可以先归入"制造费用——辅助生产车间"明细科目的借方，然后期末从其贷方直接或分配转入"生产成本——辅助生产成本"科目的借方。但是如果企业的辅助生产规模不大，所发生的制造费用不多，为简化核算工作，其制造费用通常直接归入"生产成本——辅助生产成本"科目的借方，而不通过"制造费用——辅助生产车间"科目核算。

三、辅助生产费用的分配及账务处理

辅助生产主要是为基本生产和行政部门提供劳务，但辅助生产之间也相互提供劳务。

如供电车间为供水车间提供电，供水车间也为供电车间提供水。这时，为了计算供电车间成本，还需要考虑供水车间给供电车间提供的水的成本；为了计算供水车间成本，还要考虑供电车间给供水车间提供的电的成本。因此，辅助生产费用的核算比较复杂。

在实际工作中，通常采用直接分配法、交互分配法、计划成本分配法、顺序分配法、代数分配法对辅助生产费用进行分配。

（一）直接分配法

直接分配法是指将辅助生产费用直接分配给辅助生产车间以外的各受益对象承担，而不考虑辅助车间之间相互提供的产品或劳务情况。

首先要根据辅助车间实际发生的生产费用和对辅助生产车间以外的受益对象提供的产品或劳务总量，计算辅助生产费用分配率；然后再按外部各受益对象的耗用量和辅助生产费用的分配率计算分配额。

辅助生产费用分配率＝辅助生产费用总额÷辅助生产车间对外提供的劳务量

某外部受益对象应分摊的费用＝该对象的劳务耗用量×辅助生产费用分配率

 项目案例 3-11

【任务情境】 宏达空调厂有供气和供电两个辅助生产车间，为本企业基本生产车间和行政管理等部门服务，供气车间 9 月发生费用 18 000 元，供电车间 9 月发生费用 20 000 元，辅助生产车间供应劳务数量如表 3-9 所示。

表 3-9 辅助生产车间劳务供应数量

受益单位	供气量/方	供电量/度
辅助生产车间——供气	—	1 000
辅助生产车间——供电	500	—
空调生产	5 000	30 600
基本生产车间	2 000	6 000
销售部门	500	1 000
行政部门	500	2 400
合计	8 500	41 000

【任务要求】 采用直接分配法对辅助生产费用进行分配并作账务处理。

【任务目标】 掌握直接分配法分配辅助生产费用。

【任务分析】 采用直接分配法分配辅助生产费用，无须考虑辅助生产车间相互之间交互提供劳务的情况，辅助生产车间内部各单位即使受益也不承担费用，所有辅助生产费用均直接对外分配，按照对外提供的劳务量计算分配率、分配额。设计并填制辅助生产费用分配表，编制会计分录。

【计算过程】

气费分配率＝18 000÷（8 500－500）＝2.25（元/方）

电费分配率 = 20 000 ÷ (41 000 - 1 000) = 0.5（元/度）

供气车间分配：

空调生产分摊 = 5 000 × 2.25 = 11 250（元）

基本生产车间分摊 = 2 000 × 2.25 = 4 500（元）

销售部门分摊 = 500 × 2.25 = 1 125（元）

行政部门分摊 = 500 × 2.25 = 1 125（元）

供电车间分配：

空调生产分摊 = 30 600 × 0.5 = 15 300（元）

基本生产车间分摊 = 6 000 × 0.5 = 3 000（元）

销售部门分摊 = 1 000 × 0.5 = 500（元）

行政部门分摊 = 2 400 × 0.5 = 1 200（元）

【任务实施】

采用直接分配法编制辅助生产费用分配表，如表 3-10 所示。

表 3-10　辅助生产费用分配表

2023 年 9 月 30 日　　　　　　　　　　　　　　　　金额单位：元

项目	供气车间		供电车间		合计金额
	供气量/方	金额	供电量/度	金额	
待分配费用	—	18 000	—	20 000	38 000
对外供应劳务量	8 000	—	40 000	—	
分配率	—	2.25	—	0.5	—
受益对象：					
空调生产	5 000	11 250	30 600	15 300	26 550
基本生产车间	2 000	4 500	6 000	3 000	7 500
销售部门	500	1 125	1 000	500	1 625
行政部门	500	1 125	2 400	1 200	2 325

根据辅助生产费用分配表，应编制会计分录如下：

借：生产成本——基本生产成本（空调）　　　　　　　　26 550

　　制造费用——基本生产车间　　　　　　　　　　　　7 500

　　销售费用　　　　　　　　　　　　　　　　　　　　1 625

　　管理费用　　　　　　　　　　　　　　　　　　　　2 325

　　　贷：生产成本——辅助生产成本（供气车间）　　　　　　　18 000

　　　　　——辅助生产成本（供电车间）　　　　　　　　20 000

直接分配法属于辅助生产费用的一次性对外分配，只针对外部分配一次，不考虑各辅助车间之间相互提供产品或劳务的情况，这是直接分配法最显著的特点。这种方法的计算简便易行，但是辅助生产车间之间相互提供的劳务没有参与分配，不利于考核辅助生产成本费用水平，也影响分配到辅助生产车间以外的其他各车间、部门的劳务费用数额的准确性。因此，这种方法一般只适合用在辅助生产车间内部相互提供产品或劳务不多的情况下。

（二）交互分配法

视　频
辅助生产1
直接分配法

交互分配法是指辅助生产费用先在辅助车间之间进行内部交互分配，再将辅助生产交互分配后的费用对外分配给辅助生产车间以外各受益对象的分配方法。

交互分配法下，辅助生产费用的分配分为两步：

（1）对内交互分配：在各辅助车间之间进行分配。根据各辅助车间当月发生的生产费用和提供的劳务总量计算交互分配率，再根据内部辅助车间耗用的劳务量和交互分配率计算其应分摊的费用。计算公式为：

$$交互分配率 = 辅助生产费用总额 \div 辅助生产劳务总量$$

$$某辅助车间应分摊的费用 = 该辅助车间的劳务耗用量 \times 交互分配率$$

（2）对外直接分配：对辅助生产部门以外的受益单位进行分配。原来的辅助生产费用在经过内部交互分配之后发生了变化，将经过交互分配调整后的费用按照对外提供的劳务量在辅助生产车间以外的受益对象之间进行分配。计算公式为：

$$对外分配率 = 交互后的辅助生产费用 \div 辅助生产车间对外提供的劳务量$$

$$交互后的辅助生产费用 = 原辅助生产费用 + 交互分配转入的费用 -$$
$$交互分配转出的费用$$

$$某外部受益对象应分摊的费用 = 该对象的劳务耗用量 \times 对外分配率$$

项目案例 3 – 12

【任务情境】 沿用项目案例 3 – 11 的资料。

【任务要求】 采用交互分配法对辅助生产费用进行分配并作账务处理（分配率保留四位小数，分配额保留两位小数）。

【任务目标】 掌握交互分配法分配辅助生产费用。

【任务分析】 首先根据待分配的辅助生产费用和劳务供应总量计算交互分配率，再根据内部受益部门的劳务耗用量和分配率计算分配额，设计并填制辅助生产费用分配表，编制交互分配的会计分录；然后根据交互后的辅助生产费用和对外提供的劳务供应量计算对外分配率，再根据外部受益部门的劳务耗用量和分配率计算分配额，填制辅助生产费用分配表，编制对外分配的会计分录。

【计算过程】

1. 交互分配

供气车间交互分配率 = 18 000 ÷ 8 500 = 2.117 6（元/方）

供电车间交互分配率 = 20 000 ÷ 41 000 = 0.487 8（元/度）

供气车间分摊电费 = 1 000 × 0.487 8 = 487.80（元）

供电车间分摊气费 = 500 × 2.117 6 = 1 058.80（元）

2. 对外分配

供气车间交互分配后的费用 = 18 000 − 1 058.80 + 487.80 = 17 429（元）

供电车间交互分配后的费用 = 20 000 − 487.80 + 1 058.80 = 20 571（元）

供气车间对外分配率 = 17 429 ÷（8 500 − 500）= 2.178 6（元/方）

供电车间对外分配率 = 20 571 ÷（41 000 − 1 000）= 0.514 3（元/度）

供气车间分配：

空调生产分摊 = 5 000 × 2.178 6 = 10 893（元）

基本生产车间分摊 = 2 000 × 2.178 6 = 4 357.20（元）

销售部门分摊 = 500 × 2.178 6 = 1 089.30（元）

行政部门分摊 = 17 429 − 10 893 − 4 357.20 − 1 089.30 = 1 089.50（元）

供电车间分配：

空调生产分摊 = 30 600 × 0.514 3 = 15 737.58（元）

基本生产车间分摊 = 6 000 × 0.514 3 = 3 085.80（元）

销售部门分摊 = 1 000 × 0.514 3 = 514.30（元）

行政部门分摊 = 20 571 − 15 737.58 − 3 085.80 − 514.30 = 1 233.32（元）

提示：因为分配率是约数，所以会存在误差，因此，最后的行政部门分摊的费用应该采用倒挤方法计算，即用待分配的总费用扣除其他受益部门分摊的费用后求得。如果行政部门仍然用劳务量乘以分配率计算，会导致后面编制会计分录借贷不平。

【任务实施】

采用交互分配法编制辅助生产费用分配表，如表3−11所示。

表3−11　辅助生产费用分配表

2023年9月30日　　　　　　　　　　　　　　金额单位：元

项目		供气车间			供电车间			金额合计
		供气量/方	分配率	分配额	供电量/度	分配率	分配额	
对内分配		8 500		18 000	41 000		20 000	金额合计
受益对象	供气车间	—	2.117 6	—	1 000	0.487 8	487.80	
	供电车间	500		1 058.80	—		—	
对外分配		8 000		17 429	40 000		20 571	38 000
受益对象	空调生产	5 000		10 893	30 600		15 737.58	26 630.58
	基本生产车间	2 000	2.178 6	4 357.20	6 000	0.514 3	3 085.80	7 443
	销售部门	500		1 089.30	1 000		514.30	1 603.60
	行政部门	500		1 089.50	2 400		1 233.32	2 322.82

根据辅助生产费用分配表，应编制交互分配的会计分录如下：

借：生产成本——辅助生产成本（供气车间）　　　　　 487.80
　　　　　　 ——辅助生产成本（供电车间）　　　　　1 058.80
　贷：生产成本——辅助生产成本（供气车间）　　　　　　　　　1 058.80
　　　　　　 ——辅助生产成本（供电车间）　　　　　　　　　　487.80

根据辅助生产费用分配表，应编制对外分配的会计分录如下：

借：生产成本——基本生产成本（空调）　　　　　　26 630.58
　　制造费用——基本生产车间　　　　　　　　　　　 7 443
　　销售费用　　　　　　　　　　　　　　　　　　　 1 603.60
　　管理费用　　　　　　　　　　　　　　　　　　　 2 322.82
　贷：生产成本——辅助生产成本（供气车间）　　　　　　　　 17 429
　　　　　　 ——辅助生产成本（供电车间）　　　　　　　　 20 571

　　交互分配法考虑了辅助生产车间内部的交互分配，消除了辅助车间相互提供的产品或劳务的影响后，再将账面上的辅助费用分配给辅助生产车间以外的受益对象，从而弥补了直接分配法的缺点，提高了分配结果的正确性。但由于要进行两次分配，因而计算工作量大，又由于交互分配的费用分配率是根据交互分配以前的待分配费用计算的，不是各辅助生产的实际单位成本，分配结果不是十分准确。因此，这种方法适用于辅助车间不多且辅助生产车间之间相互提供产品或劳务较多的企业。

（三）计划成本分配法

　　计划成本分配法是指按照各受益对象所耗用的劳务量和事先制定的计划单价，向各受益对象分配辅助生产费用，并最终通过调整差异将其调整为实际成本的方法。

　　计划成本分配法下，辅助生产费用的分配分为两步。

　　（1）按计划成本分配：即按计划单价和实际耗用量对包括辅助生产车间在内的所有受益对象进行分配。计算公式是：

　　　　某受益对象应分摊的费用 = 该对象的劳务耗用量 × 辅助生产费用计划单价

　　（2）差异调整：经过第一步计划成本分配，还需要通过差异调整将计划成本调整成为实际成本。将辅助生产费用经过计划成本分配后的账面余额进行调整，调整的方法有两种：一是采用直接分配法，将差异额直接分配给辅助车间以外的受益对象；二是采用直接计入法，将差异额全部直接转入"管理费用"账户。为了及时、快捷地反映辅助费用分配情况，简化核算，企业通常采用第二种办法。计算公式是：

　　　　某辅助生产费用待调整的账面差异额 = 该辅助生产费用的原成本 −
　　　　　　　　　　　　　　 该辅助生产车间分配转出的计划总成本 +
　　　　　　　　　　　　　　 从别的辅助生产车间转入的计划成本

　　若成本差异额采用第一种方式调整，按直接分配法直接分配给辅助生产车间以外的受益对象承担，则差异分配表及差异分配的会计处理同直接分配法，详细过程不再赘述。

【任务情境】沿用项目案例 3 - 11 的资料。该厂供气车间每方气的计划单价为 2.1 元，供电车间每度电的计划单价为 0.5 元。为简化核算，辅助生产的成本差异直接计入管理费用。

【任务要求】采用计划成本分配法对辅助生产费用进行分配并作账务处理。

【任务目标】掌握计划成本分配法分配辅助生产费用。

【任务分析】采用计划成本分配法分配辅助生产费用，首先按照计划单价和各受益对象耗用的劳务量计算各部门分摊的计划成本，设计并填制辅助生产费用分配表，编制计划成本分配的会计分录；其次计算成本差异额，填制辅助生产费用分配表，编制差异调整的会计分录。

【计算过程】

1. 按计划成本分配

供气车间分配：

供电车间分摊 = $500 \times 2.1 = 1\,050$（元）

空调生产分摊 = $5\,000 \times 2.1 = 10\,500$（元）

基本生产车间分摊 = $2\,000 \times 2.1 = 4\,200$（元）

销售部门分摊 = $500 \times 2.1 = 1\,050$（元）

行政部门分摊 = $500 \times 2.1 = 1\,050$（元）

合计 = $1\,050 + 10\,500 + 4\,200 + 1\,050 + 1\,050 = 17\,850$（元）

供电车间分配：

供气车间分摊 = $1\,000 \times 0.5 = 500$（元）

空调生产分摊 = $30\,600 \times 0.5 = 15\,300$（元）

基本生产车间分摊 = $6\,000 \times 0.5 = 3\,000$（元）

销售部门分摊 = $1\,000 \times 0.5 = 500$（元）

行政部门分摊 = $2\,400 \times 0.5 = 1\,200$（元）

合计 = $500 + 15\,300 + 3\,000 + 500 + 1\,200 = 20\,500$（元）

2. 调整差异

供气车间待调整差异 = $18\,000 - 17\,850 + 500 = 650$（元）

供电车间待调整差异 = $20\,000 - 20\,500 + 1\,050 = 550$（元）

管理费用应承担差异 = $650 + 550 = 1\,200$（元）

【任务实施】

采用计划成本分配法编制辅助生产费用分配表，如表 3 - 12 所示。

表 3-12 辅助生产费用分配表

2023 年 9 月 30 日　　　　　　　金额单位：元

项目		分配气费		分配电费		金额合计
		数量/方	金额	数量/度	金额	
计划单价		—	2.1	—	0.5	
受益部门	供气车间	—	—	1 000	500	500
	供电车间	500	1 050	—	—	1 050
	空调生产	5 000	10 500	30 600	15 300	25 800
	基本生产车间	2 000	4 200	6 000	3 000	7 200
	销售部门	500	1 050	1 000	500	1 550
	行政部门	500	1 050	2 400	1 200	2 250
	合计	8 500	17 850	41 000	20 500	38 350
成本差异		650		550		1 200

根据辅助生产费用分配表，应编制计划成本分配的会计分录如下：

借：生产成本——辅助生产成本（供气车间）　　　　　　500

　　　　　——辅助生产成本（供电车间）　　　　　1 050

　　　　　——基本生产成本（空调）　　　　　　25 800

　　制造费用——基本生产车间　　　　　　　　　　7 200

　　销售费用　　　　　　　　　　　　　　　　　1 550

　　管理费用　　　　　　　　　　　　　　　　　2 250

　　贷：生产成本——辅助生产成本（供气车间）　　　　　17 850

　　　　　　　——辅助生产成本（供电车间）　　　　　20 500

根据辅助生产费用分配表，应编制调整差异的会计分录如下：

借：管理费用　　　　　　　　　　　　　　　　　1 200

　　贷：生产成本——辅助生产成本（供气车间）　　　　　650

　　　　　　　——辅助生产成本（供电车间）　　　　　550

调整差异时，不再单设"辅助生产成本差异"账户，而是直接用"生产成本——辅助生产成本"账户来核算差异。调整辅助生产成本差异时，为简化核算，将辅助生产成本差异直接计入管理费用。借记"管理费用"账户，贷记"生产成本——辅助生产成本"账户，超支差用蓝字，节约差用红字。

采用计划成本分配法，由于预先制定了产品和劳务的计划单位成本，故简化和加速了分配的计算工作；同时还可以反映和考核辅助生产成本计划的执行情况以及各受益单位的成本，有利于分清企业内部各单位的经济责任。但如果计划单位成本与实际出入太大，会导致分配结果不准确。该方法适用于实行厂内经济核算、计划成本较为准确、管理水平较高的企业。

（四）顺序分配法

顺序分配法，是在分配辅助生产费用时，按照各辅助生产车间受益大小的顺序排列，受益少的辅助生产车间先分配，受益多的辅助生产车间后分配，排在后的接受前车间分配转入的费用，再将其费用分配给其后的辅助车间和其他受益部门，以此类推，直到最后一个车间分配结束。

顺序分配法下，按受益多少进行顺序排列，并不是指受益数量的多少，而是指受益金额的大小。首先是受益最少的辅助生产车间进行费用分配，最后是受益最多的辅助生产车间进行费用分配。每个辅助生产车间的费用只对排在其后的辅助生产车间及其他外部受益单位进行分配，而不考虑排列在前面的各辅助生产车间相互耗用劳务的因素，排在后面的辅助生产车间费用不再对前面的辅助生产车间进行分配。后面的辅助生产车间待分配费用的计算公式为：

后面辅助生产待分配费用 = 原辅助生产费用 + 前面辅助生产分配转入的费用

 项目案例 3 – 14

【任务情境】沿用项目案例 3 – 11 的资料。

【任务要求】采用顺序分配法对辅助生产费用进行分配并作账务处理（分配率保留四位小数，分配额保留两位小数）。

【任务目标】掌握顺序分配法分配辅助生产费用。

【任务分析】因为供气车间受益金额比供电车间受益金额少，因此供气车间先进行分配，分配的对象是所有受益部门。再对供电车间生产费用进行分配，分配的对象是除供气车间以外的受益部门。设计并填制辅助生产费用分配表，编制顺序分配法的会计分录。

【计算过程】

供气车间分配：

供气车间分配率 = 18 000 ÷ 8 500 = 2.117 6（元/方）

供电车间分摊 = 500 × 2.117 6 = 1 058.80（元）

空调生产分摊 = 5 000 × 2.117 6 = 10 588（元）

基本生产车间分摊 = 2 000 × 2.117 6 = 4 235.20（元）

销售部门分摊 = 500 × 2.117 6 = 1 058.80（元）

行政部门分摊 = 18 000 − 1 058.80 − 10 588 − 4 235.20 − 1 058.80 = 1 059.20（元）

供电车间分配：

供电车间待分配费用 = 20 000 + 1 058.80 = 21 058.80（元）

供电车间分配率 = 21 058.80 ÷（41 000 − 1 000）= 0.526 5（元/度）

空调生产分摊 = 30 600 × 0.526 5 = 16 110.90（元）

基本生产车间分摊 = 6 000 × 0.526 5 = 3 159（元）

销售部门分摊 = 1 000 × 0.526 5 = 526.50（元）

行政部门分摊 = 21 058.80 − 16 110.90 − 3 159 − 526.50 = 1 262.40（元）

【任务实施】

采用顺序分配法编制辅助生产费用分配表，如表 3 - 13 所示。

表 3 - 13　辅助生产费用分配表

2023 年 9 月 30 日　　　　　　　　　　　金额单位：元

项目	供气车间		供电车间		合计金额
	供气量/方	金额	供电量/度	金额	
待分配费用	—	18 000	—	21 058.80	
供应劳务量	8 500	—	40 000	—	
费用分配率	—	2.117 6	—	0.526 5	
受益对象：					
供电车间	500	1 058.80	—	—	1 058.80
空调生产	5 000	10 588	30 600	16 110.90	26 698.90
基本生产车间	2 000	4 235.20	6 000	3 159	7 394.20
销售部门	500	1 058.80	1 000	526.50	1 585.30
行政部门	500	1 059.20	2 400	1 262.40	2 321.60

根据辅助生产费用分配表，应编制会计分录如下：

借：生产成本——辅助生产成本（供电车间）　　　　　1 058.80

　　　　　　——基本生产成本（空调）　　　　　26 698.90

　　制造费用——基本生产车间　　　　　　　　　　7 394.20

　　销售费用　　　　　　　　　　　　　　　　　　1 585.30

　　管理费用　　　　　　　　　　　　　　　　　　2 321.60

　　贷：生产成本——辅助生产成本（供气车间）　　　　　　　18 000

　　　　　　　——辅助生产成本（供电车间）　　　　　　21 058.80

采用顺序分配法，各种辅助生产费用只计算一次费用分配率，计算较为简便，但由于排在后面的辅助生产车间费用不再对前面的辅助生产车间进行分配，所以排在前面的辅助生产车间不承担排在后面的辅助生产车间的生产费用，因此，辅助生产部门之间只有部分交互分配，其分配结果的准确性会受到一定的影响。顺序分配法一般适用于各辅助生产车间相互之间耗用劳务的多少有明显顺序的情况下。

（五）代数分配法

代数分配法是指运用辅助生产费用成本与劳务量之间的数量关系，运用代数中解多元方程的基本原理，计算各辅助生产车间的单位成本，向各受益对象分配的方法。

代数分配法下，先根据数学上解联立方程的原理算出辅助生产单位的单位成本，再按照劳务量和单位成本计算各受益对象分配额。

项目案例 3-15

【任务情境】沿用项目案例 3-11 的资料。

【任务要求】采用代数分配法对辅助生产费用进行分配并作账务处理（分配率保留四位小数，分配额保留两位小数）。

【任务目标】掌握代数分配法分配辅助生产费用。

【任务分析】供气车间待分配的费用应该是气的生产费用加供电车间分给供气车间承担的电费，按照供气车间提供的气量进行分配；供电车间待分配的费用应该是电的生产费用加供气车间分给供电车间承担的气费，按照供电车间提供的电量进行分配。建立二元一次方程，计算出各辅助生产车间的单位成本。再按照劳务量和单位成本计算各受益对象的分配额，设计并填制辅助生产费用分配表，编制会计分录。

【计算过程】

假设供气车间每方气的单位成本（气费分配率）为 x，供电车间每度电的单位成本（电费分配率）为 y，则建立的二元一次联立方程为：

$$18\,000 + 1\,000y = 8\,500x$$

$$20\,000 + 500x = 41\,000y$$

解方程组得：

$$x \approx 2.178\,2 \quad y \approx 0.514\,4$$

供气车间分配：

供气车间待分配费用 $= 18\,000 + 1\,000 \times 0.514\,4 = 18\,514.40$（元）

供电车间分摊 $= 500 \times 2.178\,2 = 1\,089.10$（元）

空调生产分摊 $= 5\,000 \times 2.178\,2 = 10\,891$（元）

基本生产车间分摊 $= 2\,000 \times 2.178\,2 = 4\,356.40$（元）

销售部门分摊 $= 500 \times 2.178\,2 = 1\,089.10$（元）

行政部门分摊 $= 18\,514.40 - 1\,089.10 - 10\,891 - 4\,356.40 - 1\,089.10 = 1\,088.80$（元）

供电车间分配：

供电车间待分配费用 $= 20\,000 + 500 \times 2.178\,2 = 21\,089.10$（元）

供气车间分摊 $= 1\,000 \times 0.514\,4 = 514.40$（元）

空调生产分摊 $= 30\,600 \times 0.514\,4 = 15\,740.64$（元）

基本生产车间分摊 $= 6\,000 \times 0.514\,4 = 3\,086.40$（元）

销售部门分摊 $= 1\,000 \times 0.514\,4 = 514.40$（元）

行政部门分摊 $= 21\,089.10 - 514.40 - 15\,740.64 - 3\,086.40 - 514.40 = 1\,233.26$（元）

【任务实施】

采用代数分配法编制辅助生产费用分配表，如表 3-14 所示。

表 3-14 辅助生产费用分配表

2023 年 9 月 30 日 金额单位：元

项目	供气车间		供电车间		金额合计
	数量/方	金额	数量/度	金额	
分配率	—	2.178 2	—	0.514 4	
受益对象：					
供气车间	—	—	1 000	514.40	514.40
供电车间	500	1 089.10	—	—	1 089.10
空调生产	5 000	10 891	30 600	15 740.64	26 631.64
基本生产车间	2 000	4 356.40	6 000	3 086.40	7 442.80
销售部门	500	1 089.10	1 000	514.40	1 603.50
行政部门	500	1 088.80	2 400	1 233.26	2 322.06
合计	8 500	18 514.40	41 000	21 089.10	39 603.50

根据辅助生产费用分配表，编制会计分录如下：

借：生产成本——辅助生产成本（供气车间）　　514.40

　　　　　　——辅助生产成本（供电车间）　1 089.10

　　　　　　——基本生产成本（空调）　　26 631.64

　　制造费用——基本生产车间　　　　　　7 442.80

　　销售费用　　　　　　　　　　　　　1 603.50

　　管理费用　　　　　　　　　　　　　2 322.06

　　贷：生产成本——辅助生产成本（供气车间）　　18 514.40

　　　　　　　　——辅助生产成本（供电车间）　　21 089.10

采用代数分配法，费用分配结果是最为准确的，但在实际工作中，如果辅助生产车间较多，计算工作就会比较复杂，因而这种方法在已经实现电算化的企业中采用比较适宜。

综上所述，直接分配法分配费用程序简便，但当各个辅助生产车间相互提供劳务量较大时，会影响费用分配的准确性，所以只适用于各个辅助生产车间相互提供的劳务量较少的情况；交互分配法分配结果比直接分配法准确，但是在企业辅助生产车间较多的情况下，分配程序比较复杂，计算工作量也较大，适用于辅助生产车间不多但辅助生产车间之间相互提供的产品或劳务较多的企业；计划成本分配法在计划成本比较科学、事前成本管理水平较高的情况下，能大大减少费用分配的工作量，但是如果计划单价制定与实际脱离太多，分配结果也不够准确，适用于实行厂内经济核算、计划成本较为准确、管理水平较高的企业；顺序分配法，辅助生产费用只计算一次，计算较为简便，但辅助生产部门之间只有部分交互分配，因而其分配结果的准确性会受到一定的影响，适用于各辅助生产车间相互之间受益金额有明显差异的情况；代数分配法，从理论上讲，是分配结果最为准确的一种方法，但是在企业辅助生产车间较多的情况下，手工解多元线性方程组的难度较大，技术推广较难，当然，在计算机技术日益普及的情况下，多元线性方程组求解的速度极大提高，所以这种方法适用于已经实现电算化的企业，具有较广泛的应用前景。在实际工作中，应该根据各种不同情况，在保证会计信息质量的前提下选择合适的分配方法，以减轻会计人员的工作量。

任务四　制造费用的核算

制造费用是产品制造成本的重要组成部分，它是企业各生产单位为制造产品和提供劳务而发生的各项组织和管理生产的费用，包括产品制造成本中除直接材料成本和直接人工成本以外的其他一切制造成本。

一、制造费用的内容

知识拓展·

制造费用与制造
成本的区别

直接材料、燃料及动力、直接人工等费用都是单一性要素费用，而制造费用的内容很广泛，大部分是车间发生的间接作用于产品生产的各项费用，如车间一般性的机物料消耗，管理及技术人员薪酬，车间固定资产折旧费，车间的租赁费和保险费，车间的照明费、取暖费、运输费、劳动保护费以及季节性停工和生产用固定资产修理期间的停工损失等。但要注意的是，并不是所有在车间发生的费用都计入制造费用，比如车间的修理费就不计入制造费用，而应该计入管理费用。

二、制造费用的归集

制造费用应当按照费用发生的车间开设明细账进行归集，按照费用项目开展金额分析。当生产车间发生一般性的机物料消耗、管理及技术人员薪酬、固定资产折旧费、租赁费和保险费、照明费、取暖费、运输费、劳动保护费以及季节性停工和生产用固定资产修理期间的停工损失时，应在"制造费用"账户借方归集和汇总，贷记"原材料""应付职工薪酬""累计折旧""银行存款"等科目。

三、制造费用的分配及账务处理

为了正确计算产品成本，在制造费用归集汇总以后，期末应将其分配给各产品成本承担。如果车间只生产一种产品，则归集的制造费用可以直接计入该种产品成本，不存在分配；但如果车间生产多种产品，则应采用适当的方法对制造费用进行分配，分别计入各种产品的成本。

制造费用的分配方法有很多，主要包括工时（实际生产工时或定额工时或机器工时）比例分配法、生产工人工资比例分配法、年度计划分配率分配法等。月末，制造费用经过分配之后，账面通常是无余额的。但季节性生产企业因为采用年度计划分配率分配法进行分配，制造费用月末通常会有余额。

由于各车间制造费用水平不同，生产的产品可能也不相同，因此各车间的制造费用应该在各车间内部进行分配，而不得将各车间的制造费用统一起来在整个企业范围内进行分配。

（一）工时比例分配法

工时比例分配法是按照各种产品所耗用的工时（实际生产工时或定额工时或机器工时）的比例分配制造费用的一种方法。计算公式如下：

$$制造费用分配率 = 制造费用总额 \div 各种产品耗用的工时之和$$
$$某产品应分摊的制造费用 = 该产品耗用的工时 \times 制造费用分配率$$

 项目案例 3 – 16

【任务情境】利民工厂 2023 年 9 月第一车间的制造费用为 1 500 元，第二车间的制造费用为 3 500 元。第一车间只生产 R 产品；第二车间 S 产品实际生产工时为 300 小时，T 产品实际生产工时为 200 小时。

【任务要求】采用工时比例分配法对制造费用进行分配并作账务处理。

【任务目标】掌握工时比例分配法分配制造费用。

【任务分析】两个车间的制造费用应该在各车间内部进行：第一车间因为只有一种产品，所以无须分配，直接将第一车间的制造费用全部转入 R 产品成本。第二车间按照生产工时将本车间的制造费用分配给 S 产品、T 产品。设计并填制制造费用分配表，编制会计分录。

【计算过程】

第二车间制造费用分配率 = 3 500 ÷ (300 + 200) = 7（元/小时）

S 产品应分摊的制造费用 = 300 × 7 = 2 100（元）

T 产品应分摊的制造费用 = 200 × 7 = 1 400（元）

【任务实施】

编制制造费用分配表，如表 3 – 15 所示。

表 3 – 15　制造费用分配表

车间：第二车间　　　　　　　　　2023 年 9 月 30 日　　　　　　　　金额单位：元

产品	生产工时/小时	分配率	分配金额
S 产品	300		2 100
T 产品	200	7	1 400
合计	500		3 500

根据制造费用分配表，编制会计分录如下：

借：生产成本——基本生产成本（S 产品）　　　　2 100
　　　　　　　——基本生产成本（T 产品）　　　　1 400
　　贷：制造费用——第二车间　　　　　　　　　　　　　　3 500

第一车间制造费用直接转入 R 产品的生产成本，编制会计分录如下：

借：生产成本——基本生产成本（R 产品）　　　　1 500
　　贷：制造费用——第一车间　　　　　　　　　　　　　　1 500

按工时比例分配制造费用是较为常用的一种分配方法，它能将劳动生产率的高低与产品负担费用的多少联系起来，分配结果比较合理。生产工时较为均衡、机械化生产程度较低的企业采用按实际生产工时比例分配制造费用，但是必须组织好产品生产工时的记录和核算工作，以保证生产工时的正确、可靠。定额管理工作较好的企业也可以按照定额工时比例进行制造费用分配。生产机械化程度较高的企业可以按照机器工时比例分配制造费用，即按照各种产品所用机器设备运转时间的比例分配制造费用，采用这种方法，必须正确组织各种产品所耗用机器工时的记录工作，以保证生产工时的准确性。

（二）生产工人工资比例分配法

生产工人工资比例分配法是以各种产品的生产工人工资的比例分配制造费用的一种方法。计算公式如下：

$$制造费用分配率 = 制造费用总额 \div 各产品生产工人工资总额$$
$$某产品应分摊的制造费用 = 该产品生产工人工资 \times 制造费用分配率$$

 项目案例 3-17

【任务情境】沿用项目案例 3-16 的资料，第二车间生产 S 产品、T 产品的工人工资分别为 3 000 元、4 000 元。

【任务要求】采用生产工人工资比例分配法对第二车间的制造费用进行分配并作账务处理。

【任务目标】掌握生产工人工资比例分配法分配制造费用。

【任务分析】按照第二车间生产工人工资计算出分配率，再分别乘以 S 产品、T 产品的工人工资计算出各自应分摊的制造费用。设计并填制制造费用分配表，编制会计分录。

【计算过程】

制造费用分配率 = 3 500 ÷ (3 000 + 4 000) = 0.50

S 产品应分配的制造费用 = 3 000 × 0.50 = 1 500（元）

T 产品应分配的制造费用 = 4 000 × 0.50 = 2 000（元）

【任务实施】

编制制造费用分配表，如表 3-16 所示。

表 3-16　制造费用分配表

车间：第二车间　　　　　　　　　2023 年 9 月 30 日　　　　　　　　金额单位：元

产品	生产工人工资	分配率	分配金额
S 产品	3 000		1 500
T 产品	4 000	0.50	2 000
合计	7 000		3 500

根据制造费用分配表应编制会计分录如下：

借：生产成本——基本生产成本（S产品）　　　　　　1 500
　　　　　　——基本生产成本（T产品）　　　　　　2 000
　　贷：制造费用——第二车间　　　　　　　　　　　　　　3 500

采用生产工人工资比例分配法，核算工作很简便，但是这种方法适用于各种产品生产机械化程度大致相同的企业，否则会影响费用分配的合理性。机械化程度低的产品，所用工资费用多，分配的制造费用也多，机械化程度高的产品，所用工资费用少，分配的制造费用也少，这就出现了不合理的情况。

（三）年度计划分配率分配法

年度计划分配率分配法是不论各月实际发生的制造费用多少，每月制造费用都按年初确定的年度计划分配率分配的一种方法。年度计划分配率一经确定，年度内不再变动。相关计算公式如下：

年度计划分配率＝年度制造费用计划总额÷年度各产品计划产量定额总工时

某产品当月应承担的制造费用＝本月该产品实际产量定额工时×年度计划分配率

因为采用年度计划分配率进行分配，与制造费用每月发生的实际费用有差额，所以分配过后制造费用月末通常会有借方或者贷方的余额。各月末制造费用的余额不必处理，累计到年底，"制造费用"账户如果有年末余额，就是全年制造费用实际发生额与计划分配额的差额，一般应在年末按照各产品全年按年度计划分配率分配的制造费用比例分配，调整计入12月的各产品成本，借记"生产成本——基本生产成本"科目，贷记"制造费用"科目。如果实际发生额大于计划分配额，用蓝字补记；如果实际发生额小于计划分配额，用红字冲减。调整后，"制造费用"账户年末无余额。年末差异调整的相关计算公式如下：

差异分配率＝全年累计差异额÷全年各产品按年度计划分配率分配的制造费用总额

某产品应分摊的差异额＝该产品全年按计划分配率分配的制造费用总额×差异分配率

项目案例 3 - 18

【任务情境】利赢工厂为季节性生产企业。2023年全年制造费用计划为488 000元，全年计划产量分别为甲产品22 000件、乙产品12 000件、丙产品15 500件，单件产品定额工时分别为甲产品5小时、乙产品6小时、丙产品4小时。9月实际产量分别为甲产品1 900件、乙产品1 100件、丙产品1 350件。9月实际发生制造费用45 000元。

【任务要求】采用年度计划分配率分配法对9月份制造费用进行分配并作账务处理。

【任务目标】掌握年度计划分配率分配法分配制造费用。

【任务分析】首先算出年度计划分配率，然后分别乘以甲、乙、丙产品9月份各自的定额工时计算出各产品9月应分摊的制造费用，最后设计并填制制造费用分配表，编制会计分录。

【计算过程】

年度计划分配率 = 488 000 ÷ (22 000 × 5 + 12 000 × 6 + 15 500 × 4) = 2 （元/小时）

9 月甲产品的定额工时 = 1 900 × 5 = 9 500 （小时）

9 月乙产品的定额工时 = 1 100 × 6 = 6 600 （小时）

9 月丙产品的定额工时 = 1 350 × 4 = 5 400 （小时）

9 月甲产品分配的制造费用 = 9 500 × 2 = 19 000 （元）

9 月乙产品分配的制造费用 = 6 600 × 2 = 13 200 （元）

9 月丙产品分配的制造费用 = 5 400 × 2 = 10 800 （元）

【任务实施】

编制制造费用分配表，如表 3-17 所示。

表 3-17　制造费用分配表

车间：基本生产车间　　　　　　2023 年 9 月 30 日　　　　　　金额单位：元

产品	本月产量/件	单件定额工时/小时	定额总工时/小时	分配率	分配金额
甲产品	1 900	5	9 500		19 000
乙产品	1 100	6	6 600	2	13 200
丙产品	1 350	4	5 400		10 800
合计	—	—	21 500		43 000

根据制造费用分配表，编制会计分录如下：

借：生产成本——基本生产成本（甲产品）　　　　　　　　19 000

　　　　　　——基本生产成本（乙产品）　　　　　　　　13 200

　　　　　　——基本生产成本（丙产品）　　　　　　　　10 800

　　贷：制造费用——基本生产车间　　　　　　　　　　　　　　43 000

项目案例 3-19

【任务情境】沿用项目案例 3-18，到 12 月底制造费用分配完后发现，本年度制造费用实际发生额为 524 000 元，已分配计划成本 500 000 元：甲产品承担 210 000 元，乙产品承担 160 000 元，丙产品承担 130 000 元。

【任务要求】按全年已分配制造费用比例进行制造费用差异分配并作账务处理。

【任务目标】掌握年度计划分配率分配法年末制造费用的差异调整。

【任务分析】首先计算年终制造费用差异，再以全年已分配制造费用为分配标准算出差异分配率，然后分别乘以甲、乙、丙产品全年承担的制造费用计划成本算出各产品应分摊的制造费用差异额，最后设计并填制制造费用差异分配表，编制会计分录。

【计算过程】

年度差异额 = 524 000 - 500 000 = 24 000 （元）

差异分配率 = 24 000 ÷ 500 000 = 0.048

甲产品应分摊的差异额 = 210 000 × 0.048 = 10 080（元）
乙产品应分摊的差异额 = 160 000 × 0.048 = 7 680（元）
丙产品应分摊的差异额 = 130 000 × 0.048 = 6 240（元）

【任务实施】

编制制造费用差异分配表，如表 3－18 所示。

表 3－18　制造费用差异分配表

车间：基本生产车间　　　　　　2023 年 12 月 31 日　　　　　　金额单位：元

产品	年度分摊制造费用	分配率	分配金额
甲产品	210 000		10 080
乙产品	160 000	0.048	7 680
丙产品	130 000		6 240
合计	500 000		24 000

根据制造费用差异分配表，编制会计分录如下：

借：生产成本——基本生产成本（甲产品）　　　　　　　　10 080
　　　　　　——基本生产成本（乙产品）　　　　　　　　7 680
　　　　　　——基本生产成本（丙产品）　　　　　　　　6 240
　　贷：制造费用——基本生产车间　　　　　　　　　　　24 000

　　按年度计划分配率分配制造费用，核算工作较为简便，也有利于产品成本和制造费用的控制。但是，采用这种分配方法，必须有较高的计划管理水平，计划费用分配率的确定必须接近实际。如果年度制造费用计划总额与实际相差较大，会影响成本计算的准确性。季节性生产的企业常用此种方法进行制造费用的分配。因为在这种生产企业中，生产的淡季和旺季产量相差悬殊，如果按实际费用进行分配，各月单位成本中的制造费用就会忽高忽低，不利于成本分析与考核，而按年度计划分配率分配制造费用，有利于均衡各月的产品成本水平。

视　频

制造费用年度
计划分配率分配法

任务五　生产损失费用的核算

　　生产损失费用是指在生产过程中发生的不能正常产出的各种耗费。通常情况下，可将其归为四类：一是生产损耗；二是生产废料；三是废品损失；四是停工损失。这四类中的前两类，在会计核算时已经考虑了，有的被计入产品成本，有的变卖或作价入库成为收入。因此，真正属于成本核算中的生产损失主要是指废品损失和停工损失，生产损失产生的原因有原材料和半成品不符合要求、工人操作违规失误、机器设备故障等。

悟道明理

丰田汽车召回事件

一、废品损失的核算

废品损失是指生产过程中产生的各种废品所形成的报废损失和修复费用。生产过程中产生的废品是指因生产操作或者材料半成品不合格等原因，造成不符合规定的技术标准、不能按原定用途使用，或需要经加工修理才能使用的在产品、半成品或产成品。废品按照是否可以修复可分为不可修复废品和可修复废品两种。不可修复废品是指不能修复，或者所花费的修复费用在经济上不合算的废品。可修复废品是指经过修理可以使用，而且所花费的修复费用在经济上合算的废品。

废品的报废损失，是指不可修复的废品的生产成本扣除残料等价值后的损失；修复费用则指可修复废品在返修过程中所发生的各项修理费用。但要注意：对于无须返修而降价出售的不合格品的降价损失、产品入库后因管理不善而损坏变质的损失以及实行"三包"（包退、包修、包换）制度，在产品出售以后发现的废品所发生的一切损失，均不包括在废品损失内，而应计入管理费用。

单独核算废品损失的企业，应在会计科目中设置"废品损失"账户，在成本计算单和生产成本明细账中设置"废品损失"成本项目。"废品损失"账户的借方登记不可修复废品的生产成本和可修复废品的修复费用，贷方登记废品残料回收的价值、赔偿的收入和分配转出的废品净损失，结转完毕后该账户期末没有余额。废品净损失如果属于生产工艺允许范围内的，该部分损失应转回产品生产成本账户，借记"生产成本——基本生产成本"账户，贷记"废品损失"账户。废品净损失如果是超出定额的，由于这些费用的发生无助于使存货达到目前场所和状态，不应计入存货成本，而应计入当期损益，借记"管理费用"账户，贷记"废品损失"账户。

在不单独核算废品损失的企业中，不设立"废品损失"账户和成本项目，只在回收废品残料和责任人赔偿时，冲减"生产成本——基本生产成本"账户。

（一）不可修复废品损失的核算

确定不可修复废品的废品损失，必须首先确定已经发生的废品的生产成本，先将废品的成本从生产成本账户中转出来，再将残值和相关责任人的赔偿从废品成本中扣除，计算出不可修复废品的净损失，再将其转入生产成本或管理费用。总之，废品损失的处理大致可以分为三步：第一步转出废品损失；第二步冲减残料和赔款收入；第三步结转废品净损失。

不可修复废品损失的常用计算方法有实际成本法和定额成本法两种。

1. 实际成本法

实际成本法是在废品报废时根据废品和合格品发生的全部实际费用，采用一定的方法在合格品与废品之间进行分配。

 项目案例 3-20

【任务情境】美树公司 2023 年 10 月第二车间生产 Z 产品，在产品 50 件，完工产品 500 件，完工质检过程中发现其中有 4 件为不可修复废品，其中定额内 3 件。Z 产品发生的生产费用为：材料费用 82 500 元，燃料动力费用 17 600 元，人工费用 79 200 元，

制造费用 44 000 元。原材料是在生产开始时一次投入的，按产品数量分配；燃料动力费用、人工费用和制造费用按生产工时分配，完工产品工时共 1 875 小时，在产品工时共 125 小时。废品回收的残料计价 150 元。

【任务要求】按实际成本法计算不可修复废品的实际生产成本，并作相关账务处理。

【任务目标】掌握实际成本法核算不可修复废品损失。

【任务分析】本任务给出了产品的总生产费用，分别根据数量比例分配直接材料费用，生产工时比例分配燃料动力费用、人工费用和制造费用，计算出分配率，乘以废品数量即可算出废品总成本。冲减废品回收残料价值后，废品应承担的实际成本将定额内 3 件成本转入生产成本，将定额外 1 件成本转入管理费用。设计并填制不可修复废品损失计算表，编制会计分录。

【计算过程】

材料费用分配率 $= 82\ 500 \div 550 = 150$（元/件）

燃料动力费用分配率 $= 17\ 600 \div 2\ 000 = 8.8$（元/小时）

人工费用分配率 $= 79\ 200 \div 2\ 000 = 39.6$（元/小时）

制造费用分配率 $= 44\ 000 \div 2\ 000 = 22$（元/小时）

废品分摊的材料费用 $= 4 \times 150 = 600$（元）

废品占用工时 $= 1\ 875 \div 500 \times 4 = 15$（小时）

废品分摊的燃料动力费用 $= 15 \times 8.8 = 132$（元）

废品分摊的人工费用 $= 15 \times 39.6 = 594$（元）

废品分摊的制造费用 $= 15 \times 22 = 330$（元）

废品损失 $= 600 + 132 + 594 + 330 = 1\ 656$（元）

材料费用净损失 $= 600 - 150 = 450$（元）

定额内材料费用损失 $= 450 \div 4 \times 3 = 337.5$（元）

定额外材料费用损失 $= 450 - 337.5 = 112.5$（元）

定额内工时 $= 15 \div 4 \times 3 = 11.25$（小时）

定额外工时 $= 15 \div 4 \times 1 = 3.75$（小时）

定额内燃料动力费用损失 $= 11.25 \times 8.8 = 99$（元）

定额外燃料动力费用损失 $= 132 - 99 = 33$（元）

定额内人工费用损失 $= 11.25 \times 39.6 = 445.5$（元）

定额外人工费用损失 $= 594 - 445.5 = 148.5$（元）

定额内制造费用损失 $= 11.25 \times 22 = 247.5$（元）

定额外制造费用损失 $= 330 - 247.5 = 82.5$（元）

定额内损失 $= 337.5 + 99 + 445.5 + 247.5 = 1\ 129.5$（元）

定额外损失 $= 112.5 + 33 + 148.5 + 82.5 = 376.5$（元）

【任务实施】

编制不可修复废品损失计算表，如表 3-19 所示。

表 3-19 不可修复废品损失计算表

车间：第二车间　　　　　完工数量：500 件　　　　　废品数量：4 件
产品名称：Z 产品　　　　　2023 年 10 月 31 日　　　　金额单位：元

项目	产量/件	直接材料	工时/小时	燃料动力	直接人工	制造费用	金额合计
总成本	550	82 500	2 000	17 600	79 200	44 000	223 300
分配率	—	150	—	8.8	39.6	22	—
废品成本	4	600	15	132	594	330	1 656
残料价值		150					150
定额内	3	337.5	11.25	99	445.5	247.5	1 129.5
定额外	1	112.5	3.75	33	148.5	82.5	376.5

　　根据不可修复废品损失计算表，编制会计分录如下：

（1）将废品生产成本从甲产品的生产成本中转出。

借：废品损失——第二车间（Z 产品）　　　　　　　　1 656
　　贷：生产成本——基本生产成本（Z 产品）　　　　　　　　1 656

（2）冲减残料价值。

借：原材料　　　　　　　　　　　　　　　　　　　　150
　　贷：废品损失——第二车间（Z 产品）　　　　　　　　150

（3）将废品净损失转入生产成本和管理费用。

借：生产成本——基本生产成本（Z 产品）　　　　　　1 129.5
　　管理费用　　　　　　　　　　　　　　　　　　　376.5
　　贷：废品损失——第二车间（Z 产品）　　　　　　　　1 506

　　按废品的实际生产成本计算废品损失，虽然符合实际，但核算工作量较大。为了简化核算，定额比较健全的企业，通常采用按定额成本计算废品损失。

2. 定额成本法

　　定额成本法是指将不可修复废品按照废品数量和单件费用定额计算其定额成本，再将废品的定额成本扣除残料的回收价值和赔款收入等，即为废品净损失，不考虑实际发生的费用。

 项目案例 3-21

　　【任务情境】利民工厂基本生产车间 9 月生产 R 产品，产生 3 件不可修复废品。原材料定额费用为单件 150 元，定额工时共计 30 小时，每小时工人薪酬 20 元，每小时制造费用 15 元。回收残料作价 180 元，应由工人李力赔偿损失 500 元。

　　【任务要求】按定额成本法计算不可修复废品的生产成本并作相关账务处理。

　　【任务目标】掌握定额成本法核算不可修复废品损失。

　　【任务分析】先按照定额单价和废品数量计算废品损失，从生产成本中转出。冲减残料回收价值和过失人赔偿，剩余的废品净损失，重新计入生产成本。设计并填制不可修复废品损失计算表，编制会计分录。

【计算过程】

废品分摊的材料费用 $= 150 \times 3 = 450$（元）

废品分摊的人工费用 $= 30 \times 20 = 600$（元）

废品分摊的制造费用 $= 30 \times 15 = 450$（元）

废品损失 $= 450 + 600 + 450 = 1\ 500$（元）

废品净损失 $= 1\ 500 - 180 - 500 = 820$（元）

【任务实施】

编制不可修复废品损失计算表，如表 3 - 20 所示。

表 3 - 20 不可修复废品损失计算表

车间：基本生产车间　　　　　　　　　　　　　　　　　　　　废品数量：3 件

产品名称：R 产品　　　　　　　　　2023 年 9 月 30 日　　　　　　　　金额单位：元

项目	直接材料	定额工时/小时	直接人工	制造费用	合计
单位定额成本	150	—	20	15	—
废品总定额成本	450	30	600	450	1 500
冲减损失	180	—	500	—	680
净损失	270	—	100	450	820

根据不可修复废品损失计算表，编制会计分录如下：

（1）将废品生产成本从 R 产品的生产成本中转出。

借：废品损失——基本生产车间（R 产品）　　　　　　　　1 500

　　贷：生产成本——基本生产成本（R 产品）　　　　　　　　1 500

（2）冲减残料价值和过失人赔偿。

借：原材料　　　　　　　　　　　　　　　　　　　　　　180

　　其他应收款——李力　　　　　　　　　　　　　　　　500

　　贷：废品损失——基本生产车间（R 产品）　　　　　　　　680

（3）将废品净损失转入生产成本。

借：生产成本——基本生产成本（R 产品）　　　　　　　　820

　　贷：废品损失——基本生产车间（R 产品）　　　　　　　　820

采用定额费用计算废品成本，废品损失只受废品数量多少影响，不受实际费用水平高低的影响，方法简便、计算及时，有利于分析和考核废品损失，也便于产品成本的分析考核。但此方法只能用于定额成本资料较完善、准确的企业。

（二）可修复废品损失的核算

可修复废品损失是指在废品修复过程中所发生的修复费用，包括为修复废品所耗用的直接材料、直接人工及承担的制造费用等。可修复废品发生的各种修复费用，应借记"废品损失"账户，贷记"原材料""应付职工薪酬""制造费用"等账户。如有应收赔偿款，应抵减废品损失，借记"其他应收款"账户，贷记"废品损失"账户。最后，将废品净损失（即修复费用减去赔偿款的差额）由"废品损失"账户的贷方转入"生产成本——基本生产成本"账户的借方。

项目案例 3-22

【任务情境】2023年9月，利民工厂基本生产车间生产的X产品中有5件可修复废品，修复废品共耗用材料费用500元、人工费用350元，应分摊制造费用50元；查明原因后，应由责任人赔偿300元。

【任务要求】计算可修复的废品的损失，并作相应会计分录。

【任务目标】掌握可修复废品损失核算。

【任务分析】归集可修复废品的材料、人工以及分摊的制造费用计算可修复废品的损失，再冲减责任人赔偿，将剩余的废品净损失转入生产成本。设计并填制可修复废品损失计算表，编制会计分录。

【计算过程】

可修复废品损失 = 500 + 350 + 50 = 900（元）

可修复废品净损失 = 900 - 300 = 600（元）

【任务实施】

编制可修复废品损失计算表，如表3-21所示。

表3-21 可修复废品损失计算表

车间：基本生产车间　　　产品名称：X产品　　　2023年9月30日　　　单位：元

项目	直接材料	直接人工	制造费用	合计
修复费用	500	350	50	900
冲减损失	—	300	—	300
净损失	500	50	50	600

根据可修复废品损失计算表，编制会计分录如下：

（1）计算可修复废品耗费的修复费用。

借：废品损失——基本生产车间（X产品）　　　　　　　　900

　　贷：原材料　　　　　　　　　　　　　　　　　　　　500

　　　　应付职工薪酬　　　　　　　　　　　　　　　　　350

　　　　制造费用——基本生产车间　　　　　　　　　　　50

（2）冲减应收责任人赔款。

借：其他应收款　　　　　　　　　　　　　　　　　　　300

　　贷：废品损失——基本生产车间（X产品）　　　　　　　300

（3）结转净损失。

借：生产成本——基本生产成本（X产品）　　　　　　　600

　　贷：废品损失——基本生产车间（X产品）　　　　　　　600

二、停工损失的核算

停工损失是指企业或生产车间、班组在停工期间内（非季节性和修理期间停工期间）发生的各项费用，包括停工期内发生的燃料动力费、职工薪酬和应分摊的制造费用等。为了简化核算，不满一天的停工，一般可以不计算停工损失。停工可分为计划内停工和计划外停工。计划内停工是计划规定的停工，计划外停工则是由各种事故意外造成的停工。造成企业停工的原因是多种多样的，如停电、材料半成品供应不到位、生产任务下达不及时、机械故障、发生非常灾害、计划减产等，都可能引起停工。

知识拓展·

废品损失的审核

单独核算停工损失的企业，应当设置"停工损失"账户，进行停工损失的核算。该账户借方登记各项停工损失，贷方登记索赔收入和分配结转的净损失。结转时，多数停工损失应由开工生产的产品承担，计入产品生产成本，但自然灾害原因造成的停工损失，应计入营业外支出。结转完毕之后，"停工损失"账户应无余额。需要注意的是，季节性停工、机械设备修理停工属于正常停工费用，应直接计入"制造费用"账户，不通过"停工损失"账户核算。

企业发生停工，应由生产车间填制停工通知单，注明停工范围、停工时间、停工原因、经济责任单位或个人等事项，并报经有关部门和人员审批。财务部门根据审核签章后的停工通知单核算停工损失。

企业单独核算停工损失的，发生停工损失时，借记"停工损失"，贷记"原材料""应付职工薪酬""制造费用"等账户。查明原因转销损失时，应由相关人员赔偿的部分，借记"其他应收款"，贷记"停工损失"；属于非常损失引起的停工损失，借记"营业外支出"，贷记"停工损失"；剩下的停工净损失，借记"生产成本——基本生产成本（某产品）"，贷记"停工损失"。

企业不单独核算停工损失的，发生停工损失时，直接借记"制造费用""营业外支出""其他应收款"等账户，贷记"原材料""应付职工薪酬"等账户。

项目案例 3–23

【任务情境】美树公司由于外部供电线路原因停工两天，第一车间正在生产的 X 产品发生停工损失 2 500 元，其中材料费用 1 200 元，人工费用 800 元，应分摊的制造费用 500 元。查明原因后，应由责任部门赔偿 1 000 元。

【任务要求】作停工损失会计分录。

【任务目标】掌握停工损失核算。

【任务分析】先将停工期间的损失计入"停工损失"账户，然后冲减责任部门赔偿金，计算出的净损失转入"生产成本"账户。

【任务实施】

（1）发生损失时。

借：停工损失——第一车间（X 产品）　　　　　　　　　　2 500
　　贷：原材料　　　　　　　　　　　　　　　　　　　　　　　　1 200

         应付职工薪酬   800
         制造费用   500
（2）冲减责任人赔偿。
借：其他应收款   1 000
　贷：停工损失——第一车间（X产品）   1 000
（3）结转停工净损失。
停工净损失 = 2 500 - 1 000 = 1 500（元）
借：生产成本——基本生产成本（X产品）   1 500
　贷：停工损失——第一车间（X产品）   1 500

任务六　生产费用在完工产品和在产品之间的分配

任何产品的生产，都要经历在产品阶段。除了简单的单步骤生产以外，企业在连续生产产品的每一个时点上，都会存在加工过程中的在产品。在产品消耗了一定的材料费用、人工费用，承担相应的制造费用。因此，产品累计的生产费用应当在本期完工产品与期末在产品之间进行分配，分别计算出期末在产品成本和本期完工产品成本，并将完工产品的成本结转到库存商品中。

一、在产品与完工产品的关系

要进行在产品成本的计算，首先要明确哪些属于在产品，哪些属于完工产品。在产品是指企业已经投入生产，但没有完成全部生产过程，不能作为商品销售的产品。在产品有广义和狭义之分。广义在产品是就整个生产流程来说的，指产品生产从投料到最终制成产成品验收入库前的一切产品，包括：正在车间加工的在产品；已经完成一个或几个加工步骤，但还需要继续加工的半成品；未经装配和未经验收入库的产品；返修的废品等。但应注意，不可修复废品应当及时报废，已领未用的原材料应当办理退料手续，这些都不应列入在产品之内。对外销售的自制半成品，属于商品产品，验收入库后也不应列入在产品，应单独作为自制半成品管理。此时，与之相对应的完工产品应该是狭义的，是完成了所有加工步骤，并且完成了验收手续的产成品。狭义在产品是就某一个生产步骤或某一车间来说，仅包括尚在本步骤加工中的那部分在制品和车间已完工但尚未转出的产品。而此时与之相对应的完工产品就应该是广义的，是除了狭义在产品以外的产品，既包括完成了所有加工步骤并且完成了验收手续的产成品，又包括完成了一个或几个步骤的半成品等。

二、在产品数量的核算

要确定期末在产品成本，必须先确定期末在产品的数量。在产品数量核算的方法有两种：一是账面数量，通过设置在产品台账进行账面记录，反映在产品的账面结存数量；二是实物数量，通过实地盘点方式确定期末在产品实际结存数量。在实际工作中，往往将两种方法结合使用。通过在产品台账反映在产品的账面结存数量，通过实地盘点确定在产品的实际结存数量，两者进行核对，若有差额表现为在产品的盘盈或盘亏的数量。在产品台账应分单位、步骤（或工序），按品种或零部件名称设置，根据领料单、入库单等原始凭证进行登记，其格式如表 3 - 22 所示。

表 3 - 22　在产品台账

车间：　　　　　工序：　　　　　在产品名称：　　　　　　　　　单位：

日期	凭证号	摘要	收入数量	转出数量		结存数量			备注
				合格品	废品	已完工	未完工	废品	

为了核实在产品的数量，必须做好在产品的清查工作。对于清查的结果应编制在产品盘点盈亏报告表，并将清查结果与在产品台账相核对，理应账实相符。如果账实不符，应查明原因并及时进行处理。

在产品盘盈时，按计划成本或定额成本借记"生产成本——基本生产成本"账户，贷记"待处理财产损溢"账户。按照规定核销时，则借记"待处理财产损溢"账户，贷记"管理费用"账户，冲减管理费用。

在产品盘亏和毁损时，应借记"待处理财产损溢"账户，贷记"生产成本——基本生产成本"账户。按规定核销时，应根据不同情况分别将损失从"待处理财产损溢"账户转出，记入有关账户的借方。其中，残料入库，借记"原材料"，应收保险公司或责任人赔款部分转入"其他应收款"账户，剩余的如果是非常原因如自然灾害造成损失，转入"营业外支出"账户；如果是正常情况的损失，转入"管理费用"账户。如果在产品的盘亏是由于没有及时办理领用手续，或某种产品的零部件为另一种产品挪用造成的，则应补办手续，及时转账更正。为了正确归集和分配制造费用，在产品盘亏、盘盈的账务处理应在制造费用分配前进行。

三、在产品成本的核算

在产品成本核算的过程，就是生产费用在本期完工产品与期末在产品之间进行分配的过程。企业在生产过程中发生的各项生产费用，在经过要素费用、辅助生产费用、制造费用分配后，都已经集中在"生产成本——基本生产成本"账户中。将期初在产品成本和本期生产费用汇总，然后将其在本期完工产品与期末在产品之间进行分配，计算出本期完工产品成本。如果期末没有在产品，则该种产品全部生产费用都是本期完工产品成本；如果期末没有完工产品，则该种产品全部生产费用都是期末在产品成本；如果既有完工产品，又有在产品，就需要采用适当的分配方法，在本期完工产品和期末在产品之间进行分配，分别计算出本期完工产品成本和期末在产品成本。计算公式如下：

期初在产品成本 + 本期生产费用 = 累计生产费用 = 本期完工产品成本 + 期末在产品成本

本期完工产品成本 = 累计生产费用 - 期末在产品成本

本期完工产品单位成本 = 本期完工产品成本 ÷ 本期完工产品数量

上述关系式中的期初在产品成本和本期生产费用账面都有记录，因此，只要确定期末在产品成本，就能计算出本期完工产品成本。由于产品成本通常在月末进行计算，因此，期末在产品通常指月末在产品，期初在产品通常指月初在产品。

如何合理、简便地在完工产品和期末在产品之间分配费用，是成本计算工作中一个既重要又复杂的问题。企业应根据在产品数量的多少、各月在产品数量变化的大小、各项费用比重的大小以及定额管理基础的好坏等具体情况区别处理，选择既合理又简便的计算产品成本的方法。由于各企业的生产规模、工艺流程、成本构成、管理水平、核算要求各不相同，期末在产品的数量也有多有少，因此，生产费用分配的方法也比较多。目前常用的生产费用的分配方法有：不计算在产品成本法、在产品按年初固定成本计价法、在产品按材料费用计价法、在产品按完工产品成本计价法、约当产量法、定额比例法和定额成本法。企业可以根据实际情况选择使用，一经确定，不得随意变更，以保证产品成本资料的可比性。

（一）不计算在产品成本法

不计算在产品成本法，又称在产品不计价法，是指虽然期末有结存在产品，但因为期末在产品数量很少、价值很低，因而对期末在产品成本忽略不计的一种方法。也就是说，在这种方法下，期初和期末在产品成本都按零计算。

它的特点是期末在产品不承担生产费用。这种方法适用于期末在产品数量很少，且各期在产品数量比较稳定的情况，即使不计算其成本，对完工产品成本影响可忽略不计。因为期初和期末的在产品成本都是零，所以我们可以得到公式：本期完工产品成本＝本期生产费用。

（二）在产品按年初固定成本计价法

在产品按年初固定成本计价法，是指对各期末在产品均按年初在产品成本计价的一种方法。也就是说，在这种方法下，期初和期末在产品成本是一个固定的常数。采用这种方法是因为各期初、期末在产品成本差额不大，算不算各期在产品成本，对计算完工产品成本的影响不大。基于简化核算的考虑，同时为了反映在产品占用的资金，各期在产品成本按年初固定成本计算。

它的特点是每年只在年末重新核算一下 12 月末的在产品成本，不论之后的一年在产品的数量是否发生变化，都将其作为次年的 1 月与 12 月的期初与期末在产品的成本（12月末例外，需重新核算确认期末在产品成本）。这种方法适用于各期末在产品结存数量少，或者虽然在产品结存数量较多，但各期末在产品数量稳定、起伏不大的产品。采用这种方法的条件是各期的在产品数量是基本均衡的，单位产品成本变化较小，按固定成本作为期末在产品成本对本期完工产品成本计算的正确性影响不大。因为期初和期末的在产品成本相等，所以我们可以得到公式：本期完工产品成本＝本期生产费用。

需要注意的是，12 月份的期初和期末在产品成本不一致，12 月末需要重新计算期末在产品成本，所以 12 月份计算公式仍然采用：

本期完工产品成本＝期初在产品成本＋本期生产费用－期末在产品成本

（三）在产品按材料费用计价法

在产品按材料费用计价法，是指期末在产品只计算所耗用的原材料费用，不计算人工费用和制造费用等加工费用，产品的人工费用和制造费用全部由完工产品承担的一种方法。也就是说，在这种方法下，期末在产品成本只有材料费，人工费和制造费都是零。

这种方法适用于在产品的成本构成中，材料费用占绝大比重，不计算在产品应承担的人工费用与制造费用，对正确计算完工产品成本影响不大的情况。计算公式为：

本期完工产品成本 = 期初在产品材料费 + 本期生产费用 − 期末在产品材料费

项目案例 3 – 24

【任务情境】利民工厂 S 产品期初在产品原材料费用 3 000 元，本期发生材料费用为 7 800 元，人工费用 2 100 元，制造费用 580 元，本期完工产品 500 件，期末在产品 220 件，原材料在生产开始时一次投入。

【任务要求】采用在产品按材料费用计价法计算在产品和完工产品成本。

【任务目标】掌握在产品按材料费用计价法分配生产费用。

【任务分析】在产品成本只计算材料费用，因此只需要将材料费用在本期完工产品和期末在产品之间进行分配即可，人工费用和制造费用全部计入本期完工产品成本。因为原材料在生产开始时一次性投放，故本期完工产品和期末在产品每件投放的材料费用完全相同，因此，只需要按照产品数量进行材料费用分配。

【任务实施】

材料费用分配率 = (3 000 + 7 800) ÷ (500 + 220) = 15 （元/件）

期末在产品成本 = 220 × 15 = 3 300 （元）

本期完工产品成本 = 3 000 + 7 800 − 3 300 + 2 100 + 580 = 10 180 （元）

本期完工产品单位成本 = 10 180 ÷ 500 = 20.36 （元）

（四）在产品按完工产品成本计价法

在产品按完工产品成本计价法是指期末在产品视同本期完工产品一样计价，按期末在产品数量和本期完工产品数量平摊同样的生产费用的方法。

该方法的特点是将期末在产品视同完工产品，以平等的身份同本期完工产品分配生产费用。它适用于期末在产品已接近完工状态，或者只是尚未包装或尚未验收入库。因为这种情况下的在产品已基本加工完毕或已加工完毕，在产品的成本也就已经接近或等于完工产品成本，为了简化产品成本计算工作，可以把期末在产品视为完工产品，按两者的数量比例分配各项费用。

项目案例 3 – 25

【任务情境】利民工厂 T 产品期初在产品材料费用 6 000 元、人工费用 3 000 元、制造费用 1 600 元，本期生产耗费材料费用 15 000 元、人工费用 4 000 元、制造费用 4 000 元。本期完工产品 500 件，期末在产品 200 件接近完工或已完工但未验收入库。

【任务要求】采用在产品按完工产品成本计价法计算完工产品和在产品成本。

【任务目标】掌握在产品按完工产品成本计价法分配生产费用。

【任务分析】在产品因为接近完工，故为了简化核算，直接把在产品数量和完工产品数量相加，按产品总量平摊生产费用即可。先算出各成本项目的分配率，再计算分配额。

【任务实施】

材料费用分配率 = (6 000 + 15 000) ÷ (500 + 200) = 30（元/件）

人工费用分配率 = (3 000 + 4 000) ÷ (500 + 200) = 10（元/件）

制造费用分配率 = (1 600 + 4 000) ÷ (500 + 200) = 8（元/件）

期末完工产品材料费用 = 500 × 30 = 15 000（元）

期末完工产品人工费用 = 500 × 10 = 5 000（元）

期末完工产品制造费用 = 500 × 8 = 4 000（元）

期末完工产品成本 = 15 000 + 5 000 + 4 000 = 24 000（元）

期末在产品材料费用 = 200 × 30 = 6 000（元）

期末在产品人工费用 = 200 × 10 = 2 000（元）

期末在产品制造费用 = 200 × 8 = 1 600（元）

本期在产品成本 = 6 000 + 2 000 + 1 600 = 9 600（元）

悟道明理

社会主义核心
价值观

（五）约当产量法

约当产量法，是指将期末在产品的实际数量按其完工程度折算为相当于完工产品的数量即约当产量，然后与完工产品共同分摊费用的一种方法。

它的特点是先把期末在产品的实际数量按投料程度或完工程度折合成约当产量，再将归集的生产费用按期末在产品约当产量和本期完工产品数量的比例进行分配，分别确定期末在产品和本期完工产品成本。这种方法适用于期末在产品数量较多，各期末的在产品数量变化较大，产品中各个成本项目所占比重相差不大的情况。

视频

约当产量法分配
生产费用的原理

多数情况下，企业产品加工情况不定，为了使得本期完工产品和期末在产品之间的费用分配更加公平合理，我们采用约当产量法。约当产量法的本质就是将期末在产品的实际数量折算为相当于完工产品的数量，从而和完工产品以平等的身份进行生产费用的分配。

1. 约当产量的计算

在折算约当产量的过程中，材料的投入和产品的加工情况千差万别，大多数情况下人工费用和制造费用的发生与产品的生产加工进度同步，而原材料的投料方式不一定与产品的加工程度同步，因而采用约当产量法计算约当产量时，要将材料费用与人工费用、制造费用分开加以计算。

（1）材料费用项目的约当产量计算。

材料费用的完工程度，即投料程度，也称为投料率。期末在产品应负担的材料费用与投料程度密切相关。在产品的投料程度，是指在产品的材料费用（或数量）定额占完工产品的材料费用（或数量）定额的比重。由于各种产品的生产工艺过程不同，直接材料投放的情况主要有三种：一是生产开始时一次性投放；二是材料分次在各个工序开始时投放；三是材料于每道工序中陆续投放。针对不同的投料方式，期末在产品约当产量的计算方式也有所区别。相关计算公式如下：

某工序期末在产品投料率 = 在产品累计投料定额 ÷ 完工产品投料定额 × 100%

$$某工序期末在产品约当产量 = 该工序期末在产品实际数量 \times 投料率$$
$$期末在产品约当产量 = \sum 各工序期末在产品约当产量$$

上面投料率的公式按单件产品计算确定即可，既可以用投料费用定额计算确定，也可以用投料数量定额计算确定。需要注意的是，投料率是在产品在整个生产过程中材料的投放程度，而不是在某一个工序的投放程度。也就是说，在计算投料率的时候，计算的是在产品迄今为止累计的投料定额占完工产品投料定额的比重，而不是在产品本工序的投料定额占完工产品投料定额的比重。因此，各工序的投料率只能是不断增长的，后面工序在产品的投料率比前面工序在产品的投料率要高，绝对不会出现后面工序在产品的投料率比前面工序在产品的投料率低的情况。

①生产开始时一次性投放。

产品生产开始时一次性投入该产品生产所需的全部材料，在这种投料方式下，产品不论是完工产品还是在产品，全部的材料都已投放完毕，因此，投料率开始时即达到了100%，所以在产品应负担的材料费用与完工产品应负担的材料费用完全相同。此时，期末在产品约当产量等于期末在产品实际数量。

项目案例 3 – 26

【任务情境】鸿兴工厂生产 P 产品，第一道、第二道工序在产品数量分别为 300 件、200 件，材料定额 400 千克/件，于开工初一次性投入。

【任务要求】计算期末在产品约当产量。

【任务目标】掌握材料费用一次性投放在产品的约当产量计算。

【任务分析】因为材料在生产初一次性投放，因此每道工序的期末在产品投料率都是 100%。因此在产品的约当产量即为在产品的实际数量。

【任务实施】

投料率 = $400 \div 400 \times 100\% = 100\%$

在产品约当产量 = $300 \times 100\% + 200 \times 100\% = 500$（件）

②材料分次在各工序开始时投放。

材料分次在各工序开始时投放是指按工序数量分次投放，在每道工序开始时投放本工序所需的全部材料。在这种情况下，每道工序的期末在产品投料定额为截至该工序的累计投料定额。投料率计算公式如下：

$$某工序期末在产品投料率 = [(期末在产品前面工序累计投料定额 + 本工序$$
$$投料定额) \div 完工产品投料定额] \times 100\%$$

项目案例 3 – 27

【任务情境】沿用项目案例 3 – 26，投料方式改为在工序开始时投入，第一道工序定额 300 千克/件，第二道工序定额 100 千克/件，其他条件不变。

【任务要求】计算期末在产品约当产量。

【任务目标】掌握材料费用按工序投放在产品的约当产量计算。

【任务分析】每道工序所需材料在各工序开始时投入，则期末在产品约当产量需要分工序计算。先根据在产品累计投料定额和完工产品投料定额算出每道工序在产品的投料率，然后根据本工序的在产品实际数量和投料率算出本工序在产品的约当产量，最后把所有工序在产品的约当产量汇总即可。

【任务实施】

第一道工序投料率 = $300 \div 400 \times 100\% = 75\%$

第二道工序投料率 = $(300 + 100) \div 400 \times 100\% = 100\%$

第一道工序在产品约当产量 = $300 \times 75\% = 225$（件）

第二道工序在产品约当产量 = $200 \times 100\% = 200$（件）

在产品约当产量 = $225 + 200 = 425$（件）

③材料于每道工序中陆续投放。

悟道明理

全局观念、
大局意识

在生产过程中按生产进度陆续投放，各道工序所需的材料不是一次投放，而是在本工序内陆续分次投放。在计算某工序在产品时，因为材料在本工序内是陆续投放的，可能有的在产品本工序所需要的材料已经结束，而有的在产品所需要材料可能才刚开始投放，为简化核算，在没有特殊说明的情况下，我们假设投料是均衡的，取平均值，即在计算本工序在产品投料定额的时候，本工序在产品的投料定额按50%算。因此，各工序在产品的累计投料定额，应由前面各工序累计投料定额加本工序投料定额的50%构成，并据以计算各工序期末在产品的投料率。投料率计算公式如下：

某工序期末在产品投料率 = [（期末在产品前面工序累计投料定额 + 本工序投料
定额 × 50%）÷ 完工产品投料定额] × 100%

项目案例 3 – 28

【任务情境】沿用项目案例 3 – 27，假定产品所耗材料是在每道工序中陆续均衡投入的，其他条件不变。

【任务要求】计算期末在产品约当产量。

【任务目标】掌握材料费用工序内陆续投放在产品的约当产量计算。

【任务分析】本任务案例中，原材料是在每道工序中陆续均衡投入的，所以某工序期末在产品投料率应该用 [（期末在产品前面工序累计投料定额 + 本工序投料定额 × 50%）÷ 完工产品投料定额] × 100% 来计算。再依次用本工序的在产品实际数量和投料率算出本工序在产品的约当产量，最后把工序内在产品的约当产量汇总。

【任务实施】

第一道工序投料率 = $(300 \times 50\%) \div 400 \times 100\% = 37.5\%$

第二道工序投料率 = $(300 + 100 \times 50\%) \div 400 \times 100\% = 87.5\%$

第一道工序在产品约当产量 = $300 \times 37.5\% = 112.5$（件）

第二道工序在产品约当产量 = $200 \times 87.5\% = 175$（件）

在产品约当产量 = $112.5 + 175 = 287.5$（件）

（2）加工费用各项目（人工费用、制造费用等）的约当产量计算。

在产品的加工费用，主要是指期末在产品应负担的人工费用与制造费用，其约当产量的计算与产品的加工程度相关。加工费用的完工程度，是指期末在产品累计定额工时占完工产品定额工时的比重。对于加工费用来说，因为期末在产品本工序的加工尚未结束，因此在产品本工序的加工工时就达不到本工序的全部工时定额。在计算某工序在产品的完工程度时，可能有的在产品完成的工时多，而有的在产品可能完成的工时少。倘若本工序加工程度不均，则按测定的度计算。在没有特殊说明的情况下，我们假设加工程度是均衡的，取平均值，即在计算本工序在产品工时定额的时候，本工序在产品的工时定额按50%算。因此，各工序在产品的累计工时定额，应由前面各工序累计工时定额加本工序工时定额的50%构成，并据以计算各工序期末在产品的完工程度。相关计算公式如下：

$$某工序期末在产品完工程度 = [（期末在产品前面工序的累计工时定额 + 本工序工时$$
$$定额 \times 50\%）\div 完工产品定额工时] \times 100\%$$
$$某工序期末在产品约当产量 = 该工序在产品实际数量 \times 完工程度$$
$$期末在产品约当产量 = \sum 各工序期末在产品约当产量$$

📝 项目案例 3 - 29

【任务情境】鸿兴工厂生产 P 产品，第一道、第二道工序在产品数量分别为300件、200件，定额工时为50小时/件，其中第一道、第二道工序工时定额分别为20小时、30小时。

【任务要求】计算期末在产品约当产量。

【任务目标】掌握在产品的约当产量计算。

【任务分析】某工序期末在产品加工费用的完工程度应用 [（期末在产品前面工序的累计工时定额 + 本工序工时定额 ×50%）÷ 完工产品定额工时] ×100% 计算，再依次用本工序的在产品实际数量和完工程度算出本工序在产品的约当产量，最后把工序内在产品的约当产量汇总。

【任务实施】

第一道工序完工程度 = $（20 \times 50\%）\div 50 \times 100\% = 20\%$

第二道工序完工程度 = $（20 + 30 \times 50\%）\div 50 \times 100\% = 70\%$

第一道工序在产品约当产量 = $300 \times 20\% = 60$（件）

第二道工序在产品约当产量 = $200 \times 70\% = 140$（件）

在产品约当产量 = $60 + 140 = 200$（件）

2. 约当产量法生产费用分配的核算

确定了在产品的约当产量后，以期末在产品约当产量和完工产品产量为分配依据，计算出分配率分配生产费用。相关计算公式如下：

$$某项目费用分配率 = 该项目的累计生产费用 \div 约当总产量$$
$$累计生产费用 = 期初在产品成本 + 本期生产费用$$
$$约当总产量 = 完工产品数量 + 在产品约当产量$$
$$期末在产品成本 = 在产品约当产量 \times 费用分配率$$

$$本期完工产品成本 = 完工产品数量 \times 费用分配率$$
$$= 累计生产费用 - 期末在产品成本$$

项目案例 3 – 30

【任务情境】东方公司 C 产品经两道工序加工完成，材料于生产开始时一次性投入，各工序期末在产品在本工序加工程度均衡。本月完工产品 900 件，生产费用、生产数量资料如表 3 – 23、表 3 – 24 所示。

表 3 – 23 生产费用资料

产品：C 产品　　　　　　　　　2023 年 9 月　　　　　　　　　金额单位：元

工序	直接材料	直接人工	制造费用	合计
期初在产品成本	40 000	5 720	4 200	49 920
本期生产费用	65 225	25 000	15 000	105 225

表 3 – 24 生产数量资料

产品：C 产品　　　　　　　　　2023 年 9 月

工序	在产品数量/件	投料定额/(千克·件⁻¹)	工时定额/(小时·件⁻¹)
1	200	100	30
2	400	0	20
合计	600	100	50

【任务要求】采用约当产量法进行生产费用分配并作账务处理。

【任务目标】掌握约当产量法分配生产费用。

【任务分析】首先分别确定材料费用的投料率和人工制造费用的完工程度。因为材料在生产初一次性投放，因此每道工序的期末在产品投料率都是 100%。某工序期末在产品加工费用的完工程度应用 [（期末在产品前面工序的累计工时定额 + 本工序工时定额 ×50%）÷完工产品定额工时] ×100% 计算。用各工序期末在产品实际数量和投料率或完工程度计算出期末在产品的约当产量。然后将累计生产费用在本期完工产品和期末在产品之间进行分配，需要分直接材料、直接人工和制造费用三个成本项目分别进行分配。用期初在产品成本和本期生产费用算出累计生产费用，再用期末在产品约当产量和完工产品数量算出约当总产量，以此为分配标准算出生产费用分配率，最后计算期末在产品成本和本期完工产品成本。设计并填制产品成本计算单，编制会计分录。

【计算过程】

（1）计算约当产量。

①材料费用。

投料率 = 100÷100 ×100% = 100%

第一道工序期末在产品约当产量 = 200 ×100% = 200（件）

第二道工序期末在产品约当产量 = 400 ×100% = 400（件）

约当产量小计：200 + 400 = 600（件）

②人工费用、制造费用。

第一道工序期末在产品完工程度 =（30 × 50%）÷ 50 × 100% = 30%

第二道工序期末在产品完工程度 =（30 + 20 × 50%）÷ 50 × 100% = 80%

第一道工序期末在产品约当产量 = 200 × 30% = 60（件）

第二道工序期末在产品约当产量 = 400 × 80% = 320（件）

约当产量小计：60 + 320 = 380（件）

（2）分配生产费用。

①材料费用。

累计材料费用 = 40 000 + 65 225 = 105 225（元）

材料费用分配率 = 105 225 ÷（900 + 600）= 70.15（元/件）

期末在产品材料费用 = 600 × 70.15 = 42 090（元）

本期完工产品材料费用 = 105 225 − 42 090 = 63 135（元）

②人工费用、制造费用。

累计人工费用 = 5 720 + 25 000 = 30 720（元）

人工费用分配率 = 30 720 ÷（900 + 380）= 24（元/件）

期末在产品人工费用 = 380 × 24 = 9 120（元）

本期完工产品人工费用 = 30 720 − 9 120 = 21 600（元）

累计制造费用 = 4 200 + 15 000 = 19 200（元）

制造费用分配率 = 19 200 ÷（900 + 380）= 15（元/件）

期末在产品制造费用 = 380 × 15 = 5 700（元）

本期完工产品制造费用 = 19 200 − 5 700 = 13 500（元）

③期末在产品和本期完工产品成本。

期末在产品成本 = 42 090 + 9 120 + 5 700 = 56 910（元）

本期完工产品成本 = 63 135 + 21 600 + 13 500 = 98 235（元）

【任务实施】

（1）编制期末在产品约当产量计算表，如表3 - 25所示。

表3 - 25　约当产量计算表

产品名称：C产品　　　　　　　　　　2023年9月30日

项目	在产品数量/件	投料定额/（千克·件⁻¹）	工时定额/（小时·件⁻¹）	材料费用		人工、制造费用	
				投料程度	约当产量/件	完工程度	约当产量/件
1	200	100	30	100%	200	30%	60
2	400	0	20	100%	400	80%	320
合计	600	100	50	—	600	—	380

（2）编制产品成本计算单，如表3 - 26所示。

表 3-26　产品成本计算单

2023 年 9 月 30 日

生产单位：基本生产车间　　　　　　产品名称：C 产品　　　　　　　　金额单位：元

摘要	直接材料	直接人工	制造费用	合计
期初在产品成本	40 000	5 720	4 200	49 920
本期生产费用	65 225	25 000	15 000	105 225
累计生产费用	105 225	30 720	19 200	155 145
完工产品数量	900	900	900	—
在产品约当产量	600	380	380	—
约当总产量	1 500	1 280	1 280	—
分配率	70. 15	24	15	109. 15
本期完工产品总成本	63 135	21 600	13 500	98 235
期末在产品成本	42 090	9 120	5 700	56 910

（3）根据产品成本计算单，编制会计分录如下：

借：库存商品——C 产品　　　　　　　　　　　　　　　　　　98 235

　　贷：生产成本——基本生产成本（C 产品）　　　　　　　　　　　　98 235

 项目案例 3-31

【任务情境】沿用项目案例 3-30，投料方式改为工序初投料，其中第一道工序投料定额 40 千克，第二道工序投料定额 60 千克。

【任务要求】采用约当产量法进行生产费用分配并作账务处理。

【任务目标】掌握约当产量法分配生产费用。

【任务分析】首先分别确定材料费用的投料率和人工制造费用的完工程度。因为材料在工序初投放，因此每道工序的期末在产品投料率应用［（期末在产品前面工序的累计投料定额＋本工序的全部投料定额）÷完工产品投料定额］×100% 计算，某工序期末在产品加工费用的完工程度应用［（期末在产品前面工序的累计工时定额＋本工序工时定额×50%）÷完工产品定额工时］×100% 计算。然后用各工序期末在产品实际数量和投料率或完工程度计算出期末在产品的约当产量，将累计生产费用在本期完工产品和期末在产品之间进行分配，需要分直接材料、直接人工和制造费用三个成本项目分别进行分配。再用期初在产品成本和本期生产费用算出累计生产费用，用期末在产品约当产量和完工产品数量算出约当总产量，以此为分配标准算出生产费用分配率。最后计算期末在产品成本和本期完工产品成本。设计并填制产品成本计算单，编制会计分录。

【计算过程】

（1）计算约当产量。

①材料费用。

第一道工序期末在产品投料率 = 40÷100×100% = 40%

第二道工序期末在产品投料率 $=(40+60)\div100\times100\%=100\%$

第一道工序期末在产品约当产量 $=200\times40\%=80$（件）

第二道工序期末在产品约当产量 $=400\times100\%=400$（件）

约当产量小计 $=80+400=480$（件）

②人工费用、制造费用。

第一道工序期末在产品完工程度 $=(30\times50\%)\div50\times100\%=30\%$

第二道工序期末在产品完工程度 $=(30+20\times50\%)\div50\times100\%=80\%$

第一道工序期末在产品约当产量 $=200\times30\%=60$（件）

第二道工序期末在产品约当产量 $=400\times80\%=320$（件）

约当产量小计 $=60+320=380$（件）

（2）分配生产费用。

①材料费用。

累计材料费用 $=40\,000+65\,225=105\,225$（元）

材料费用分配率 $=105\,225\div(900+480)=76.25$（元/件）

期末在产品材料费用 $=480\times76.25=36\,600$（元）

本期完工产品材料费用 $=105\,225-36\,600=68\,625$（元）

②人工费用、制造费用。

累计人工费用 $=5\,720+25\,000=30\,720$（元）

人工费用分配率 $=30\,720\div(900+380)=24$（元/件）

期末在产品人工费用 $=380\times24=9\,120$（元）

本期完工产品人工费用 $=30\,720-9\,120=21\,600$（元）

累计制造费用 $=4\,200+15\,000=19\,200$（元）

制造费用分配率 $=19\,200\div(900+380)=15$（元/件）

期末在产品制造费用 $=380\times15=5\,700$（元）

本期完工产品制造费用 $=19\,200-5\,700=13\,500$（元）

③期末在产品和本期完工产品成本。

期末在产品成本 $=36\,600+9\,120+5\,700=51\,420$（元）

本期完工产品成本 $=68\,625+21\,600+13\,500=103\,725$（元）

【任务实施】

（1）编制期末在产品约当产量计算表，如表 3-27 所示。

表 3-27　约当产量计算表

产品名称：C 产品　　　　　　　　　　　　2023 年 9 月 30 日

项目	在产品数量/件	投料定额/（千克·件⁻¹）	工时定额/（小时·件⁻¹）	材料费用		人工、制造费用	
				投料程度	约当产量/件	完工程度	约当产量/件
1	200	40	30	40%	80	30%	60
2	400	60	20	100%	400	80%	320
合计	600	100	50	—	480	—	380

（2）编制产品成本计算单，如表3-28所示。

表3-28　产品成本计算单

2023年9月30日

生产单位：基本生产车间　　　　　　产品名称：C产品　　　　　　　金额单位：元

摘要	直接材料	直接人工	制造费用	合计
期初在产品成本	40 000	5 720	4 200	49 920
本期生产费用	65 225	25 000	15 000	105 225
累计生产费用	105 225	30 720	19 200	155 145
完工产品数量	900	900	900	—
在产品约当产量	480	380	380	—
约当总产量	1 380	1 280	1 280	—
分配率	76.25	24	15	115.25
本期完工产品总成本	68 625	21 600	13 500	103 725
期末在产品成本	36 600	9 120	5 700	51 420

（3）根据产品成本计算单，编制会计分录如下：

借：库存商品——C产品　　　　　　　　　　　　　　　　103 725

　　贷：生产成本——基本生产成本（C产品）　　　　　　　　　103 725

 二　项目案例3-32

【任务情境】沿用项目案例3-31，投料方式改为工序内分次陆续投料。

【任务要求】采用约当产量法进行生产费用分配的账务处理。

【任务目标】掌握约当产量法分配生产费用。

【任务分析】首先分别确定材料费用的投料率和人工制造费用的完工程度。因为材料在工序内分次陆续投放，因此每道工序的期末在产品投料率应用 [（期末在产品前面工序的累计投料定额＋本工序投料定额×50%）÷完工产品投料定额]×100% 计算，某工序期末在产品加工费用的完工程度应用 [（期末在产品前面工序的累计工时定额＋本工序工时定额×50%）÷完工产品定额工时]×100% 计算。然后用各工序期末在产品实际数量和投料率或完工程度计算出期末在产品的约当产量。将累计生产费用在本期完工产品和期末在产品之间进行分配，需要分直接材料、直接人工和制造费用三个成本项目分别进行分配。再用期初在产品成本和本期生产费用算出累计生产费用，用期末在产品约当产量和完工产品数量算出约当总产量，以此为分配标准算出生产费用分配率。最后计算期末在产品成本和本期完工产品成本。设计并填制产品成本计算单，编制会计分录。

【计算过程】

（1）计算约当产量。

①材料费用。

第一道工序期末在产品投料率＝40×50%÷100×100%＝20%

第二道工序期末在产品投料率 $=(40+60\times50\%)\div100\times100\%=70\%$

第一道工序期末在产品约当产量 $=200\times20\%=40$（件）

第二道工序期末在产品约当产量 $=400\times70\%=280$（件）

约当产量小计：$40+280=320$（件）

②人工费用、制造费用。

第一道工序期末在产品完工程度 $=(30\times50\%)\div50\times100\%=30\%$

第二道工序期末在产品完工程度 $=(30+20\times50\%)\div50\times100\%=80\%$

第一道工序期末在产品约当产量 $=200\times30\%=60$（件）

第二道工序期末在产品约当产量 $=400\times80\%=320$（件）

约当产量小计：$60+320=380$（件）

（2）分配生产费用。

①材料费用。

累计材料费用 $=40\ 000+65\ 225=105\ 225$（元）

材料费分配率 $=105\ 225\div(900+320)=86.25$（元/件）

期末在产品材料费用 $=320\times86.25=27\ 600$（元）

本期完工产品材料费用 $=105\ 225-27\ 600=77\ 625$（元）

②人工费用、制造费用。

累计人工费用 $=5\ 720+25\ 000=30\ 720$（元）

人工费用分配率 $=30\ 720\div(900+380)=24$（元/件）

期末在产品人工费用 $=380\times24=9\ 120$（元）

本期完工产品人工费用 $=30\ 720-9\ 120=21\ 600$（元）

累计制造费用 $=4\ 200+15\ 000=19\ 200$（元）

制造费用分配率 $=19\ 200\div(900+380)=15$（元/件）

期末在产品制造费用 $=380\times15=5\ 700$（元）

本期完工产品制造费用 $=19\ 200-5\ 700=13\ 500$（元）

③期末在产品和本期完工产品成本。

期末在产品成本 $=27\ 600+9\ 120+5\ 700=42\ 420$（元）

本期完工产品成本 $=77\ 625+21\ 600+13\ 500=112\ 725$（元）

【任务实施】

（1）编制期末在产品约当产量计算表，如表 3-29 所示。

表 3-29　约当产量计算表

产品名称：C 产品　　　　　　　　　　2023 年 9 月 30 日

项目	在产品数量//件	投料定额/（千克·件$^{-1}$）	工时定额/（小时·件$^{-1}$）	材料费用		人工、制造费用	
				投料程度	约当产量/件	完工程度	约当产量/件
1	200	40	30	20%	40	30%	60
2	400	60	20	70%	280	80%	320
合计	600	100	50	—	320	—	380

（2）编制产品成本计算单，如表3-30所示。

表3-30　产品成本计算单

2023年9月30日

生产单位：基本生产车间　　　　　　　产品名称：C产品　　　　　　　金额单位：元

摘要	直接材料	直接人工	制造费用	合计
期初在产品成本	40 000	5 720	4 200	49 920
本期生产费用	65 225	25 000	15 000	105 225
累计生产费用	105 225	30 720	19 200	155 145
完工产品数量	900	900	900	—
在产品约当产量	320	380	380	
约当总产量	1 220	1 280	1 280	—
分配率	86.25	24	15	125.25
本期完工产品总成本	77 625	21 600	13 500	112 725
期末在产品成本	27 600	9 120	5 700	42 420

（3）根据产品成本计算单，编制会计分录如下：

借：库存商品——C产品　　　　　　　　　　　　　　　　　112 725

　　贷：生产成本——基本生产成本（C产品）　　　　　　　　　　　112 725

（六）定额比例法

定额比例法，是将累计发生的生产费用按照本期完工产品和期末在产品的定额数量或定额费用的比例进行分配，计算出本期完工产品成本和期末在产品成本的方法。首先，计算本期完工产品和期末在产品各自的定额数量（或定额费用），汇总出定额数量之和（或定额费用之和），再以此为标准分配生产费用。其中，按定额数量比例分配时，材料费用按原材料定额消耗量进行分配，人工费用、制造费用等成本项目按定额工时进行分配。

这种方法适用于定额管理水平较高，基础较好，有比较准确的各种产品成本定额标准，各项定额比较稳定，各期期末在产品数量变动较大的产品。这种方法克服了定额成本法中将实际成本与定额成本之间的差额全部由完工产品成本承担的缺点。

（1）分配标准。

期末在产品材料（人工、制造）定额＝期末在产品数量×单件在产品

材料（人工、制造）定额

本期完工产品材料（人工、制造）定额＝本期完工产品数量×单件完工产品

材料（人工、制造）定额

（2）分配率。

材料（人工、制造）定额费用分配率＝累计材料（人工、制造）费用÷［期末在产品

材料（人工、制造）定额＋本期完工产品材料

（人工、制造）定额］

（3）分配额。

①期末在产品成本。

期末在产品材料（人工、制造）费用 = 期末在产品材料（人工、制造）定额 × 材料（人工、制造）费用分配率

期末在产品成本 = 期末在产品材料费用 + 期末在产品人工费用 + 期末在产品制造费用

②本期完工产品成本。

本期完工产品材料（人工、制造）费用 = 本期完工产品材料（人工、制造）定额 × 材料（人工、制造）费用分配率 = 累计材料（人工、制造）费用 – 期末在产品材料（人工、制造）费用

本期完工产品总成本 = 本期完工产品材料费用 + 本期完工产品人工费用 + 本期完工产品制造费用

本期完工产品单位成本 = 本期完工产品总成本 ÷ 本期完工产品数量

 项目案例 3 – 33

【任务情境】红星工厂生产 B 产品，本月完工产品 800 件，月末在产品 200 件。材料于生产开始时一次性投放，在产品加工程度均衡。B 产品相关费用和定额资料如表 3 – 31 所示。

表 3 – 31　产品相关费用和定额资料

金额单位：元

项目	直接材料	直接人工	制造费用	合计
期初在产品成本	3 500	2 400	1 300	7 200
本期生产费用	59 500	19 200	14 900	93 600
累计生产费用	63 000	21 600	16 200	100 800
单位产品定额	9 千克/件	6 小时/件	6 小时/件	—

【任务要求】采用定额比例法进行生产费用分配并作账务处理。

【任务目标】掌握定额比例法分配生产费用。

【任务分析】按定额比例分配生产费用，首先按成本项目分别计算各项目的期末在产品和本期完工产品的定额，再根据累计生产费用和总定额计算出费用的分配率，最后根据分配率分别计算期末在产品成本和本期完工产品成本。设计并填制产品成本计算表，编制会计分录。

【计算过程】

期末在产品材料定额 = 200 × 9 = 1 800（千克）

本期完工产品材料定额 = 800 × 9 = 7 200（千克）

材料费用分配率 = 63 000 ÷（1 800 + 7 200）= 7（元/千克）

期末在产品材料费用 = 1 800 × 7 = 12 600（元）

本期完工产品材料费用 $= 7\ 200 \times 7 = 50\ 400$（元）

期末在产品定额工时 $= 6 \times 50\% \times 200 = 600$（小时）

本期完工产品定额工时 $= 6 \times 800 = 4\ 800$（小时）

人工费用分配率 $= 21\ 600 \div (600 + 4\ 800) = 4$（元/小时）

期末在产品人工费用 $= 600 \times 4 = 2\ 400$（元）

本期完工产品人工费用 $= 4\ 800 \times 4 = 19\ 200$（元）

制造费用分配率 $= 16\ 200 \div (600 + 4\ 800) = 3$（元/小时）

期末在产品制造费用 $= 600 \times 3 = 1\ 800$（元）

本期完工产品制造费用 $= 4\ 800 \times 3 = 14\ 400$（元）

期末在产品成本 $= 12\ 600 + 2\ 400 + 1\ 800 = 16\ 800$（元）

本期完工产品总成本 $= 50\ 400 + 19\ 200 + 14\ 400 = 84\ 000$（元）

【任务实施】

编制产品成本计算单，如表3-32所示。

表3-32　产品成本计算单

2023年9月30日

生产单位：基本生产车间　　　　　　产品名称：B产品　　　　　　金额单位：元

摘要	直接材料	直接人工	制造费用	合计
期初在产品成本	3 500	2 400	1 300	7 200
本期生产费用	59 500	19 200	14 900	93 600
累计生产费用	63 000	21 600	16 200	100 800
完工产品定额	7 200 千克	4 800 小时	4 800 小时	—
在产品定额	1 800 千克	600 小时	600 小时	—
总定额	9 000 千克	5 400 小时	5 400 小时	—
分配率	7	4	3	—
本期完工产品总成本	50 400	19 200	14 400	84 000
本期完工产品单位成本	63	24	18	105
期末在产品成本	12 600	2 400	1 800	16 800

根据产品成本计算单，应编制会计分录如下：

借：库存商品——B产品　　　　　　　　　　　　　　　　　　84 000

　　贷：生产成本——基本生产成本（B产品）　　　　　　　　　　　84 000

（七）定额成本法

定额成本计价法，简称定额成本法，是指按照期末在产品数量和定额单位成本计算期末在产品成本的一种方法。在这种方法下，期末在产品成本根据期末在产品数量和单位定额成本相乘算得，累计生产费用扣除掉期末在产品定额成本后所剩的余额全部由本期完工产品承担。相关计算公式如下：

期末在产品直接材料定额成本 = 在产品数量 × 单件在产品定额材料费用

$$= 在产品材料定额耗用量 \times 单位定额材料费用$$

$$期末在产品直接人工定额成本 = 在产品数量 \times 单件在产品定额人工费用$$

$$= 在产品定额工时 \times 单位工时定额人工费用$$

$$单件在产品定额人工费用 = 单件在产品定额工时 \times 单位工时定额人工费用$$

$$期末在产品制造费用定额成本 = 在产品数量 \times 单件在产品定额制造费用$$

$$= 在产品定额工时 \times 单位工时定额制造费用$$

$$单件在产品定额制造费用 = 单件在产品定额工时 \times 单位工时定额制造费用$$

$$期末在产品定额成本 = 期末在产品定额材料费用 + 期末在产品定额人工费 +$$

$$期末在产品定额制造费用$$

$$本期完工产品总成本 = 累计生产费用 - 期末在产品定额成本$$

$$本期完工产品单位成本 = 本期完工产品成本 \div 本期完工产品数量$$

这种方法适用于各项定额比较准确、稳定，各期末在产品数量变化不大的产品。如果产品各项定额准确，期初和期末单位在产品实际费用脱离定额的差异不会太大；期末在产品数量变化不大，期初在产品定额费用与期末在产品定额费用的差异也不会太大。所以，期末在产品成本不计算成本差异，对完工产品成本影响也不大。但如果定额不稳定，那么在修订定额的月份，期末在产品成本就按新的定额计算，这样完工产品成本中就包括了期末在产品按新的定额成本计算所发生的差额，从而不利于完工产品的成本分析和考核。

 项目案例 3 - 34

【任务情境】红星公司 2023 年 9 月生产 A 产品，分两道工序制成，直接材料每千克 1.5 元，直接人工每小时 2 元，制造费用每小时 2.5 元。原材料在各道工序内分次陆续投入，各工序期末在产品在本工序加工程度均衡。本期完工产品 100 件。生产费用和生产数量资料如表 3 - 33、3 - 34 所示。

表 3 - 33 生产费用资料

产品：A 产品 　　　　　　　　 2023 年 9 月 　　　　　　　　 金额单位：元

项目	直接材料	直接人工	制造费用	合计
期初在产品成本	6 000	5 480	6 875	18 355
本期生产费用	40 000	15 000	15 000	70 000
累计生产费用	46 000	20 480	21 875	88 355

表 3 - 34 生产数量资料

产品：A 产品 　　　　　　　　 2023 年 9 月

工序	在产品数量/件	投料定额/(千克·件$^{-1}$)	工时定额/(小时·件$^{-1}$)
1	500	25	8
2	200	15	5
合计	700	40	13

【任务要求】采用定额成本法进行生产费用分配并作账务处理。

【任务目标】掌握定额成本法分配生产费用。

【任务分析】采用定额成本法，在产品的直接材料费用需要按照期末在产品投料定额、单价和在产品数量来计算。需要注意的是：投料方式为工序内分次陆续投放，因而在产品本工序的投料定额达不到本工序的全部投料定额，单件在产品的投料定额应为期末在产品前面工序的累计投料定额＋本工序投料定额×50%。在产品的直接人工以及制造费用按照工时定额、单价和在产品数量来计算，在产品本工序的工时定额达不到本工序的全部工时定额，在产品的工时定额应为期末在产品前面工序的累计工时定额＋本工序工时定额×50%。汇总在产品的成本，将累计生产费用减去在产品的定额成本计算出完工产品成本。设计并填制产品成本计算表，编制会计分录。

【计算过程】

第一道工序在产品直接材料定额成本 $= 25 \times 50\% \times 500 \times 1.5 = 9\ 375$（元）

第二道工序在产品直接材料定额成本 $= (25 + 15 \times 50\%) \times 200 \times 1.5 = 9\ 750$（元）

期末在产品直接材料定额成本 $= 9\ 375 + 9\ 750 = 19\ 125$（元）

第一道工序在产品直接人工定额成本 $= (8 \times 50\%) \times 500 \times 2 = 4\ 000$（元）

第二道工序在产品直接人工定额成本 $= (8 + 5 \times 50\%) \times 200 \times 2 = 4\ 200$（元）

期末在产品直接人工定额成本 $= 4\ 000 + 4\ 200 = 8\ 200$（元）

第一道工序在产品制造费用定额成本 $= (8 \times 50\%) \times 500 \times 2.5 = 5\ 000$（元）

第二道工序在产品制造费用定额成本 $= (8 + 5 \times 50\%) \times 200 \times 2.5 = 5\ 250$（元）

期末在产品制造费用定额成本 $= 5\ 000 + 5\ 250 = 10\ 250$（元）

期末在产品定额总成本 $= 19\ 125 + 8\ 200 + 10\ 250 = 37\ 575$（元）

本期完工产品材料费用 $= 46\ 000 - 19\ 125 = 26\ 875$（元）

本期完工产品人工费用 $= 20\ 480 - 8\ 200 = 12\ 280$（元）

本期完工产品制造费用 $= 21\ 875 - 10\ 250 = 11\ 625$（元）

本期完工产品总成本 $= 26\ 875 + 12\ 280 + 11\ 625 = 50\ 780$（元）

【任务实施】

编制产品成本计算表，如表 3-35 所示。

表 3-35 产品成本计算表

2023 年 9 月 30 日

生产单位：基本生产车间　　　　　　产品名称：A 产品　　　　　　单位：元

摘要	直接材料	直接人工	制造费用	合计
期初在产品成本	6 000	5 480	6 875	18 355
本期生产费用	40 000	15 000	15 000	70 000
累计生产费用	46 000	20 480	21 875	88 355
本期完工产品总成本	26 875	12 280	11 625	50 780
本期完工产品单位成本	268.75	122.80	116.25	507.80
期末在产品成本	19 125	8 200	10 250	37 575

根据产品成本计算单，编制会计分录如下：

借：库存商品——A产品　　　　　　　　　　　　　　　　50 780
　　贷：生产成本——基本生产成本（A产品）　　　　　　　　　　50 780

　　综上所述，生产费用在完工产品与期末在产品之间分配，可以根据在产品数量及其稳定程度、费用发生情况等因素，相应地采用既合理又简单的方法，来计算确定期末在产品和本期完工产品的实际成本，并结转完工产品成本。

知识拓展

在产品资金占用

任务七　品种法应用

悟道明理

光伏发电，绿色转型

项目案例 3 – 35

【任务情境】新兴公司是一家制造业公司，系增值税一般纳税人，执行2013小企业会计准则，账期2023年9月。有两个辅助生产车间（供水车间和供电车间）、一个基本生产车间，大量生产甲、乙产品。该公司采用品种法计算成本。

新兴公司2023年8月期末余额：银行存款5 000 000元，原材料150 000元，库存商品甲产品1 000件，共计419 500元，库存商品乙产品1 500件，共计352 500元，固定资产1 075 000元，累计折旧43 000元，实收资本5 800 100元，本年利润1 206 017.5元，在产品甲产品期初余额为34 225元（其中，直接材料费用15 000元，直接人工费用12 450元，制造费用6 775元），在产品乙产品期初余额为17 892.5元（其中，直接材料费用9 417.5元，直接人工费用5 200元，制造费用3 275元）。

9月甲产品：完工100件，月末在产品100件，其中，第一道和第二道工序分别为60件、40件。材料于生产开始时一次性投放，加工程度均衡。工时定额为30小时，第一道工序定额18小时，第二道工序定额12小时。

9月乙产品：完工60件，月末在产品100件，其中，第一道和第二道工序分别为80件、20件。材料于生产开始时一次性投放，加工程度均衡。工时定额为10小时，第一道和第二道工序定额各 5 小时。

9 月供水车间提供劳务量共计 4 750 方，其中，供电车间 750 方，甲产品生产 1 500 方，乙产品生产 1 600 方，基本生产车间 900 方。

9 月供电车间提供劳务量共计 9 600 度，其中，供水车间 1 600 度，甲产品生产 4 000 度，乙产品生产 3 000 度，基本生产车间 1 000 度。

9 月发生经济业务共三笔：

（1）根据 3 张领料单，本月领料 25 632.5 元，其中，车间产品生产领用 20 000 元，基本生产车间一般性消耗领用 1 632.5 元，供水车间领用 3 000 元，供电车间领用 1 000 元。甲产品领用材料 6 000 千克，乙产品领用材料 2 000 千克。

（2）计提工资 28 200 元，其中，生产工人 12 000 元，基本生产车间管理人员 8 200 元，供水车间人员工资 5 000 元，供电车间人员 3 000 元。甲产品实际工时 4 000 工时，乙产品实际工时 1 000 工时。

（3）计提折旧：基本生产车间固定资产原值 50 万元，供水车间固定资产原值 37.5 万元，供电车间固定资产原值 20 万元，月折旧率为 0.4%。

【任务要求】

（1）开设甲乙两种产品的基本生产成本明细账、供水和供电两个辅助生产成本明细账以及制造费用明细账。总账和其他明细账略。为简化核算，供电车间、供水车间发生的间接费用直接计入辅助生产成本明细账，不再单独设制造费用账户。

（2）根据各项资料进行品种法成本核算。（产品生产共用材料按照甲、乙两种产品耗用原材料重量比例分配；产品生产工人薪酬和制造费用按照实际的生产工时分配；辅助生产费用采用交互分配法；期末生产费用分配采用约当产量法。）

【任务目标】掌握品种法成本核算的应用。

【任务分析】

新兴公司有两个辅助生产车间（供水车间和供电车间）、一个基本生产车间，大量生产甲、乙产品。因此"生产成本"账户下要开设基本生产成本和辅助生产成本两个二级级科目，辅助生产成本二级科目下开设供电、供水两个三级科目，基本生产成本二级科目下开设甲、乙两个三级明细科目，因此，"生产成本"账户下的明细账总共有四个。制造费用根据车间开设。新兴公司有一个基本生产车间和两个辅助车间，为简化核算，供电车间、供水车间发生的间接费用直接计入辅助生产成本明细账，不再单独设制造费用账户，因此制造费用只需要开设一个基本生产车间的明细账就可以。

采用品种法进行成本计算时，根据成本核算的业务流程，分别按照以下步骤进行：第一步，做好成本核算的准备工作。设置成本核算所需要的各种明细账，明细账一般采用多栏式账页，各明细账内要设置成本项目或费用项目进行金额分析。注意：明细账设置时应按产品品种开设。第二步，归集分配本月发生的三笔要素费用，包括本月发生的各种材料费用、人工费用、折旧费用，取得或填制相关原始凭证，编制记账凭证，登记相关明细账。第三步，期末按照交互法分配辅助生产费用，编制辅助生产费用分配表，据以填制记账凭证，再登记相关明细账。第四步，分配基本生产车间的制造费用，编制制造费用分配表，据以填制记账凭证，再登记相关明细账。第五步，将期初在产品成本与本期发生的生产费用的合计金额，采用约当产量法在本期完工产品与期末在产品之间进行分配，编制产品成本计算表。同时，产成品验收入库，填制入库单，结转完工产品成本，编制记账凭证，登记相关明细账。注意，每笔业务处理时的账务流程为：填制相关分配表或计算表，编制分录，填制记账凭证，登记相关明细账。

【任务实施】

1. 建账

各明细账具体如表3-40、表3-41、表3-43、表3-49、表3-50所示。

2. 归集分配要素费用

（1）分配材料费用。

领用材料汇总表如表3-36所示。

表3-36 领用材料汇总表

2023年9月30日 金额单位：元

领用部门	分配标准/千克	分配率	分配额
甲产品生产	6 000		15 000
乙产品生产	2 000	2.5	5 000
产品生产小计	8 000		20 000
供水车间	—	—	3 000
供电车间	—	—	1 000
基本生产车间一般耗用	—	—	1 632.5
合计	—	—	25 632.5

根据领用材料汇总表，编制会计分录如下：

借：生产成本——基本生产成本（甲产品） 15 000

    ——基本生产成本（乙产品） 5 000

    ——辅助生产成本（供水车间） 3 000

    ——辅助生产成本（供电车间） 1 000

  制造费用——基本生产车间 1 632.5

 贷：原材料 25 632.5

（2）分配人工费用。

职工薪酬汇总表如表3-37所示。

表3-37 职工薪酬汇总表

2023年9月30日 金额单位：元

人员类别	分配标准/工时	分配率	分配额
甲产品生产工人	4 000		9 600
乙产品生产工人	1 000	2.4	2 400
生产工人小计	5 000		12 000
供水车间人员	—	—	5 000

人员类别	分配标准/工时	分配率	分配额
供电车间人员	—	—	3 000
基本生产车间管理人员	—	—	8 200
合计	—	—	28 200

根据职工薪酬汇总表，编制会计分录如下：

借：生产成本——基本生产成本（甲产品）　9 600
　　　　　　——基本生产成本（乙产品）　2 400
　　　　　　——辅助生产成本（供水车间）　5 000
　　　　　　——辅助生产成本（供电车间）　3 000
　　制造费用——基本生产车间　8 200
　　贷：应付职工薪酬　28 200

（3）计提折旧费用。

折旧费计提计算表如表 3-38 所示。

表 3-38　折旧费计提计算表
2023 年 9 月 30 日　　　　　　　　金额单位：元

固定资产	原值	月折旧率	折旧额
供水车间设备	375 000		1 500
供电车间设备	200 000	0.4%	800
基本生产车间设备	500 000		2 000
合计	1 075 000		4 300

根据折旧费计提计算表，编制会计分录如下：

借：生产成本——辅助生产成本（供水车间）　1 500
　　　　　　——辅助生产成本（供电车间）　800
　　制造费用——基本生产车间　2 000
　　贷：累计折旧　4 300

3. 分配辅助生产费用

辅助生产费用分配表如表 3-39 所示。

表 3-39　辅助生产费用分配表
2023 年 9 月 30 日　　　　　　　　金额单位：元

项目		供水车间			供电车间		金额合计
		供水量/方	分配率	分配额	供电量/度	分配率	分配额	
对内分配		4 750		9 500	9 600		4 800	—
受益对象	供水车间	—	2	—	1 600	0.5	800	800
	供电车间	750		1 500	—		—	1 500

续表

项目	供水车间			供电车间			金额合计
	供水量/方	分配率	分配额	供电量/度	分配率	分配额	
对外分配	4 000		8 800	8 000		5 500	14 300
受益对象 甲产品	1 500	2.2	3 300	4 000	0.687 5	2 750	6 050
受益对象 乙产品	1 600		3 520	3 000		2 062.5	5 582.5
受益对象 基本生产车间	900		1 980	1 000		687.5	2 667.5

编制交互分配的会计分录如下：

借：生产成本——辅助生产成本（供水车间）　　　　　　　800
　　　　　　——辅助生产成本（供电车间）　　　　　　1 500
　　贷：生产成本——辅助生产成本（供水车间）　　　　　　　　1 500
　　　　　　——辅助生产成本（供电车间）　　　　　　　　　800

编制对外分配的会计分录如下：

借：生产成本——基本生产成本（甲产品）　　　　　　　6 050
　　　　　　——基本生产成本（乙产品）　　　　　　5 582.5
　　制造费用——基本生产车间　　　　　　　　　　2 667.5
　　贷：生产成本——辅助生产成本（供水车间）　　　　　　　　8 800
　　　　　　——辅助生产成本（供电车间）　　　　　　　　5 500

供水车间辅助生产费用明细账如表3-40所示。

表3-40 辅助生产费用明细账

车间：供水车间　　　　　　　　　　　　　　　　　　　　　　　金额单位：元

日期	摘要	借方	贷方	余额	直接材料	直接人工	其他
9.30	领用材料	3 000		3 000	3 000		
9.30	计提工资	5 000		8 000		5 000	
9.30	计提折旧	1 500		9 500			1 500
9.30	交互分配辅助生产	800		10 300	800		
9.30	交互分配辅助生产		1 500	8 800	1 500		
9.30	对外分配辅助生产		8 800	0	2 300	5 000	1 500
9.30	本月合计	10 300	10 300	0			

供电车间辅助生产费用明细账如表3-41所示。

表3-41 辅助生产费用明细账

车间：供电车间　　　　　　　　　　　　　　　　　　　　　　　金额单位：元

日期	摘要	借方	贷方	余额	直接材料	直接人工	其他
9.30	领用材料	1 000		1 000	1 000		

日期	摘要	借方	贷方	余额	直接材料	直接人工	其他
9.30	计提工资	3 000		4 000		3 000	
9.30	计提折旧	800		4 800			800
9.30	交互分配辅助生产	1 500		6 300	1 500		
9.30	交互分配辅助生产		800	5 500	800		
9.30	对外分配辅助生产		5 500	0	1 700	3 000	800
9.30	本月合计	6 300	6 300	0			

4. 分配制造费用

制造费用分配表如表 3-42 所示。

表 3-42 制造费用分配表

2023 年 9 月 30 日 金额单位：元

产品	生产工时	分配率	分配金额
甲产品	4 000		11 600
乙产品	1 000	2.9	2 900
合计	5 000		14 500

根据制造费用分配表，编制会计分录如下：

借：生产成本——基本生产成本（甲产品） 11 600

——基本生产成本（乙产品） 2 900

贷：制造费用——基本生产车间 14 500

基本生产车间制造费用明细账如表 3-43 所示。

表 3-43 制造费用明细账

车间：基本生产车间 金额单位：元

日期	摘要	借方	贷方	余额	机物料	人员薪酬	其他
9.30	领用材料	1 632.5		1 632.5	1 632.5		
9.30	计提工资	8 200		9 832.5		8 200	
9.30	计提折旧	2 000		11 832.5			2 000
9.30	分配辅助生产	2 667.5		14 500	2 667.5		
9.30	分配制造费用		14 500	0	4 300	8 200	2 000
9.30	本月合计	14 500	14 500	0			

5. 分配生产费用并结转完工产品成本

甲产品约当产量计算表如表 3-44 所示。

表 3 – 44 约当产量计算表

产品名称：甲产品   2023 年 9 月 30 日

项目	在产品数量/件	工时定额/（小时·件⁻¹）	材料费用		人工、制造费用	
			投料程度	约当产量/件	完工程度	约当产量/件
1	60	18	100%	60	30%	18
2	40	12	100%	40	80%	32
合计	100	30	—	100	—	50

甲产品生产成本计算如表 3 – 45 所示。

表 3 – 45 产品成本计算单

2023 年 9 月 30 日

生产单位：基本生产车间   产品名称：甲产品   金额单位：元

摘要	直接材料	直接人工	制造费用	合计
期初在产品成本	15 000	12 450	6 775	34 225
本期生产费用	21 050	9 600	11 600	42 250
累计生产费用	36 050	22 050	18 375	76 475
完工产品数量/件	100	100	100	—
在产品约当产量/件	100	50	50	—
约当总产量/件	200	150	150	—
分配率	180.25	147	122.5	449.75
本期完工产品总成本	18 025	14 700	12 250	44 975
期末在产品成本	18 025	7 350	6 125	31 500

乙产品约当产量计算如表 3 – 46 所示。

表 3 – 46 约当产量计算表

产品名称：乙产品   2023 年 9 月 30 日

项目	在产品数量/件	工时定额/（小时·件⁻¹）	材料费用		人工、制造费用	
			投料程度	约当产量/件	完工程度	约当产量/件
1	80	5	100%	80	25%	20
2	20	5	100%	20	75%	15
合计	100	10	—	100	—	35

乙产品生产成本计算如表 3 – 47 所示。

表 3-47　产品成本计算表

2023 年 9 月 30 日

生产单位：基本生产车间　　　　　产品名称：乙产品　　　　　金额单位：元

摘要	直接材料	直接人工	制造费用	合计
期初在产品成本	9 417.5	5 200	3 275	17 892.5
本期生产费用	10 582.5	2 400	2 900	15 882.5
累计生产费用	20 000	7 600	6 175	33 775
完工产品数量/件	60	60	60	—
在产品约当产量/件	100	35	35	—
约当总产量/件	160	95	95	—
分配率	125	80	65	270
本期完工产品总成本	7 500	4 800	3 900	16 200
期末在产品成本	12 500	2 800	2 275	17 575

根据上面的产品成本计算单算出的完工产品成本，把完工产品验收入库，填写入库单（见表 3-48），编制分录并填制记账凭证，登记相关明细账（见表 3-49、表 3-50）。

表 3-48　入库单

生产单位：基本生产车间　　　　　2023 年 9 月 30 日　　　　　金额单位：元

产品名称	单位	数量	单价	金额
甲产品	件	100	449.75	44 975
乙产品	件	60	270	16 200
合计	—	—	—	61 175

根据产品成本计算单和入库单，编制会计分录如下：

借：库存商品——甲产品　　　　　　　　　　　　　　　44 975
　　　　　　　——乙产品　　　　　　　　　　　　　　16 200
　　贷：生产成本——基本生产成本（甲产品）　　　　　　44 975
　　　　　　　　　——基本生产成本（乙产品）　　　　　16 200

表 3-49　生产成本明细账

产品名称：甲产品　　　　　　　　　　　　　　　　　　　金额单位：元

日期	摘要	借方	贷方	余额	金额分析		
					直接材料	直接人工	制造费用
9.1	期初余额			34 225	15 000	12 450	6 775
9.30	领用材料	15 000		49 225	15 000		

续表

日期	摘要	借方	贷方	余额	金额分析		
					直接材料	直接人工	制造费用
9.30	计提工资	9 600		58 825		9 600	
9.30	分配辅助生产	6 050		64 875	6 050		
9.30	分配制造费用	11 600		76 475			11 600
9.30	结转完工产品成本		44 975	31 500	18 025	14 700	12 250
9.30	本月合计	42 250	44 975	31 500	18 025	7 350	6 125

表3-50 生产成本明细账

产品名称：乙产品　　　　　　　　　　　　　　　　　　　金额单位：元

日期	摘要	借方	贷方	余额	金额分析		
					直接材料	直接人工	制造费用
9.1	期初余额			17 892.5	9 417.5	5 200	3 275
9.30	领用材料	5 000		22 892.5	5 000		
9.30	计提工资	2 400		25 292.5		2 400	
9.30	分配辅助生产	5 582.5		30 875	5 582.5		
9.30	分配制造费用	2 900		33 775			2 900
9.30	结转完工产品成本		16 200	17 575	7 500	4 800	3 900
9.30	本月合计	15 882.5	16 200	17 575	12 500	2 800	2 275

知识拓展

成本核算的岗位设置

闯关练习

项目三

 项目小结

企业要对企业的各项生产费用进行归集和分配，期末要将发生的生产费用在本期完工产品和期末在产品之间进行分配。

要素费用是单一性质的费用，它的归集主要是解决企业生产过程中所消耗的要素费用由谁来承担，以及承担多少的问题。如果存在多个部门共用一笔费用，则需要在各部门之间进行费用分配，遵循"谁受益谁负担"的原则，按部门或车间计入相关成本费用账户。各要素费用的分配一般遵循的计算程序是：选择一定的分配标准；计算分配率；计算分配额。要素费用分配时应当设计并填制各要素费用分配表，编制要素费用分配的记账凭证并据以登账。其中，产品生产耗用的各项费用应借记"生产成本——基本生产成本"账户，基本生产车间发生的费用借记"制造费用——基本生产车间"账户，辅助生产车间发生的各项费用借记"生产成本——辅助生产成本"账户，行政部门发生的费用借记"管理费用"账户，销售部门发生的费用借记"销售费用"账户；同时，贷记"原材料""应付职工薪酬""累计折旧"等账户。

辅助生产费用、制造费用和生产损失费用都属于综合性质的费用。辅助生产费用、制造费用需要在费用发生时先按照辅助车间和基本生产车间进行费用归集，再按照规定的方法分配费用给各受益对象。辅助生产费用常用的分配方法有五种：直接分配法、交互分配法、计划成本分配法、顺序分配法和代数分配法。制造费用的分配方法有工时比例分配法、生产工人工资比例分配法、年度计划分配率分配法等。需要注意的是，季节性生产企业制造费用分配采用年度计划分配率分配法，它的月末按照年度计划分配率分配，会有期末余额，但是所有的余额在年底的时候统一调整，因此，季节性生产企业的制造费用月末有余额，但是年末无余额。生产损失费用包括废品损失和停工损失。其中，废品损失又分为可修复废品损失和不可修复废品损失。生产损失费用扣除回收残值、赔偿和自然灾害部分之后，其余定额内的损耗应计入生产成本，定额外损耗应计入管理费用。

累计发生的生产费用要在期末本期完工产品和期末在产品之间进行分配。期末在产品是企业已经投入生产，但尚未最后完工，不能作为商品销售的产品。本项目中的在产品采用狭义在产品的概念。在计算产成品成本时，必须要确定期末在产品的数量，明确期末在产品和本期完工产品之间的关系。我们可以通过公式"期初在产品成本＋本期生产费用＝期末在产品成本＋本期完工产品成本"来解决生产费用的分配问题。生产费用的分配方法主要有七种：不计算在产品成本法、在产品按年初固定成本计价法、在产品按材料费用计价法、在产品按完工产品成本计价法、约当产量法、定额比例法、定额成本法。其中，约当产量法适用于期末在产品数量较大，各期末在产品数量变化也较大的产品，是应用最广泛的一种方法。它是通过完工程度将在产品实际数量折算成约当产量，再跟完工产品平摊生产费用的一种方法。在计算完工程度时，需要将材料的投料程度和人工费用、制造费用的完工程度区分开来计算。材料费用的投料程度即投料率，需要根据不同的投料方式确定，投料方式不同，计算出的投料率就不同。如果企业的定额管理工作较好，定额较为准确，也可以采用定额比例法或定额成本法。在产品定额成本法是根据期末在产品数量和单位定额成本计算出期末在产品的定额成本，而非实际成本，然后把在产品的定额成本从累计生产费用中扣除，剩余的全部计入完工产品成本的方法。它适用于企业各项定额比较稳定、准确，各期末在产品数量变化比较小的产品。定额比例法是将累计的实际生产费用按照本期完工产品和期末在产品的定额消耗量或定额费用的比例进行分配，计算出本期完工产品成本和期末在产品成本的方法。它适用于各项定额管理基础较好、各项定额比较准确稳定（生产工艺已定型）、期末在产品数量变动较大的产品。

产品成本计算的品种法是以产品品种为成本计算对象，归集分配生产费用，计算各种产品成本的一种方法。品种法是产品成本计算方法中最基本的计算方法。该方法一般适用于大量大批的单步骤生产、大量大批的管理上不需分步骤计算成本的多步骤生产，以及供水供电等辅助生产车间。品种法定期按月计算成本，成本计算期与会计报告期一致，但与生产周期不一致。在采用品种法计算成本时，如果期末有在产品，则需要在本期完工产品和期末在产品之间分配生产费用。

采用品种法进行成本计算，按照工业企业成本核算的业务流程，一般分为以下几个步骤：按产品品种设置产品成本明细账；归集分配各种要素费用；分配辅助生产费用；分配基本生产车间制造费用；本期完工产品与期末在产品之间进行生产费用分配并结转完工产品成本。

 项目综合实训

（一）系数分配法实训

1. 任务目的：掌握系数分配法分配材料费用。
2. 任务情境：金星面粉厂生产面包粉、水饺粉、馒头粉、高筋粉、低筋粉五种产品，本月共用小麦 174 000 元，单件产品材料耗用量定额分别为 60 千克、120 千克、180 千克、150 千克、90 千克，产量分别为 120 件、180 件、240 件、500 件、300 件。
3. 任务要求：采用系数（标准产量）分配法分配小麦费用。

（二）定额费用比例分配法实训

1. 任务目的：掌握定额费用比例分配法分配材料费用。
2. 任务情境：金星面粉厂生产面包粉、水饺粉、馒头粉三种产品，5 月共耗用小麦 72 900 元。小麦定额消耗如表 3 - 51 所示。

表 3 - 51 小麦定额消耗费用

产品	产量/袋	单件产品材料消耗费用定额/元
面包粉	120	60
水饺粉	180	120
馒头粉	240	180

3. 任务要求：采用定额费用比例分配法分配小麦费用。

（三）定额消耗量比例分配法实训

1. 任务目的：掌握定额消耗量比例分配法分配材料费用。
2. 任务情境：华洋面粉厂生产面包粉、水饺粉、馒头粉三种产品，本月耗用小麦 72 900 千克，单价 1.1 元。材料定额消耗如表 3 - 52 所示。

表 3 - 52 小麦定额消耗量

产品	产量/袋	单件产品材料消耗数量定额/千克
面包粉	120	60
水饺粉	180	120
馒头粉	240	180

3. 任务要求：采用定额消耗量比例分配法分配小麦费用。

（四）计时工资实训

1. 任务目的：掌握计时工资的计算。

2. 任务情境：企业职工刘欣的月工资标准为 1 050 元。9 月刘欣出勤情况为：病假 3 天，事假 2 天，出勤 16 天，周末 9 天。根据刘欣的工龄，其病假工资支付比率按工资标准的 70% 计算。

3. 任务要求：一个月分别按 20.83 天（工作日数）和按 30 天（完整天数）计，各自采用缺勤法和出勤法计算刘欣 9 月份的工资。

（五）直接分配法实训

1. 任务目的：掌握直接分配法分配辅助生产费用。

2. 任务情境：红星公司有供水和供电两个辅助生产车间，为本企业基本生产车间和行政管理等部门服务，供水车间 12 月发生费用 18 000 元，供电车间 12 月发生费用 19 800 元，辅助生产车间劳务供应数量如表 3 - 53 所示。

表 3 - 53   辅助生产车间劳务供应数量

受益单位	供水量/方	供电量/度
辅助生产车间——供水	—	1 000
辅助生产车间——供电	500	—
产品生产	6 000	26 600
基本生产车间	1 000	14 000
专设销售机构	200	1 000
行政管理部门	300	2 400
合计	8 000	45 000

3. 任务要求：采用直接分配法分配辅助生产成本。

（六）交互分配法实训

1. 任务目的：掌握交互分配法分配辅助生产费用。
2. 任务情境：沿用实训（五）。
3. 任务要求：采用交互分配法分配辅助生产成本。

（七）计划成本分配法实训

1. 任务目的：掌握计划成本分配法分配辅助生产费用。
2. 任务情境：沿用实训（五）。供水车间计划单价 2.5 元，供电车间计划单价 0.5 元。
3. 任务要求：采用计划成本分配法分配辅助生产成本。

（八）顺序分配法实训

1. 任务目的：掌握顺序分配法分配辅助生产费用。
2. 任务情境：沿用实训（五）。
3. 任务要求：采用顺序分配法分配辅助生产成本。

（九）代数分配法实训

1. 任务目的：掌握代数分配法分配辅助生产费用。
2. 任务情境：沿用实训（五）。
3. 任务要求：采用代数分配法分配辅助生产成本。

（十）年度计划分配率分配法实训

1. 任务目的：掌握年度计划分配率分配法分配制造费用。
2. 任务情境：南苑工厂为季节性生产企业，生产甲、乙、丙三种产品，本年制造费用计划总成本为 510 000 元，单件产品定额工时分别是 20 小时、10 小时、40 小时，年计划产量分别是 2 200 件、3 800 件、2 200 件。12 月生产产量分别是 400 件、500 件、300 件，本月实际发生制造费用 60 000 元，1—11 月制造费用借方累计发生额 455 000 元，贷方累计分配额 435 000 元（甲产品承担 105 000 元，乙产品承担 88 600 元，丙产品承担 241 400 元）。
3. 任务要求：分配 12 月份制造费用并进行年终差异调整（年终差异按照全年已分配的制造费用进行分配）。

（十一）不可修复废品损失费用核算实训

1. 任务目的：掌握不可修复废品损失费用的核算。
2. 任务情境：鸿兴公司 2023 年 12 月基本生产车间生产 A 产品，经检验，有 3 件不可修复废品（生产定额是 2 件废品）。不可修复废品残料价值 120 元，残料回收入库。原材料生产开始时一次投入，除材料费外其他费用按工时分配。具体产品资料如表 3-54 所示。

表 3-54　产品资料

金额单位：元

产品检验	产量/件	工时	直接材料费	直接人工费	制造费用
合格品	497	1 000			
废品	3	100	60 000	22 000	12 000
在产品	100	1 100			
合计	600				

3. 任务要求：按实际费用进行不可修复废品损失的业务处理。

（十二）约当产量法实训

1. 任务目的：掌握约当产量法分配生产费用。

2. 任务情境：甲产品经过两道工序加工完成，原材料在每道工序开始时投入。12月份甲产品的完工产品800件；月末在产品数量为：第一道工序400件，第二道工序150件。单件甲产品材料定额为100千克，于生产开始时一次性投放。单件甲产品工时定额为100小时，其中第一道工序为60小时，第二道工序为40小时，每道工序在产品加工程度均衡。甲产品月初在产品材料费用100 000元，人工费用6 000元，制造费用6 400元，本月发生的材料费用121 400元，人工费用20 000元，制造费用30 000元。

3. 任务要求：

（1）采用约当产量法分配生产费用。

（2）投料方式改为工序初投放，第一道工序的材料定额为70千克，第二道工序的材料定额为30千克。采用约当产量法分配生产费用。

（3）沿用（2），投料方式改为工序内分次陆续投放，采用约当产量法分配生产费用。

（十三）定额比例法实训

1. 任务目的：掌握定额比例法分配生产费用。

2. 任务情境：某企业2023年12月生产S产品，本月完工40件，月末在产品30件。单件产品原材料定额消耗量50千克，单件产品工时定额50小时。原材料一次性投入。S产品的相关资料如表3-55所示。

表3-55 S产品相关费用和定额资料　　　　　　　　　　　　　金额单位：元

项目	直接材料	直接人工	制造费用	合计
月初在产品成本	31 000	14 000	7 800	52 800
本月生产费用	52 000	58 000	29 500	139 500

3. 任务要求：采用定额比例法分配生产费用。

（十四）定额成本法实训

1. 任务目的：掌握定额成本法分配生产费用。

2. 任务情境：某企业生产F产品，12月完工250件，月末在产品40件：第一道工序20件，第二道工序20件。原材料工序初投入。第一道工序单件材料定额225元，单件工时定额40小时；第二道工序单件材料定额200元，单件工时定额20小时。单位工时定额费用为：人工费用定额20元/小时，制造费用定额5元/小时。期初在产品定额成本50 500元，其中：直接材料18 000元，直接人工26 000元，制造费用6 500元。本月生产费用331 500元，其中：直接材料111 500元，直接人工156 000元，制造费用64 000元。

3. 任务要求：采用定额成本法分配生产费用。

（十五）品种法项目综合实训

1. 任务目的：掌握品种法的综合应用。

2. 任务情境：济南市兴泉公司设有一个基本生产车间和供电供水两个辅助车间，大量生产甲、乙两种产品，采用品种法计算成本。

3. 任务资料：2023 年 12 月份资料如下。

（1）月初在产品成本：甲产品 40 008 元：直接材料 20 400 元，直接人工 12 320 元，制造费用 7 288 元；乙产品没有月初在产品。

（2）本月生产数量如下：

①基本生产车间生产甲产品本月实际生产工时为 40 500 小时，本月完工 800 件，月末在产品 400 件。材料一次性投放，人工、制造费用发生均衡。乙产品本月实际生产工时为 27 000 小时，本月完工 500 件，月末没有在产品。

②供电车间本月供电 306 000 度，其中，供水车间 30 000 度，基本生产车间生产用电 200 000 度，基本生产车间一般消耗 10 000 度，行政部门消耗 66 000 度。

③供水车间本月供水 29 000 方，其中，供电车间 2 000 方，基本生产车间 20 000 方，行政部门 7 000 方。

（3）本月发生生产费用如下：（日期默认 12 月 31 日）

①材料费：根据本月 5 张领料单，甲产品直接耗用 200 000 元，乙产品直接耗用 100 000 元，两种产品共同耗用 60 000 元，基本生产车间耗用 8 400 元，供电车间耗用 102 400 元，供水车间耗用 33 000 元，行政部门耗用 15 200 元。

②计提本月工资：生产工人 307 800 元，基本生产车间管理人员 9 120 元，供电车间 11 400 元，供水车间 13 680 元，行政部门 34 200 元。

③本月应提折旧 49 000 元，其中，基本生产车间 30 000 元，供电车间 6 000 元，供水车间 5 000 元，行政部门 8 000 元。

④本月应摊销一次性预付给新星公司的经营性租赁固定资产租金 5 000 元，其中，基本生产车间 2 000 元，供电车间 1 200 元，供水车间 800 元，行政部门 1 000 元。

4. 任务要求：

（1）开设甲、乙两种产品基本生产成本明细账，供电、供水车间辅助生产成本明细账以及制造费用明细账。总账、日记账和其他明细账略。供电、供水车间发生的制造费用直接计入辅助生产成本明细账，不再单独设制造费用账户。

（2）采用品种法进行成本核算（产品生产共用材料按照甲、乙两种产品直接耗用原材料比例分配；生产工人薪酬按照实际生产工时分配；辅助生产成本按照计划成本分配法分配，用电计划单价 0.4 元，用水计划单价 2.3 元，差异直接计入管理费用；制造费用按照生产工时分配；在产品成本按照约当产量法计算）。

 项目评价表

目标	要求	评分细则	分值	自评	互评	教师
知识	掌握品种法含义和成本计算程序	全部阐述清楚得 5 分，大部分阐述清楚得 3~4 分，其余视情况得 1~2 分	5			

目标	要求	评分细则	分值	自评	互评	教师
知识	明确在产品与完工产品范围的划分	全部阐述清楚得 5 分，大部分阐述清楚得 3~4 分，其余视情况得 1~2 分	5			
	掌握各项费用的分配方法	全部阐述清楚得 20 分，大部分阐述清楚得 11~19 分，其余视情况得 1~10 分	20			
技能	设计品种法成本核算流程	设计完整得 5 分，大部分设计得 3~4 分，其余视情况得 1~2 分	5			
	熟练设置成本费用核算所需的各种账户	设置准确得 5 分，大部分准确得 3~4 分，其余视情况得 1~2 分	5			
	熟练填制各种分配表并编制记账凭证	填写完整、准确得 20 分，大部分准确得 11~19 分，其余视情况得 1~10 分	20			
素质	按时出勤	迟到早退各扣 1 分，旷课扣 5 分	10			
	团队合作	小组氛围融洽，团结合作讨论解决问题，胜任自己的角色任务，视情况 1~10 分	10			
	职业道德	客观真实地反映经济业务，工作严谨，数据规范，手续齐全，视情况 1~10 分	10			
完成情况	按时保质完成	按时提交，视情况 1~5 分	5			
		书写整齐，视情况 1~5 分	5			
合计	自评、互评、教师评价各自占比 30%、20%、50%		100			

项目四　成本计算之分批法

知识目标

1. 掌握分批法的含义、特点、适用范围、种类；
2. 熟悉典型分批法和简化分批法的成本计算程序，掌握简化分批法的特点。

能力目标

能够熟练、正确地运用典型分批法和简化分批法进行成本计算。

素质目标

1. 维护国家、集体利益，遵守财经法规，客观真实地反映每一项经济业务，坚持准则，恪守会计职业道德；
2. 吃苦耐劳、扎实肯干，经济业务记录全面，手续齐备，数据规范，字迹工整；
3. 具有较强的岗位适应能力和一定的协调沟通能力，与其他岗位会计团结协作。

知识结构导图

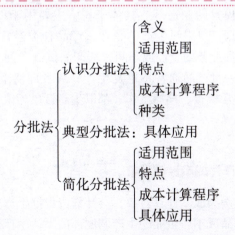

　　某公司属单件小批量生产企业，按客户订单组织产品生产。2023 年 9 月除继续加工上月投产的 2 批产品，又投产 6 批产品，月末完工 2 批产品。该公司应该采用哪种成本计算方法？为什么？应设计几张产品成本计算表？怎样计算各批产品成本？

任务一　认识分批法

一、分批法的含义

　　分批法也称订单法，是以产品批次（或生产订单，即生产任务通知单）为成本计算对象，归集分配生产费用，计算各批产品成本的一种方法。产品批次是按照一定品种、一定批量产品划分的，因此，分批法也是计算一定品种、一定批量的产品成本的方法。

知识拓展　　　　　　　　　　　　视　频

如何划分产品批次　　　　　　　分批法的含义

二、分批法的适用范围

悟道明理

强国梦，强军梦

　　分批法一般适用于单件小批多步骤生产，如重型机械、船舶、精密仪器、专用设备仪器等生产，也可用于新产品试制或机器设备修理、辅助工具模具的制造等。具体来说，主要用于以下四种类型的企业或车间：根据订单组织生产的企业；产品种类经常变动的小规模制造企业；承揽修理业务的企业或车间；新产品试制车间。这些企业或车间的共同特点是一批产品通常不重复生产，或者即使重复生产，也是不定期的。企业生产计划的编制及日常检查、核算工作，都以生产订单为依据。

三、分批法的特点

（一）以产品的批次作为成本计算对象

　　分批法是以产品的批次为成本计算对象，会计部门根据生产任务通知单上的批次开设生产成本明细账，计算产品成本。企业的生产调度部门下达生产任务通知单后，仓库根据生产任务通知单准备材料，发生生产费用就按生产任务通知单上注明的产品批次进行归集。由于各批产品往往耗用相同的原材料、半成品和直接人工，因此在组织生产过程中，如果是直接计入费用，都必须标明生产任务通知单，防止串工串料；如果是间接计入费用，则要采用适当的分配方法在各批产品之间进行分配，然后计入各产品成本明细账。由于分批法下存在多个成本计算对象，间接计入费用多，为了提高成本核算的正确性，要合理选择分配方法。

（二）成本计算按产品生产周期进行

在分批法下，为了保证各批次产品成本计算的正确性，各批产品成本明细账（生产成本计算单）的设置和结算，应与生产任务通知单的签发和结束密切配合，协调一致。批内产品一般同时完工，所以，各批次产品成本一般在该批产品全部完工以后，在完工月份才计算确定。因此，分批法的成本计算是不定期的，其成本计算期与产品的生产周期一致，与会计报告期不一致。

（三）生产费用一般不需要在完工产品与在产品之间分配

在单件产品生产中，完工产品成本计算期与产品的生产周期一致。因此，产品完工前，产品成本明细账所归集的生产费用，均为在产品成本；产品完工后，产品成本明细账所归集的生产费用，是完工产品的成本。因而，在计算成本时，不存在生产费用在完工产品与在产品之间分配的问题。

在小批生产中，产品批量较小，批内产品同时投产，一般都能同时完工，或者在相距不久的时间内全部完工。如果该批次产品全部没有完工，则该批次产品生产成本明细账中所归集的生产费用都是在产品成本。如果该批次产品全部完工并检验合格，应由生产车间填制完工通知单，报送财务部门，此时产品生产成本明细账上的全部费用都是完工产品成本。因此，产品或是全部已经完工，或是全都没有完工，一般也不存在完工产品与在产品之间费用分配的问题。

但是，如果批内产品有跨月陆续完工的情况，就会出现一部分产品已完工，另一部分产品尚未完工的情况。尤其是在陆续完工陆续交付使用的情况下，交付对方使用的产品必须做出库处理，而在出库之前，必须先对完工产品进行验收入库处理，否则库存商品会出现负数，这时就有必要在完工产品和在产品之间分配费用，以便计算完工产品成本和在产品成本。如果跨月陆续完工的情况不多，完工产品数量占批量比重较小，则可以采用估算的方法：按计划单位成本、定额单位成本或近期相同产品的实际单位成本和完工产品数量来估算完工产品总成本，并从生产成本明细账中转出，生产成本明细账上所剩各项费用余额即为在产品成本。在该批产品全部完工以后，为了正确地分析和考核该批产品成本的计划执行情况，要计算该批产品的实际总成本和单位成本，但对已经转出的完工产品成本，不再做账面调整，直接用之前产品成本明细账上剩余的在产品成本作为最后完工部分产品的成本即可。这种方法虽然简单，但分配结果计算不太准确。因此，在批内产品跨月陆续完工情况较多，月末完工产品数量占批量比重较大时，为了提高成本计算的准确性，可采用定额比例法、约当产量法等方法，在完工产品与在产品之间分配生产费用，计算完工产品成本和在产品成本。

为了减少完工产品与在产品之间费用分配的工作量，提高分批法成本计算的准确性，应使同一批产品尽量同时完工，避免出现跨月陆续完工的情况。在合理组织生产的前提下，可以适当缩小产品的批量。但是，缩小产品批量也应有一定的限度，如果批量过小，不仅会使生产组织方式不合理、不经济，而且会使设立的产品生产明细账过多，从而加大核算工作量。财会部门和生产调度部门应加强协调，做到既有利于组织生产，又有利于财会部门组织成本核算。

四、分批法的成本计算程序

采用分批法计算产品成本时，其基本成本计算程序如下。

（一）按照批次开设产品成本明细账

按产品批次设置基本生产成本明细账，并开设辅助生产成本、制造费用等明细账，按成本项目或费用项目设置专栏。在生产开始时，企业的生产计划部门下达生产任务通知单，财务部门根据生产任务通知单开设基本生产成本明细账，并注明产品批次以及生产任务通知单上所提供的其他规定性或说明性信息，如产品的品名、规格等。产品成本明细账的开设和结账应注意同生产通知单的签发和结束配合一致，各批次之间不能混同或串户，以保证各批产品成本计算的正确性。

（二）归集和分配各种费用要素

对于当月发生的各项生产费用，应根据生产过程中各种费用的原始凭证和其他相关资料（如若需要分配，编制相关的费用分配表），填制记账凭证，并登记相关明细账。

在分批法下，要按照产品批次来归集和分配生产费用。生产产品过程中所发生的各项耗费，原始凭证上注明产品批号的，直接计入费用，根据原始凭证编制记账凭证后直接归集到该批产品生产成本明细账的相应成本项目中。对于多批产品共同发生的不能分清属于哪批产品的耗费间接计入费用，根据原始凭证上标明的用途按相应费用项目归集，并按照企业确定的费用分配方法编制各种费用分配表，编制记账凭证并据以登账。

（三）分配辅助生产费用

在设有辅助生产车间的企业，如果辅助生产车间有开设制造费用明细账，月末先将辅助车间制造费用明细账上的金额结转到辅助生产成本明细账户，填制记账凭证，并登记相关账簿；再将辅助生产成本明细账上归集的辅助生产费用按照各受益部门的耗用量采用适当的方法分配给各受益对象，编制辅助生产费用分配表，填制记账凭证，并登记相关明细账。

（四）分配基本生产车间制造费用

基本生产车间的制造费用应由该车间所生产的各批次产品成本负担，月末需要将归集的制造费用按照一定的分配方法在各批次产品之间进行分配，编制制造费用分配表，填制记账凭证，并登记相关生产成本明细账。

（五）计算并结转完工产品成本

填制完工产品成本计算单、入库单，编制会计分录，填制记账凭证，并登记相关明细账。

五、分批法的种类

（一）典型分批法

典型分批法又称为分批计算在产品成本的分批法，每月各批次无论是否有完工产品，都要按受益对象分配间接计入费用给各批次产品。典型分批法下间接计入费用采用一般分配法（又称为当月分配法），主要适用于当月可以完工的、生产周期短的单件小批量生产企业。

（二）简化分批法

简化分批法又称为不分批计算在产品成本的分批法，只有在有批次产品完工的月份，才将归集的间接计入费用分配给各批次完工产品成本。简化分批法下间接计入费用采用累计分配法，主要适用于同一月份投产批次多且月末未完工批次多、各月间接计入费用相差不大的企业。

任务二　典型分批法应用

 项目案例 4 - 1

【任务情境】渝通公司设有一个基本生产车间，按照车间下达的生产任务通知单进行生产，本月除对 101 批次、201 批次产品继续生产外，新投产 301 批次产品。公司采用典型分批法计算成本。

2023 年 9 月份渝通公司产品明细和在产品成本如表 4-1、表 4-2 所示。

表 4 - 1　9 月份产品明细

批次	产品名称	购货单位	批量	开工时间	完工情况
101	L1	启明公司	20 件	7 月 10 日	9 月 25 日
201	L2	通达公司	10 件	8 月 15 日	完工 2 件，其他未完工
301	L1	圣亚公司	8 件	9 月 5 日	尚未完工

表 4 - 2　9 月初在产品成本

金额单位：元

批次	直接材料	直接人工	制造费用	合计
101	20 000	15 000	9 000	44 000
201	18 000	8 000	4 000	30 000

本月生产记录如下：

（1）材料费用：本月共耗用原材料 42 000 元，其中 101 批次产品领用原材料 10 000

元，201 批次产品领用原材料 12 000 元，301 批次产品领用原材料 15 000 元，基本生产车间一般性耗用领用原材料 5 000 元。

（2）人工费用：本月车间生产工人工资 60 000 元，车间管理人员工资 30 000 元。

（3）工时记录：本月 101 批次产品工时为 1 000 小时，201 批次产品工时为 1 000 小时，301 批次产品工时为 2 000 小时。

【任务要求】

（1）根据批次开设产品生产成本明细账、基本生产车间制造费用明细账。

（2）进行本月要素费用的归集分配，按生产工时分配人工费用。

（3）采用工时比例分配法分配制造费用。

（4）计算并结转完工产品成本，201 批次批内完工产品成本按计划单位成本 8 000 元/件估算，其中：直接材料 4 000 元/件，直接人工 2 500 元/件，制造费用 1 500 元/件。

【任务目标】 掌握典型分批法成本核算。

【任务分析】

产品生产有三个批次，因此要开设 101、201、301 三个批次的生产成本明细账，此外，基本生产车间需要开设制造费用明细账。

渝通公司未开设辅助生产车间，运用典型分批法进行成本计算时，采取以下步骤进行：第一步，做好成本计算的准备工作，设置成本计算所需要的各种明细账，注意产品成本明细账设置时应按产品批次设置，并按成本项目开设专栏进行金额分析。第二步，按照各要素费用的用途，分清各批次产品的费用，并进行归集分配。取得或填制相关原始凭证，编制记账凭证，登记相关明细账。第三步，分配制造费用，编制制造费用分配表，填制记账凭证，登记相关明细账。第四步，计算并结转完工产品成本，批内陆续完工的采用估量法（按计划单位成本）估算完工产品成本，填制产品成本计算单和入库单，编制会计分录并填制记账凭证，登记相关明细账。

需要注意的是，典型分批法下，当月发生的直接计入费用（对象明确，无须分配的费用）直接计入各批次生产成本，间接计入费用（对象不明，需要在各受益对象间分配的）不论是否完工，全部在当月进行分配，按照一定的分配方法分给各成本计算对象。本月 101 批次全部完工，因此生产费用全部是完工产品成本。201 批次批内完工 2 件，用估量法计算，以计划单位成本乘以完工件数估算完工产品成本，剩余的为在产品成本。

【任务实施】

1. 建账

具体如表 4-6、表 4-11~表 4-13 所示。

2. 归集分配本月要素费用

（1）材料费用分配。

领用材料汇总表如表 4-3 所示。

表4-3　领用材料汇总表

2023 年 9 月 30 日　　　　　　　　　　　金额单位：元

领用部门	金额
101 批次生产	10 000
201 批次生产	12 000
301 批次生产	15 000
基本生产车间	5 000
合计	42 000

根据领用材料汇总表，编制会计分录如下：

借：生产成本——基本生产成本（101 批次）　　　　　　　10 000

　　　　　　——基本生产成本（201 批次）　　　　　　　12 000

　　　　　　——基本生产成本（301 批次）　　　　　　　15 000

　　制造费用——基本生产车间　　　　　　　　　　　　　5 000

　　贷：原材料　　　　　　　　　　　　　　　　　　　　　　　　42 000

（2）人工费用分配。

工资汇总表如表4-4所示。

表4-4　工资汇总表

2023 年 9 月 30 日　　　　　　　　　　　金额单位：元

人员类别		生产工时/小时	分配率	工资额
生产工人	101 批次	1 000		15 000
	201 批次	1 000		15 000
	301 批次	2 000	15	30 000
	小计	4 000		60 000
车间管理人员		—	—	30 000
合计		—	—	90 000

根据工资汇总表，编制会计分录如下：

借：生产成本——基本生产成本（101 批次）　　　　　　　15 000

　　　　　　——基本生产成本（201 批次）　　　　　　　15 000

　　　　　　——基本生产成本（301 批次）　　　　　　　30 000

　　制造费用——基本生产车间　　　　　　　　　　　　　30 000

　　贷：应付职工薪酬——工资　　　　　　　　　　　　　　　　90 000

3. 分配基本生产车间制造费用

制造费用分配表如表4-5所示。制造费用明细账如表4-6所示。

表4-5 制造费用分配表

2023 年 9 月 30 日 金额单位：元

批别	生产工时/小时	分配率	分配额
101 批次	1 000		8 750
201 批次	1 000	8.75	8 750
301 批次	2 000		17 500
合计	4 000		35 000

根据制造费用分配表，编制会计分录如下：

借：生产成本——基本生产成本（101 批次） 8 750

——基本生产成本（201 批次） 8 750

——基本生产成本（301 批次） 17 500

贷：制造费用——基本生产车间 35 000

表4-6 制造费用明细账

车间：基本生产车间 金额单位：元

日期	摘要	借方	贷方	余额	金额分析		
					机物料	管理人员薪酬	其他
9.30	领用材料	5 000		5 000	5 000		
9.30	计提工资	30 000		35 000		30 000	
9.30	分配制造费用		35 000	0	5 000	30 000	
9.30	本月合计	35 000	35 000	0			

4. 计算并结转完工产品成本

各批次产品成本计算表如表 4-7～表 4-9 所示。入库单如表 4-10 所示。

表4-7 产品成本计算表（101）

产品批号：101 批次 产品名称：L1 产品 投产日期：7 月 10 日

订货单位：启明公司 产品批量：20 件 完工日期：9 月 25 日

金额单位：元

摘要	直接材料	直接人工	制造费用	合计
期初在产品成本	20 000	15 000	9 000	44 000
本期生产费用	10 000	15 000	8 750	33 750
累计生产费用	30 000	30 000	17 750	77 750
本期完工产品总成本	30 000	30 000	17 750	77 750
本期完工产品单位成本	1 500	1 500	887.5	3 887.5

表 4 - 8 产品成本计算表（201）

产品批号：201 批次　　　　　　产品名称：L2 产品　　　　　　投产日期：8 月 15 日
订货单位：通达公司　　　　　　产品批量：10 件　　　　　　完工日期：　月　日
　　　　　　　　　　　　　　　　　　　　　　　　　　　　金额单位：元

摘要	直接材料	直接人工	制造费用	合计
期初在产品成本	18 000	8 000	4 000	30 000
本期生产费用	12 000	15 000	8 750	35 750
累计生产费用	30 000	23 000	12 750	65 750
本期完工产品总成本	8 000	5 000	3 000	16 000
期末在产品成本	22 000	18 000	9 750	49 750

表 4 - 9 产品成本计算表（301）

产品批号：301 批次　　　　　　产品名称：L1 产品　　　　　　投产日期：9 月 5 日
订货单位：圣亚公司　　　　　　产品批量：8 件　　　　　　完工日期：　月　日
　　　　　　　　　　　　　　　　　　　　　　　　　　　　金额单位：元

摘要	直接材料	直接人工	制造费用	合计
本期生产费用	15 000	30 000	17 500	62 500
累计生产费用	15 000	30 000	17 500	62 500

表 4 - 10 入库单

生产单位：基本生产车间　　　　2023 年 9 月 30 日　　　　金额单位：元

产品名称	单位	数量	单价	金额
L1 产品	件	20	3 887.5	77 750
L2 产品	件	2	8 000	16 000
合计				93 750

根据产品成本计算单和入库单，编制会计分录如下：

借：库存商品——L1 产品　　　　　　　　　　　　　　　　77 750
　　　　——L2 产品　　　　　　　　　　　　　　　　　　16 000
　　贷：生产成本——基本生产成本（101 批次）　　　　　　　77 750
　　　　——基本生产成本（201 批次）　　　　　　　　　　16 000

各批次产品生产成本明细账如表 4 - 11 ~ 表 4 - 13 所示。

表 4-11　生产成本明细账（101）

产品批号：101 批次　　　　产品名称：L1 产品　　　　产品产量：20 件　　　　金额单位：元

日期	摘要	借方	贷方	余额	金额分析		
					直接材料	直接人工	制造费用
9.1	期初余额			44 000	20 000	15 000	9 000
9.30	领用材料	10 000		54 000	10 000		
9.30	计提工资	15 000		69 000		15 000	
9.30	分配制造费用	8 750		77 750			8 750
9.30	结转完工产品总成本		77 750	0	30 000	30 000	17 750
9.30	本月合计	33 750	77 750	0			

表 4-12　生产成本明细账（201）

产品批号：201 批次　　　　产品名称：L2 产品　　　　产品产量：10 件　　　　金额单位：元

日期	摘要	借方	贷方	余额	金额分析		
					直接材料	直接人工	制造费用
9.1	期初余额			30 000	18 000	8 000	4 000
9.30	领用材料	12 000		42 000	12 000		
9.30	计提工资	15 000		57 000		15 000	
9.30	分配制造费用	8 750		65 750			8 750
9.30	结转完工产品总成本		16 000	49 750	8 000	5 000	3 000
9.30	本月合计	35 750	16 000	49 750	22 000	18 000	9 750

表 4-13　生产成本明细账（301）

产品批号：301 批次　　　　产品名称：L1 产品　　　　产品产量：8 件　　　　金额单位：元

日期	摘要	借方	贷方	余额	金额分析		
					直接材料	直接人工	制造费用
9.30	领用材料	15 000		15 000	15 000		
9.30	计提工资	30 000		45 000		30 000	
9.30	分配制造费用	17 500		62 500			17 500
9.30	本月合计	62 500		62 500	15 000	30 000	17 500

任务三　简化分批法应用

一、简化分批法的适用范围

在某些单件小批生产的企业或车间中，如果同一月份投产的产品批次很多且月末在产品批次多、完工产品批次不多（例如修配厂），各月间接计入费用相差不大，在这种情况下，如果采用典型分批法计算各批产品成本，不管各批产品是否已经完工，都将当月发生的间接计入费用在各批产品之间进行分配，那么间接计入费用的分配工作就会非常繁重。为了简化核算工作，将间接计入费用在各成本核算对象之间的横向分配与生产费用在完工产品和期末在产品之间的纵向分配结合起来，就产生了简化分批法。

简化分批法又称为不分批计算在产品成本的分批法，只有在有批次产品完工的月份，才将归集的间接计入费用分配给各批次完工产品。简化分批法下，间接计入费用采用累计分配法：对于完工批次的产品分配间接计入费用，对于未完工的产品不分配间接计入费用，而是将间接计入费用累计在生产成本二级账中以总额反映。因此未完工的产品生产成本三级明细账上只有直接计入费用，而没有间接计入费用，在这种情况下，未完工的在产品算不出具体的批次成本。

采用简化的分批法计算产品成本，虽有利于简化成本核算工作，但是，在这种方法下，各未完工批次的产品成本明细账不能完整地反映各批产品的在产品成本，而且此方法只能在适当的条件下采用，否则会影响成本计算工作的准确性。首先，在各月间接计入费用水平相差悬殊的情况下不宜采用这种方法。因为累计间接计入费用分配率是根据本月及以前几个月份的累计间接计入费用计算的，如果本月份间接计入费用水平与前几个月份间接计入费用水平相差悬殊，按累计平均的间接计入费用分配率计算本月投产且本月完工的产品成本，会与实际相差较大。其次，简化分批法只应在同一月份投产的产品批次很多且月末未完工产品批次也较多、各批次按月分配的工作量繁重的情况下采用。这样，才会简化核算工作。如果完工批次较多，则仍要按批次在大多数完工产品成本明细账中分配登记各项间接费用，不能起到简化核算工作的作用。

知识拓展

简化分批法需注意的问题

二、简化分批法的特点

（一）必须设置基本生产成本二级账

采用简化分批法，仍按照产品批次设置产品生产成本三级明细账，但同时必须按生产单位增设基本生产成本二级账。如果只有一个车间，那么只开设这一个基本生产成本的二级账即可；如果有多个车间，则需要按照车间开设基本生产成本二级账。按批次开设的产品生产三级明细账在各批产品完工之前只需按月登记直接计入费用和生产工时，各月发生的间接计入费用并不是按月在各批产品之间进行分配，而是按成本项目先归集在生产成本二级账的相应成本项目中。只有在有完工产品的月份，才将生产成本二级账中累计起来的间接计入费用，根据完工产品的累计生产工时和累计间接计入费用分配率向完工批次的产品进行分配。完工批次产品承担的间接计入费用，加上平时该产品生产成本三级明细账中的直接计入费用，即为完工批次产品的总成本。未完工批次的在产品成本三级明细账跟基本生产成本二级明细账能够进行账账核对的，只有直接计入费用和生产工时，而间接计入费用则以总数反映在基本生产成本二级账中，不进行分配，无法进行二级与三级账的核对。也就是说，直接计入费用和生产工时是二级与三级账同时登记的，但是间接计入费用平时只登记二级账，等到产品完工，完工批次产品的三级明细账上才可以分配间接计入费用。剩下没有分完的间接计入费用是剩余所有在产品承担的间接计入费用的总额，续留二级账，等待下一次完工产品出现再分配。二级明细账与三级明细账内容对比如表 4 – 14 所示。

表 4 – 14　二级明细账、三级明细账内容对比

内容	生产成本二级明细账	生产成本三级明细账
生产工时	登记	登记
直接计入费用	登记	登记
间接计入费用	登记	完工登记，未完工不登记

（二）不分批计算在产品成本

间接计入费用分配计入各完工批次产品的生产成本三级明细账，结转完工产品成本以后，基本生产成本二级账即反映了全部未完工批次产品的期末在产品总成本。各批次未完工产品的生产成本明细账上只能反映该批次在产品的累计直接计入费用和累计工时，无法反映其间接计入费用，因而不能计算各批次在产品的实际成本。

（三）通过计算累计间接计入费用分配率来分配间接计入费用

简化分批法将间接计入生产费用在各批次产品之间的横向分配与生产费用在本期完工产品和期末在产品之间的纵向分配结合起来，大大简化了成本计算工作。某批次完工产品应负担的间接计入费用，是用该批次完工产品的累计生产工时和累计间接计入费用分配率计算出来的。相关计算公式如下：

累计间接计入费用分配率 = 全部产品累计间接计入费用 ÷ 全部产品累计生产工时

某批次完工产品间接计入费用分配额 = 该批产品累计生产工时 × 累计间接计入费用分配率

三、简化分批法的成本计算程序

1. 按照产品批次设置产品生产成本三级明细账和基本生产成本二级明细账

按产品批次设置产品生产成本三级明细账，并分别按成本项目设置专栏，平时账内只登记直接计入费用和生产工时；另外，还要设立一个基本生产成本二级账，归集反映企业投产的所有批次产品在生产过程所发生的各项费用和累计生产工时。基本生产成本二级账是简化分批法的一个显著特点。同时，开设辅助生产成本、制造费用等明细账，按成本项目或费用项目设置专栏。

2. 归集各要素费用和生产工时

填制各费用计算表，编制会计分录，填制记账凭证，登记相关明细账。将各批产品耗用的直接计入费用和耗用的生产工时分别计入各批次产品生产成本三级明细账和产品基本生产成本二级明细账，将间接计入费用计入基本生产成本二级账。

3. 结转辅助生产费用

在设有辅助生产车间的企业，如果辅助车间有开设制造费用明细账，月末先将辅助车间制造费用明细账上的金额结转到辅助生产成本明细账户，填制记账凭证，登记相关账簿；再将辅助生产成本明细账上归集的辅助生产费用按照各受益部门的耗用量采用适当的方法分配给各受益对象。注意：各批次产品生产耗用的辅助生产费用全部计入基本生产成本二级明细账，编制辅助生产费用分配表，填制记账凭证，登记相关明细账。

4. 结转制造费用

将制造费用明细账上的余额全部转入基本生产成本二级明细账，编制会计分录，填制记账凭证，登记相关明细账。

5. 采用累计分配法分配间接计入费用

月末如果各批产品均未完工，则间接计入费用留存基本生产成本二级账。如果本月有完工批次产品，完工批次产品应承担的间接计入费用需要根据月初生产工时和本月生产工时以及累计间接计入费用分配率求得，并将之计入各完工批次产品的生产成本三级明细账。

6. 计算并结转完工产品成本

汇总各批次完工产品的成本，填写入库单，编制会计分录，填制记账凭证，结转完工产品成本。需要注意的是，不仅完工批次产品成本三级明细账上的成本要转出，基本生产成本二级明细账上的完工批次产品成本也要转出，二级的明细账账面余额为所有在产品的总成本。月末，基本生产成本二级账和产品生产成本三级账中的直接计入费用和生产工时应当核对相符。

四、简化分批法的具体应用

项目案例 4-2

【任务情境】北方公司设有一个基本生产车间，生产小批量产品，2023 年 9 月除 301、401、402 批次继续生产外，新投产 501 批次 MS02 产品 40 件、502 批次 MS03 产品 30 件。公司采用简化分批法计算成本。

基本生产成本二级账期初余额 368 580 元，其中：直接材料 128 100 元，直接人工 95 300 元，制造费用 145 180 元。工时为 13 210 小时。各批次期初在产品明细如表 4-15 所示。

表 4-15　各批次期初在产品明细　　　　　　　　　　金额单位：元

批次	购货单位	产品名称	投产时间	产量/件	工时/小时	直接材料
301	长峰工厂	HR01	7 月	50	6 970	65 800

批次	购货单位	产品名称	投产时间	产量/件	工时/小时	直接材料
401	星海工厂	HR02	8月	20	1 560	27 300
402	民生工厂	MS01	8月	30	4 680	35 000
合计	—	—	—	—	13 210	128 100

本月生产费用资料如下：

（1）材料费：根据本月各领料单（领料单略），领用 A 材料 108 700 元，其中，301 批次 8 000 元，401 批次 4 700 元，402 批次 35 000 元，501 批次 32 000 元，502 批次 15 000 元，基本生产车间 14 000 元。

（2）人工费：本月生产工人工资共 58 350 元，基本生产车间管理人员工资 7 530 元。

（3）折旧费：计提本月折旧，基本生产车间固定资产原值 771 000 元，月折旧率为 4%。

注：本月生产工时共 8 740 小时，其中，301 批次 2 800 小时，401 批次 1 440 小时，402 批次 1 000 小时，501 批次 2 500 小时，502 批次 1 000 小时。月末 301、401 批次完工，其余未完工。

【任务要求】

（1）根据批次开设产品生产成本三级明细账，开设基本生产成本二级明细账以及基本生产车间制造费用明细账。

（2）归集本月各要素费用和生产工时。

（3）结转制造费用。

（4）采用累计分配法分配人工费用和制造费用，计算并结转完工产品成本。

【任务目标】 掌握简化分批法成本核算。

【任务分析】

本月生产共 5 个批次，按产品批次分别设置 5 个批次产品的生产成本三级明细账，并分别按成本项目设置专栏。设立一个基本生产成本二级账，归集反映这 5 个批次产品在生产过程所发生的各项费用和累计生产工时。此外，基本生产车间开设一个制造费用明细账。

运用简化分批法进行成本计算时，采取以下步骤进行：第一步，做好成本计算的准备工作，设置成本计算所需要的各种明细账。产品成本明细账设置时应按产品批次设置。第二步，归集本月各要素费用和生产工时。根据相关原始凭证，编制会计分录，填制记账凭证，登记相关明细账。第三步，结转制造费用，编制会计分录，填制记账凭证，登记相关明细账。第四步，采用累计分配法分配完工产品的人工费用和制造费用，计算并结转完工产品成本。先计算出人工费用和制造费用的累计分配率；再计算完工产品应承担的人工费用和制造费用的分配额，汇总出完工产品成本，填制产品成本计算表和入库单，最后编制会计分录，填制记账凭证。

简化分批法下，当月发生的直接计入费用（对象明确，无须分配的费用）直接计入各批次生产成本，间接计入费用（对象不明，需要在各受益对象间分配的）要看是否有完工产品。根据资料，材料费属于直接计入费用，因此基本生产成本二级账和产品生产成本三级账同时登记。而人工费用、制造费用对象不明，需要分配，因此平时只登记基本生产成本二级账即可。也就是说，基本生产成本二级账需要登记直接计入费用、生产工时、间接计入费用，而产品成本三级账只登记直接计入费用和生产工时。注意：如果本月没有完工产品，所有间接计入费用全部累计在基本生产成本二级明细账，无须分配；如果本月有完工产品，采用累计分配法，分配给各完工批次。

【任务实施】

1. 建账

各明细账具体如表 4-19、表 4-23~表 4-28 所示。

2. 归集各要素费用和生产工时

（1）材料费核算。

领用材料汇总表如表 4-16 所示。

表 4-16 领用材料汇总表
2023 年 9 月 30 日   金额单位：元

领用部门	材料费用
301 批次生产	8 000
401 批次生产	4 700
402 批次生产	35 000
501 批次生产	32 000
502 批次生产	15 000
基本生产车间	14 000
合计	108 700

根据领用材料汇总表，编制会计分录如下：

借：生产成本——基本生产成本（301 批次）   8 000

      ——基本生产成本（401 批次）   4 700

      ——基本生产成本（402 批次）   35 000

      ——基本生产成本（501 批次）   32 000

      ——基本生产成本（502 批次）   15 000

  制造费用——基本生产车间   14 000

  贷：原材料   108 700

（2）人工费用核算。

工资汇总表如表 4-17 所示。

表4-17 工资汇总表

2023年9月30日　　　　　　　　　　　　　　　　　金额单位：元

人员类别	工资总额
产品生产工人	58 350
车间管理人员	7 530
小计	65 880

根据工资汇总表，编制会计分录如下：

借：生产成本——基本生产成本　　　　　　　　　　　58 350

　　制造费用——基本生产车间　　　　　　　　　　　7 530

　　贷：应付职工薪酬——工资　　　　　　　　　　　　　　65 880

（3）折旧费计提。

折旧费计提计算表如表4-18所示。

表4-18 折旧费计提计算表

2023年9月30日　　　　　　　　　　　　　　　　　金额单位：元

固定资产	原值	折旧率	折旧额
机器设备	771 000	4%	30 840

根据折旧费计提计算表，编制会计分录如下：

借：制造费用——基本生产车间　　　　　　　　　　　30 840

　　贷：累计折旧　　　　　　　　　　　　　　　　　　　　30 840

3. 结转制造费用

制造费用明细账如表4-19所示。

表4-19 制造费用明细账

车间：基本生产车间　　　　　　　　　　　　　　　　金额单位：元

日期	摘要	借方	贷方	余额	机物料消耗	管理人员薪酬	其他
9.30	领用材料	14 000		14 000	14 000		
9.30	计提工资	7 530		21 530		7 530	
9.30	计提折旧	30 840		52 370			30 840
9.30	结转制造费用		52 370	0	14 000	7 530	30 840
9.30	本月合计	52 370	52 370	0			

结转制造费用，编制会计分录如下：

借：生产成本——基本生产成本　　　　　　　　　　　52 370

　　贷：制造费用——基本生产车间　　　　　　　　　　　　52 370

4. 采用累计分配法分配间接计入费用，计算并结转完工批次产品成本

本月 301 批次、401 批次完工，查看基本生产成本二级明细账直接人工费用、制造费用成本项目的累计金额和累计生产工时，进行完工产品间接计入费用的分配。

人工费用的分配率 = 153 650 ÷ 21 950 = 7 (元／工时)

制造费用的分配率 = 197 550 ÷ 21 950 = 9 (元／工时)

301 批次承担的人工费用 = 9 770 × 7 = 68 390 (元)

401 批次承担的人工费用 = 3 000 × 7 = 21 000 (元)

完工产品承担的人工费用 = 12 770 × 7 = 89 390 (元)

301 批次承担的制造费用 = 9 770 × 9 = 87 930 (元)

401 批次承担的制造费用 = 3 000 × 9 = 27 000 (元)

完工产品承担的制造费用 = 12 770 × 9 = 114 930 (元)

301 批次与 401 批次产品成本计算表分别如表 4-20、表 4-21 所示。

表 4-20　产品成本计算表 (301)

批号：301　　　　　　　购货单位：长峰工厂　　　　　　　投产月：7 月
产品名称：HR01　　　批量：50 件　　　金额单位：元　　　完工月：9 月

日期	摘要	工时	直接材料	直接人工	制造费用	合计
9.1	期初在产品	6 970	65 800			65 800
9.30	本月生产	2 800	8 000			8 000
9.30	累计生产	9 770	73 800			73 800
9.30	间接计入费用分配率			7	9	
9.30	分配间接计入费用			68 390	87 930	156 320
9.30	结转完工产品总成本	9 770	73 800	68 390	87 930	230 120
9.30	完工产品单位成本		1 476	1 367.8	1 758.6	4 602.4

表 4-21　产品成本计算表 (401)

批号：401　　　　　　　购货单位：星海工厂　　　　　　　投产月：8 月
产品名称：HR02　　　批量：20 件　　　金额单位：元　　　完工月：9 月

日期	摘要	工时	直接材料	直接人工	制造费用	合计
9.1	期初在产品	1 560	27 300			27 300
9.30	本月生产	1 440	4 700			4 700
9.30	累计生产	3 000	32 000			32 000
9.30	间接计入费用分配率			7	9	
9.30	分配间接计入费用			21 000	27 000	48 000
9.30	结转完工产品总成本	3 000	32 000	21 000	27 000	80 000
9.30	完工产品单位成本		1 600	1 050	1 350	4 000

入库单如表4-22所示。

表4-22 入库单

生产单位：基本生产车间　　　　　　　　2023年9月30日　　　　　　　　金额单位：元

产品名称	单位	数量	单价	金额
HR01	件	50	4 602.4	230 120
HR02	件	20	4 000	80 000
合计				310 120

根据产品成本计算表和入库单，编制会计分录如下：

借：库存商品——HR01　　　　　　　　　　　　　　　　　230 120

　　　　　　——HR02　　　　　　　　　　　　　　　　　80 000

　　贷：生产成本——基本生产成本（301批次）　　　　　　230 120

　　　　　　　　　——基本生产成本（401批次）　　　　　　8 000

基本生产成本二级账如表4-23所示。

表4-23 基本生产成本二级账

车间：基本生产车间　　　　　　　　　　　　　　　　　　金额单位：元

日期	摘要	工时	直接材料	直接人工	制造费用	合计
9.1	期初在产品	13 210	128 100	95 300	145 180	368 580
9.30	本月生产	8 740	94 700	58 350	52 370	205 420
9.30	累计生产	21 950	222 800	153 650	197 550	574 000
9.30	间接计入费用分配率			7	9	
9.30	结转完工产品总成本	12 770	105 800	89 390	114 930	310 120
9.30	期末在产品成本	9 180	117 000	64 260	82 620	263 880

各批次产品生成产成本明细账如表4-24~表4-28所示。

表4-24 生产成本明细账（301）

产品批号：301批次　　　产品名称：HR01　　　产品产量：50件　金额单位：元

日期	摘要	借方	贷方	余额	工时	直接材料	直接人工	制造费用
						金额分析		
9.1	期初余额			65 800	6 970	65 800		
9.30	领用材料	8 000		73 800	2 800	8 000		
9.30	分配间接计入费用	156 320		230 120			68 390	87 930
9.30	结转完工产品总成本		230 120	0	9 770	73 800	68 390	87 930
9.30	本月合计	164 320	230 120	0				

表4-25 生产成本明细账（401）

产品批号：401批次　　　　产品名称：HR02　　　　产品产量：20件　金额单位：元

日期	摘要	借方	贷方	余额	工时	金额分析		
						直接材料	直接人工	制造费用
9.1	期初余额			27 300	1 560	27 300		
9.30	领用材料	4 700		32 000	1 440	4 700		
9.30	分配间接计入费用	48 000		80 000	3 000		21 000	27 000
9.30	结转完工产品总成本		80 000	0	3 000	32 000	21 000	27 000
9.30	本月合计	52 700	80 000	0				

表4-26 生产成本明细账（402）

产品批号：402批次　　　　产品名称：MS01　　　　产品产量：30件　金额单位：元

日期	摘要	借方	贷方	余额	工时	金额分析		
						直接材料	直接人工	制造费用
9.1	期初余额			35 000	4 680	35 000		
9.30	领用材料	35 000		70 000	1 000	35 000		
9.30	本月合计	35 000		70 000	5 680	70 000		

表4-27 生产成本明细账（501）

产品批号：501批次　　　　产品名称：MS02　　　　产品产量：40件　金额单位：元

日期	摘要	借方	贷方	余额	工时	金额分析		
						直接材料	直接人工	制造费用
9.30	领用材料	32 000		32 000	2 500	32 000		
9.30	本月合计	32 000		32 000	2 500	32 000		

表4-28 生产成本明细账（502）

产品批号：502批次　　　　产品名称：MS03　　　　产品产量：30件　金额单位：元

日期	摘要	借方	贷方	余额	工时	金额分析		
						直接材料	直接人工	制造费用
9.30	领用材料	15 000		15 000	1 000	15 000		
9.30	本月合计	15 000		15 000	1 000	15 000		

闯关练习

项目四

项目小结

　　产品成本计算的分批法是按照产品批次归集生产费用、计算产品成本的一种方法。该方法主要适用于单件小批多步骤生产。分批法的主要特点是：（1）以产品的批次（或生产订单）作为成本计算对象；（2）成本计算期与会计报告期不一致，与生产周期一致；（3）通常不存在完工产品与在产品之间分配生产费用问题。

　　采用分批法计算产品成本时，其计算程序与品种法一致：按照批次开设产品成本明细账；归集和分配各种费用要素；分配辅助生产费用；分配基本生产车间制造费用；计算并结转完工产品成本。

　　分批法分为典型分批法和简化分批法两种。采用典型分批法，每个月各批次产品发生的间接计入费用可按工时比例分配计入各批次产品成本。采用简化分批法，需要建立基本生产成本二级账，各批次产品成本三级明细账平时只登记直接计入费用和生产工时，而二级账既登记直接计入费用和生产工时，又登记间接计入费用，直到有完工产品的月份，才将间接计入费用按照累计工时分配计算出间接费用累计分配率，通过将完工的各批次产品的累计工时与累计分配率相乘得出完工产品所承担的间接计入费用，从而汇总出完工批次产品的生产成本。

 项目综合实训

（一）典型分批法项目综合实训

　　1. 任务目的：掌握典型分批法。

　　2. 任务情境：庆达工厂设有一个基本生产车间，生产小批量产品 H、I、J，接车间下达的生产任务通知单组织生产，采用典型分批法计算成本。

　　3. 任务资料：

　　（1）月初生产记录。

　　8 月投产两个批次，8 月 8 日投产 M101 批次 H 产品 40 件，直接材料费 80 000 元，直接人工费 14 000 元，制造费用 6 000 元。8 月 20 日投产 M102 批次 I 产品 50 件，直接材料费 100 000 元，直接人工费 20 000 元，制造费用 6 000 元。

　　（2）9 月生产记录。

　　①材料费：根据各领料单，共领原材料 151 000 元，其中，M101 批次生产耗用 30 000元，M102 批次生产耗用 50 000 元，M103 批次生产耗用 70 000 元，基本生产车间一般性消耗 1 000 元。

　　②人工费：共计 110 000 元，其中，生产工人薪酬 90 000 元，按生产工时分配，车间管理人员薪酬 20 000 元。

　　③折旧费：车间机器设备原值 400 000 元，月折旧率为 0.6%。

　　④生产工时：M101 批次 40 件，9 月 20 日全部完工入库，9 月生产工时 3 000 小时；M102 批次 60 件，9 月全部未完工，9 月生产工时 4 000 小时；9 月 10 日新投产 M103 批次

J 产品 20 件，完工入库 2 件，9 月生产工时 2 000 小时。因 M103 批次少量完工，按近期实际单位成本估算完工 J 产品成本，完工 J 产品单位定额成本为：直接材料 4 000 元，直接人工 1 200 元，制造费用 300 元。

4. 任务要求：采用典型分批法进行成本核算（工人薪酬和制造费用按生产工时分配）。

（二）简化分批法项目综合实训

1. 任务目的：掌握简化分批法。

2. 任务情境：新泉公司 2023 年 5 月生产 D101、D102、D103、D104 批次四种产品，采用简化分批法计算成本。

3. 任务资料：

基本生产成本二级账期初余额 204 000 元，其中，直接材料 124 000 元，直接人工 40 000 元，制造费用 40 000 元，工时 6 000 小时。各批次期初在产品成本如表 4 - 29 所示。

表 4 - 29　各批次期初在产品成本　　　　　　　金额单位：元

批号	产量/件	工时/小时	直接材料
D101	50	3 000	60 000
D102	40	1 000	20 000
D103	60	1 500	32 000
D104	20	500	12 000
合计	—	6 000	124 000

本月生产费用资料如下：

（1）材料费用：根据本月各领料单，共领甲材料 80 000 元，其中，D101 批次 20 000 元，D102 批次 15 000 元，D103 批次 25 000 元，D104 批次 15 000 元，基本生产车间 5 000 元。

（2）人工费用：根据工资计提分配表，本月生产工人薪酬共 60 000 元，车间管理人员薪酬 35 000 元。

注：本月生产工时共 4 000 小时，其中，D101 批次 1 000 小时，D102 批次 800 小时，D103 批次 1 500 小时，D104 批次 700 小时。5 月末 D101、D102 批次完工，其余均未完工。

4. 任务要求：采用简化分批法进行成本核算（工人薪酬和制造费用按生产工时分配）。

项目评价表

目标	要求	评分细则	分值	自评	互评	教师
知识	掌握分批法含义和种类	全部阐述清楚得5分，大部分阐述清楚得3~4分，其余视情况得1~2分	5			
	掌握简化分批法的特点和间接计入费用的分配	全部阐述清楚得5分，大部分阐述清楚得3~4分，其余视情况得1~2分	5			
	掌握分批法的成本计算程序	全部阐述清楚得20分，大部分阐述清楚得11~19分，其余视情况得1~10分	20			
技能	能独立设计分批法成本核算流程	设计完整得5分，大部分设计得3~4分，其余视情况得1~2分	5			
	熟练设置成本费用核算所需的各种账户	设置准确得5分，大部分准确得3~4分，其余视情况得1~2分	5			
	熟练填制各种分配表并编制记账凭证	填写完整、准确得20分，大部分准确得11~19分，其余视情况得1~10分	20			
素质	按时出勤	迟到早退各扣1分，旷课扣5分	10			
	团队合作	小组氛围融洽，团结合作讨论解决问题，胜任自己的角色任务，视情况1~10分	10			
	职业道德	客观真实地反映经济业务，记录全面，数据规范，手续齐全，视情况1~10分	10			
完成情况	按时保质完成	按时提交，视情况1~5分	5			
		书写整齐，视情况1~5分	5			
合计	自评、互评、教师评价各自占比30%、20%、50%		100			

项目五 成本计算之分步法

知识目标

1. 掌握分步法的概念、特点、适用范围、种类;

2. 熟悉逐步结转分步法的成本计算程序,掌握综合结转和分项结转两种不同结转方式下的成本计算,并能熟练区分两种结转方式的不同,掌握综合结转方式下的成本还原方法,了解逐步结转分步法的优缺点;

3. 熟悉平行结转分步法的成本计算程序,掌握平行结转分步法的应用,了解平行结转分步法的优缺点,熟悉逐步结转分步法和平行结转分步法的不同。

能力目标

1. 能够熟练、正确地运用逐步结转分步法进行成本计算和账务处理;

2. 能够熟练、正确地运用平行结转分步法进行成本计算和账务处理。

素质目标

1. 维护国家、集体利益,遵守财经法规,客观真实地反映每一项经济业务,诚信为本,坚持准则,恪守会计职业道德;

2. 吃苦耐劳、扎实肯干,经济业务记录全面,手续齐备,数据规范,字迹工整;

3. 具有较强的岗位适应能力和一定的协调沟通能力,与其他岗位会计团结协作。

知识结构导图

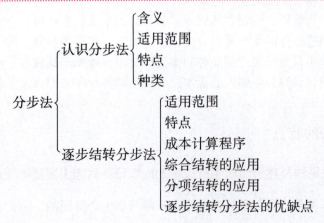

$$\text{分步法}\begin{cases}\text{平行结转分步法}\begin{cases}\text{适用范围}\\\text{特点}\\\text{成本计算程序}\\\text{平行结转分步法的应用}\\\text{平行结转分步法的优缺点}\\\text{与逐步结转分步法的对比}\end{cases}\end{cases}$$

项目导入

　　腾飞纺织股份公司是东南地区一家拥有近 5 000 名职工的企业，主要生产棉纺织品。2023 年暑假，某大学组织 2021 级大数据与会计专业的 15 名学生到该纺织股份公司实习。同学们到公司后了解到：该公司生产的老粗布经过三个基本生产车间连续加工制成，第一车间对棉花进行梳理后，直接转入第二车间加工制成绢纱，绢纱完工后入自制半成品仓库，可对外销售。第三车间向半成品仓库领用绢纱继续加工成老粗布。同时，生产老粗布所需的原材料于生产开始时一次性投入，各步骤加工程度比较均衡。请问，老粗布成本计算应该采用哪种方法？

任务一　认识分步法

一、分步法的含义

　　分步法是以产品品种和每种产品的分步骤生产成本为成本核算对象，归集分配生产费用，计算产品成本的方法。

　　在某些大批量生产的企业，生产过程是由若干个步骤组成的，为了加强对各步骤的成本管理，不但要按产品品种计算成本，而且要按产品的步骤计算各步骤耗费的成本，以便考核完工产品及其所经过的步骤成本计划执行情况。因此，需要采用分步法计算每一步骤的成本和最后的产成品成本。

二、分步法的适用范围

　　分步法主要适用于大批量生产且要求计算分步成本的多步骤生产的企业。例如，冶金企业的生产可以分为炼铁、炼钢、轧钢等步骤；纺织企业的生产可以分为纺纱、织布、印染等步骤；机械制造企业的生产可以分为铸造、加工、装配等步骤。为了加强各步骤的成本管理，这些企业不仅要按照产品品种归集生产费用，计算产品成本，而且要按照产品的步骤归集生产费用，计算各步骤产品成本，提供反映各种完工产品及其各步骤成本计划执行情况的资料。

三、分步法的特点

（一）以产品品种及其分步骤生产成本为成本核算对象设置基本生产成本明细账

　　由于分步法是按照产品品种及产品生产步骤归集生产费用的，因此，产品成本明细账要按照产品的品种及其所经过生产步骤来设置。如果企业只生产一种产品，则成本计算对象就是该种产品所经过的生产步骤成本，产品成本明细账直接按照产品的步骤开设，计算各生产步骤成本和产成品成本；如果生产多种产品，成本计算对象则应是各种产品及其各自所经过的生产步骤成本，产品成本明细账应该按照各产品的生产步骤开设，计算各产品生产步骤成本和产成品成本。在进行成本计算时，应按产品分步骤归集和分配生产费用，单设成本项目的直接计入费用，直接计入各成本计算对象；单设成本项目的间接计入费用，单独分配计入各成本计算对象；不单设成本项目的费用，一般是先按车间、部门或者用途，归集为综合费用，月末再计入各成本计算对象。

（二）成本计算定期按月进行

在大批量多步骤生产的企业中，由于生产过程相对来说比较长，生产持续不断地进行，原材料连续不断地投入，产品也是连续不断地完工，往往是跨月陆续完工，不可能在所有产品全部完工之后再计算成本。因此，成本计算一般都是按月定期进行，与产品的生产周期不一致，而与产品的会计报告期一致。

知识拓展

分步法步骤的
确定

（三）生产费用需要在本期完工产品与期末在产品之间进行分配

由于大批量多步骤生产的产品往往都是跨月陆续完工，期末一般都会既有完工产品，又有在产品。因此，为了计算本期完工产品成本和期末在产品成本，必须采用适当的方法，例如定额比例法、定额成本法、约当产量法等，将汇集在各产品、各步骤生产成本明细账的生产费用，在本期完工产品与期末在产品之间进行分配。

四、分步法的种类

在实际工作中，由于各个企业生产工艺过程的特点和成本管理对各步骤成本资料要求（即是否需要计算各步骤的半成品成本）的不同，以及出于简化成本计算工作的考虑，各步骤生产成本的计算分为两种不同的方法：逐步结转分步法和平行结转分步法。

（一）逐步结转分步法

逐步结转分步法又称计算半成品成本的分步法，是按照步骤逐步计算并结转半成品成本，直到最后步骤算出产成品成本的方法。计算各步骤的半成品成本，是这种方法的显著特征。

（二）平行结转分步法

平行结转分步法又称不计算半成品成本的分步法，是指各生产步骤只计算本步骤发生的各种生产费用，最后将各生产步骤中应计入产成品成本的份额进行汇总，从而计算出该产品成本的方法。平行结转分步法，各生产步骤只计算其自身成本，并不计算累计的半成品成本，期末将各步骤的生产费用在产成品和半成品之间进行分配，最后将各步骤应计入当期产成品成本的份额进行汇总确定完工产品成本。

视 频

分步法的种类

知识拓展

分步法的改革与发展

任务二 逐步结转分步法应用

一、逐步结转分步法的适用范围

逐步结转分步法在管理上要求提供各生产步骤半成品成本资料，主要适用于所生产的半成品经常对外销售和需要考核半成品成本的大批量多步骤生产企业，尤其适用于大批量连续式多步骤生产企业。

从原材料投入生产到产成品制成，中间要按顺序经过若干步骤，前面各步骤所产的都是半成品，最后步骤完工的才是产成品。各步骤所产半成品，既可以转交给下一步骤继续加工，又可以作为商品对外销售。例如纺织企业生产的棉纱，既可以继续加工成各种布，又可以作为商品，直接对外出售。因此，除了需要计算各种产成品成本外，还必须计算各步骤所产半成品成本。同时，为了加强成本管理及降低成本，考核成本计划执行情况等，也需要计算半成品成本。

二、逐步结转分步法的特点

（一）成本计算对象是产成品和各个步骤的半成品成本

采用逐步结转分步法计算各步骤成本时，按产品加工顺序，逐步计算并依次结转半成品成本：上一步骤完工的半成品成本要从上一步骤的产品生产成本明细账转入下一步骤产品的生产成本明细账中（如果涉及半成品入库出库，则转入自制半成品明细账），本步骤半成品成本是由上一步骤转来的半成品成本和本步骤自身的生产费用构成的，以此类推，直到逐步计算出各步骤的半成品成本和最后步骤的产成品成本，因此逐步结转分步法的成本计算对象为产成品和各个步骤的半成品成本。

（二）半成品成本随实物转移而同步转移

各生产步骤半成品成本的结转同实物的结转相一致，即半成品实物转入哪一个生产步骤，半成品成本也随之转入哪一个生产步骤，半成品的成本和实物的转移是同步的。

（三）各步骤产品成本明细账中的期末余额是狭义在产品成本

逐步结转分步法下，完工产品指的是广义的完工产品，不仅包括所有步骤都完工的产成品，还包括完成一个或几个步骤的半成品。各生产步骤的完工产品，除最后步骤为产成品外，其余各步骤均为半成品。各步骤的在产品指的是狭义的在产品，即各生产步骤正在加工尚未完工的在制品。各步骤产品成本明细账的期末余额，就是结存该步骤在产品的全部成本。期末，各步骤的生产费用均要在本步骤的完工半成品和期末在产品之间进行分配和结转，只有最后步骤是完工产成品和期末在产品成本的分配。

三、逐步结转分步法的成本计算程序

逐步结转分步法的成本计算程序与品种法基本一致，只是最后计算产品成本时有所不同。逐步结转分步法必须按步骤顺序逐笔计算每个步骤的成本。各步骤累计的生产费用在各步骤产品成本明细账中归集，如果既有完工半成品，又有加工的在产品，则应将各步骤产品成本中的累计生产费用采用适当的分配方法，在其完工半成品与加工的在产品之间进行分配，以便计算完工半成品成本。各步骤完工的半成品成本依次向后结转，直至最后一个步骤算出产成品成本。逐步结转分步法的半成品成本结转时按照结转的方式不同，又可分为综合结转和分项结转两种方式。综合结转，是指各生产步骤完工的半成品总成本，综合计入后面步骤产品成本的"半成品"成本项目中。分项结转，是指将各生产步骤完工的半成品成本，按照成本项目分项对应计入后面步骤产品成本的"直接材料""直接人工""制造费用"等成本项目中。

逐步结转分步法选择何种结转方式取决于半成品实物的流转程序。半成品实物的流转程序分为两种：一种是半成品不通过仓库收发，另一种是半成品通过仓库收发。

（一）半成品不通过仓库收发

如果半成品完工后不通过半成品仓库收发，而是直接被下一步骤领用，那么半成品成本则应在各步骤的产品成本明细账之间直接结转，不必设置"自制半成品"账户核算。

当半成品不通过仓库收发时，逐步结转分步法的成本计算程序是：第一步，先计算第一步骤的成本，采用适当的方法，将第一步骤的累计生产费用在第一步骤完工半成品与正在加工的在产品之间进行分配。第二步，将第一步骤的完工半成品成本转入第二步骤产品成本中，再加上第二步骤所发生的生产费用和第二步骤期初的在产品成本，汇总计算出第二步骤的累计生产费用，在第二步骤完工半成品与加工的在产品之间进行分配。以此类推，直至最后步骤算出产成品成本。

采用逐步结转分步法计算各生产步骤成本时，每一个步骤的成本计算过程都是一个品种法成本计算的过程，即采用品种法计算出上一步骤的半成品成本以后，转入下一步骤成本；下一步骤继续采用品种法归集生产费用，计算其半成品成本；如此逐步结转，直至最后一个步骤计算出产成品成本。逐步结转分步法实际上就是品种法成本计算的多次连续应用。

（二）半成品通过仓库收发

如果半成品完工后不直接被下一步骤领用，而需要通过半成品仓库收发，则需要设置"自制半成品"账户。在半成品验收入库时，应编制借记"原材料——自制半成品"账户，贷记"生产成本——基本生产成本"账户的会计分录。在下一步骤领用时，须编制相反的会计分录。

当半成品通过仓库收发时，逐步结转分步法的成本计算程序是：第一步，先计算第一

步骤的成本。采用适当的方法,将第一步骤的累计生产费用在第一步骤完工半成品与加工的在产品之间进行分配。第二步,自制半成品的入库、出库。将第一步骤的完工半成品成本转入自制半成品明细账中,确定自制半成品的单位成本,并按照领用数量将第二步骤所需的半成品成本从自制半成品明细账中转出。第三步,将自制半成品明细账中转出的自制半成品成本,加上第二步骤本期所发生的生产费用和第二步骤期初的在产品成本,汇总计算出第二步骤的累计生产费用,在第二步骤完工半成品与加工的在产品之间进行分配。以此类推,直至最后步骤算出产成品成本。

悟道明理

四、逐步结转分步法之综合结转的应用

项目案例 5-1

生活中的垃圾分类

【任务情境】 金锋工厂设有三个基本生产车间,经三个步骤生产丙产品,第一车间生产A半成品,完工后不入半成品仓库,直接交给第二车间继续加工;第二车间生产B半成品,完工后交给半成品仓库;第三车间从半成品仓库领用B半成品继续加工成产成品丙产品,完工后验收入库。采用逐步结转分步法综合结转方式核算成本。

丙产品所用原材料在生产开始时一次性投入,第二车间和第三车间所用的A半成品和B半成品也都在该步骤一开始时投入,各步骤人工、制造费用发生均衡,期末完工产品和在产品之间分配采用约当产量法。

2023年9月,B半成品仓库收发存资料如下:B半成品期初结存40件,总成本32 760元,本月第二车间交入B半成品200件,本月第三车间生产领用B半成品200件,半成品仓库的B半成品采用加权平均法计算。其他资料如表5-1、表5-2所示。

表5-1 金锋工厂生产费用资料

产品:丙产品　　　　　　　　　　2023年9月　　　　　　　　金额单位:元

	项目	直接材料（或半成品）	直接人工	制造费用	合计
第一车间	期初在产品成本	5 000	1 250	1 000	7 250
	本期本步骤费用	55 000	26 250	21 000	102 250
第二车间	期初在产品成本	19 000	4 000	3 000	26 000
	本期本步骤费用	—	40 000	30 000	70 000
第三车间	期初在产品成本	33 200	4 000	3 000	40 200
	本期本步骤费用	—	42 000	31 500	73 500

表5-2 金锋工厂生产数量资料

产品:丙产品　　　　　　　　　　2023年9月　　　　　　　　单位:件

项目	第一车间	第二车间	第三车间
期初在产品	20	40	40

续表

项目	第一车间	第二车间	第三车间
本期投入/上步骤转入	220	200	200
本期完工转入下步骤或入库	200	200	220
期末在产品	40	40	20

【任务要求】

(1) 计算第一步骤的成本并结转 A 半成品成本。

(2) 计算第二步骤的成本并结转 B 半成品成本。

(3) 计算 B 自制半成品入库、出库的成本。

(4) 计算第三步骤的成本并结转丙产成品成本。

(5) 成本还原。

【任务目标】掌握逐步结转分步法综合结转方式计算成本。

【任务分析】

逐步结转分步法的成本计算程序与品种法基本一致，主要是最后生产费用在完工产品和在产品之间进行分配时有所不同，故这里不再对前面流程赘述，只做最后生产费用分配的业务处理。采用逐步结转分步法综合结转方式进行产品成本计算时，应严格按照步骤顺序进行成本计算：第一步，计算第一步骤成本。将第一步骤的累计生产费用在本期完工 A 半成品和期末在产品之间分配，并将完工 A 半成品成本转入第二车间。因为是综合结转方式，在结转时注意结转的是半成品的总成本，直接转入下一步骤计入半成品项目成本。第二步，计算第二步骤成本。把第一步骤转入的完工 A 半成品成本加上第二步骤本期自身的生产费用和第二步骤期初的在产品成本，汇总计算出第二步骤的累计生产费用，在第二步骤本期完工 B 半成品与期末在产品之间进行分配，并将完工 B 半成品的生产成本转入自制半成品明细账。第三步，B 半成品入库、出库。按照全月一次加权平均法算出 B 半成品的平均单价，根据领用数量和平均单价计算发出的 B 半成品成本并将之转入下一步骤。第四步，计算第三步骤成本。将半成品仓库发出的 B 半成品成本加上第三步骤本期自身的生产费用和第三步骤期初的在产品成本，汇总计算出第三步骤的累计生产费用，在第三步骤本期完工丙产成品与期末在产品之间进行分配，并结转完工丙产成品成本。第五步，成本还原。把产成品成本项目还原成原始成本项目。

需要注意的是，入库半成品需要按照加权平均法计算半成品的平均单价，并根据领用数量和平均单价计算半成品成本。因为重新计算的平均单价很有可能跟之前的单价不同，因此下一步骤领用出库的半成品不一定等于上一步骤入库的半成品成本。

【任务实施】

1. 计算第一步骤成本

A 半成品成本计算，如表 5-3 所示。

表 5-3　产品成本计算表（A 半成品）

2023 年 9 月 30 日

生产单位：第一车间　　　　　　　　产品名称：A 半成品　　　　　　　　金额单位：元

摘要	直接材料	直接人工	制造费用	合计
期初在产品成本	5 000	1 250	1 000	7 250
本期本步骤费用	55 000	26 250	21 000	102 250
累计生产费用	60 000	27 500	22 000	109 500
本期完工产品数量/件	200	200	200	—
期末在产品约当产量/件	40	20	20	—
约当总产量/件	240	220	220	—
费用分配率	250	125	100	475
本期完工产品成本	50 000	25 000	20 000	95 000
期末在产品成本	10 000	2 500	2 000	14 500

根据第一车间的产品成本计算表，编制会计分录如下：

借：生产成本——基本生产成本（B 半成品）　　　　　　　　　95 000

　　贷：生产成本——基本生产成本（A 半成品）　　　　　　　　　　95 000

2. 计算第二步骤成本

B 半成品成本计算如表 5-4 所示。

表 5-4　产品成本计算表（B 半成品）

2023 年 9 月 30 日

生产单位：第二车间　　　　　　　　产品名称：B 半成品　　　　　　　　金额单位：元

摘要	上步骤转入	本步骤发生		合计
	A 半成品	直接人工	制造费用	
期初在产品成本	19 000	4 000	3 000	26 000
本期本步骤费用	95 000	40 000	30 000	165 000
累计生产费用	114 000	44 000	33 000	191 000
本期完工产品数量/件	200	200	200	—
期末在产品约当产量/件	40	20	20	—
约当总产量/件	240	220	220	—
费用分配率	475	200	150	825
本期完工产品成本	95 000	40 000	30 000	165 000
期末在产品成本	19 000	4 000	3 000	26 000

根据第二车间的产品成本计算表填制入库单，编制会计分录如下：

借：原材料——B 半成品　　　　　　　　　　　　　　　165 000

　　贷：生产成本——基本生产成本（B 半成品）　　　　　　　　165 000

3. 计算 B 半成品的入库、出库的成本

B 半成品明细账如表 5 - 5 所示。

表 5 - 5　自制半成品明细账

产品名称：B 半成品　　　　　　　　　　　　　　　　　　　　　　　金额单位：元

日期	摘要	收		发			存	
		数量	金额	数量	单价	金额	数量	金额
9.1	期初结存						40	32 760
9.30	本月合计	200	165 000	200	824	164 800	40	32 960

B 半成品平均单位成本：（32 760 + 165 000）÷ （40 + 200）= 824 （元/件）

本月发出 B 半成品成本：200 × 824 = 164 800 （元）

填制出库单，编制会计分录如下：

借：生产成本——基本生产成本（丙产品）　　　　　　　　164 800

　　贷：原材料——B 半成品　　　　　　　　　　　　　　　　164 800

4. 计算第三步骤成本

丙产品成本计算如表 5 - 6 所示。

表 5 - 6　产品成本计算表

2023 年 9 月 30 日

生产单位：第三车间　　　　　　　　产品名称：丙产品　　　　　　　　金额单位：元

摘要	上步骤转入	本步骤发生		合计
	B 半成品	直接人工	制造费用	
期初在产品成本	33 200	4 000	3 000	40 200
本期生产费用	164 800	42 000	31 500	238 300
累计生产费用	198 000	46 000	34 500	278 500
本期完工产品数量/件	220	220	220	—
期末在产品约当产量/件	20	10	10	—
约当总产量/件	240	230	230	—
费用分配率	825	200	150	1 175
本期完工产品成本	181 500	44 000	33 000	258 500
期末在产品成本	16 500	2 000	1 500	20 000

根据第三车间的产品成本计算表填制入库单，编制会计分录如下：

借：库存商品——丙产品　　　　　　　　　　　　　　　　258 500

　　贷：生产成本——基本生产成本（丙产品）　　　　　　　　258 500

5. 成本还原

在综合结转方式下，由于各个步骤的自制半成品成本结转下步时并没有分成本项目，而是以合计的金额全部转入下一个步骤，其自制半成品的"直接材料""直接人工""制造费用"等都计入半成品成本，这就导致了产成品成本中"直接人工"和"制造费用"只显示最后一步的人工费用和制造费用，相对地在产成品成本中所占比重很小，一大部分的费用全部累计在半成品项目中，且构成成分复杂，而这显然不符合产成品成本的实际构成，也不便于企业分析与考核成品的成本构成和水平。为了反映原始的成本项目构成，这就需要进行成本还原。

成本还原是指将最终产成品成本中所耗用的半成品的综合成本逐步分解，还原成以"直接材料""直接人工""制造费用"等原始成本项目反映的产品成本，从而取得按其原始成本项目反映的产品成本资料。

成本还原采取倒序法，从最后一个步骤逐步向前分解每一步骤，还原出规定的原始成本项目。将各步骤还原的成本项目数额相加，就可以得到以原始成本项目反映的产成品成本。

在实务中，常采用按上一步骤所产半成品成本结构还原、按成本还原分配率还原两种方法。

（1）按照上一步骤所产半成品成本结构还原。

按上一步骤所产半成品成本结构还原，指的是按照上一步骤完工半成品各成本项目占半成品总成本的百分比进行还原，把产成品中耗用的半成品向前分解到上一步骤，以此类推，逐步还原成规定的原始成本项目。

按上一步骤所产半成品成本结构比重还原时，首先要确定各步骤半成品的成本结构，然后从最后一个生产步骤开始，将产成品成本中耗用的半成品综合成本与上一步骤该半成品的各成本项目的百分比相乘，就可以把半成品的综合成本进行分解。如果成本计算在两步以上，必须逐次将未还原的半成品成本，按上述方法依次还原，直至将半成品成本还原为原始成本项目为止。其计算公式为：

$$成本项目构成比重 = 上步骤完工半成品该成本项目金额 \div 上步骤完工$$
$$半成品总成本 \times 100\%$$

$$成本项目还原额 = 产成品中耗用的半成品成本 \times 该成本项目构成比重$$

 项目案例 5 - 2

【任务情境】沿用项目案例 5-1。

【任务要求】采用按上一步骤所产半成品成本结构方法还原丙产品成本。

【任务目标】掌握按上一步骤所产半成品成本结构还原的方法。

【任务分析】首先根据各车间成本计算表中完工半成品成本确定各步骤半成品的成本结构，然后从最后一个生产步骤开始，将产成品成本中耗用的半成品综合成本与上一步骤该半成品的各成本项目的百分比相乘，就可以把半成品的综合成本进行分解。

【计算过程】

①B 半成品成本还原。

B 半成品成本中 A 半成品所占比重 = 95 000 ÷ 165 000 = 57.58%

直接人工成本构成比重 = 40 000 ÷ 165 000 = 24.24%

制造费用成本构成比重 = 100% − 57.58% − 24.24% = 18.18%

还原出 B 半成品成本中所含 A 半成品成本 = 181 500 × 57.58% = 104 507.7（元）

还原出直接人工费用 = 181 500 × 24.24% = 43 995.6（元）

还原出制造费用 = 181 500 − 104 507.7 − 43 995.6 = 32 996.7（元）

②A 半成品成本还原。

A 半成品中直接材料成本构成比重 = 50 000 ÷ 95 000 = 52.63%

直接人工成本构成比重 = 25 000 ÷ 95 000 = 26.32%

制造费用成本构成比重 = 100% − 52.63% − 26.32% = 21.05%

还原出直接材料费用 = 104 507.7 × 52.63% = 55 002.4（元）

还原出直接人工费用 = 104 507.7 × 26.32% = 27 506.43（元）

还原出制造费用 = 104 507.7 − 55 002.4 − 27 506.43 = 21 998.87（元）

③还原后成本。

成本还原计算如表 5−7 所示。还原后的总成本应该与还原前的总成本相等。还原后的单位成本是用还原后的总成本除以完工产成品数量计算得出的。

还原后直接材料费用 = 55 002.4（元）

还原后直接人工费用 = 44 000 + 43 995.6 + 27 506.43 = 115 502.03（元）

还原后制造费用 = 33 000 + 32 996.7 + 21 998.87 = 87 995.57（元）

还原后总成本 = 55 002.4 + 115 502.03 + 87 995.57 = 258 500（元）

【任务实施】

表 5−7 产品成本还原计算表

2023 年 9 月 30 日

产品：丙产品　　　　　　　　　产量：220 件　　　　　　　　　金额单位：元

摘要	成本项目					
	B 半成品	A 半成品	直接材料	直接人工	制造费用	合计
还原前完工产品总成本	181 500			44 000	33 000	258 500
B 半成品成本构成		57.58%		24.24%	18.18%	100%
B 半成品成本还原	− 181 500	104 507.7		43 995.6	32 996.7	0
A 半成品成本构成			52.63%	26.32%	21.05%	100%
A 半成品成本还原		− 104 507.7	55 002.4	27 506.43	21 998.87	0
还原后完工产品总成本	0	0	55 002.4	115 502.03	87 995.57	258 500
还原后完工产单位成本			250.01	525.01	399.98	1175

视　频·······

按半成品成本
结构还原

（2）按还原分配率还原。

按还原分配率还原，指的是先算出还原分配率，然后根据产成品中耗用的半成品成本和还原分配率，把产成品中耗用的半成品向前分解到上一步骤，以此类推，逐步还原出规定的原始成本项目。成本还原分配率，是根据产成品成本中耗用的半成品成本和上一步骤完工的该半成品总成本计算出来的。其计算公式为：

还原分配率＝产成品中耗用的半成品成本÷上一步骤完工的该半成品总成本

成本项目还原额＝上一步骤完工的该半成品成本项目金额×成本还原分配率

项目案例 5 - 3

【任务情境】沿用项目案例 5 - 1。

【任务要求】采用按还原分配率方法还原丙产品成本结构。

【任务目标】掌握按还原分配率还原的方法。

【任务分析】首先根据产成品中耗用的半成品成本和上步骤完工的该半成品总成本计算还原分配率，然后根据上步骤完工的该半成品各项目成本和还原分配率还原出产成品中耗用的半成品各项目成本，以此类推，逐步还原出规定的原始成本项目。

【计算过程】

①B 半成品成本还原。

成本还原分配率＝181 500÷165 000＝1.1

还原出 A 半成品成本＝95 000×1.1＝104 500（元）

还原出人工费用＝40 000×1.1＝44 000（元）

还原出制造费用＝30 000×1.1＝33 000（元）

②A 半成品成本还原。

成本还原分配率＝104 500÷95 000＝1.1

还原出直接材料费用＝50 000×1.1＝55 000（元）

还原出人工费用＝25 000×1.1＝27 500（元）

还原出制造费用＝20 000×1.1＝22 000（元）

③还原后成本。

与按照上一步骤所产半成品成本结构还原方法相同，还原后的总成本应该等于还原前的总成本，还原后的单位成本是用还原后的总成本除以完工产成品产量计算得出的，如表 5 - 8 所示。

还原后直接材料费用＝55 000（元）

还原后直接人工费用＝44 000＋44 000＋27 500＝115 500（元）

还原后制造费用＝33 000＋33 000＋22 000＝88 000（元）

还原后总成本＝55 000＋115 500＋88 000＝258 500（元）

【任务实施】

表5-8 产品成本还原计算表

2023年9月30日

产品：丙产品　　　　　　　　　　　产量：220件　　　　　　　　　　金额单位：元

摘要	还原分配率	成本项目					
		B半成品	A半成品	直接材料	直接人工	制造费用	合计
还原前总成本		181 500			44 000	33 000	258 500
本期完工B半成品成本			95 000		40 000	30 000	165 000
B半成品成本还原	1.1	−181 500	104 500		44 000	33 000	0
本期完工A半成品成本				50 000	25 000	20 000	95 000
A半成品成本还原	1.1		−104 500	55 000	27 500	22 000	0
还原后总成本		0	0	55 000	115 500	88 000	258 500
还原后单位成本				250	525	400	1 175

五、逐步结转分步法之分项结转的应用

 项目案例5-4

【任务情境】同项目案例5-1。

其中，半成品仓库B半成品期初结存40件，总成本32 760元，其中：材料费10 240元，人工费用12 520元，制造费用10 000元。金锋工厂相关资料如表5-9所示。

表5-9 金锋工厂生产费用资料

产品：丙产品　　　　　　　　　　　2023年9月　　　　　　　　　　金额单位：元

项目		直接材料		直接人工		制造费用		合计
		上步转入	本步发生	上步转入	本步发生	上步转入	本步发生	
第一车间	期初在产品成本	—	5 000	—	1 250	—	1 000	7 250
	本期本步骤费用	—	55 000	—	26 250	—	21 000	102 250
第二车间	期初在产品成本	10 000	—	5 000	4 000	4 000	3 000	26 000
	本期本步骤费用	—	—	40 000	—	30 000	—	70 000
第三车间	期初在产品成本	9 800	13 400	4 000	10 000	3 000	—	40 200
	本期本步骤费用	—	—	42 000	—	31 500	—	73 500

【任务要求】

（1）计算第一步骤的成本并结转A半成品成本。

（2）计算第二步骤的成本并结转 B 半成品成本。

（3）计算 B 半成品入库、出库的成本。

（4）计算第三步骤的成本并结转完工丙产品成本。

【任务目标】掌握逐步结转分步法分项结转方式。

【任务分析】逐步结转分步法分项结转方式的计算流程跟综合结转方式基本一致，只是要注意对应成本项目分别进行结转，即上一步骤的直接材料费用对应转到下一步骤的直接材料费用，上一步骤的直接人工费用对应结转到下一步骤的直接人工费用，上一步骤的制造费用对应结转到下一步骤的制造费用。从第二步骤的产品成本计算表开始，每个步骤的成本项目下开设两栏：上步骤转入和本步骤发生。

【任务实施】

1. 计算第一步骤成本

A 半成品成本计算如表 5 - 10 所示。

表 5 - 10　产品成本计算表（A 半成品）

2023 年 9 月

车间：第一车间　　　　　　　　产品：A 半成品　　　　　　　　金额单位：元

摘要	直接材料	直接人工	制造费用	合计
期初在产品成本	5 000	1 250	1 000	7 250
本期生产费用	55 000	26 250	21 000	102 250
累计生产费用	60 000	27 500	22 000	109 500
本期完工产品数量/件	200	200	200	—
期末在产品约当产量/件	40	20	20	—
约当总产量/件	240	220	220	—
费用分配率	250	125	100	475
本期完工产品成本	50 000	25 000	20 000	95 000
期末在产品成本	10 000	2 500	2 000	14 500

根据第一车间的产品成本计算单，编制会计分录如下：

借：生产成本——基本生产成本——B 半成品（直接材料）　　50 000

　　　　　——基本生产成本——B 半成品（直接人工）　　25 000

　　　　　——基本生产成本——B 半成品（制造费用）　　20 000

　　贷：生产成本——基本生产成本——A 半成品（直接材料）　　　50 000

　　　　　——基本生产成本——A 半成品（直接人工）　　　25 000

　　　　　——基本生产成本——A 半成品（制造费用）　　　20 000

2. 计算第二步骤成本

B 半成品成本计算如表 5 - 11 所示。

表5-11 产品成本计算表（B半成品）

2023年9月

车间：第二车间　　　　　　　　产品：B半成品　　　　　　　　金额单位：元

摘要	直接材料	直接人工		制造费用		合计
	上步转入	上步转入	本步发生	上步转入	本步发生	
期初在产品成本	10 000	5 000	4 000	4 000	3 000	26 000
本期生产费用	50 000	25 000	40 000	20 000	30 000	165 000
累计生产费用	60 000	30 000	44 000	24 000	33 000	191 000
本期完工产品数量/件	200	200	200	200	200	—
期末在产品约当产量/件	40	40	20	40	20	—
约当总产量/件	240	240	220	240	220	—
费用分配率	250	125	200	100	150	825
本期完工产品成本	50 000	25 000	40 000	20 000	30 000	165 000
期末在产品成本	10 000	5 000	4 000	4 000	3 000	26 000

根据第二车间的产品成本计算表填制入库单，编制会计分录如下：

借：原材料——B半成品（直接材料）　　　　　　　　　　50 000
　　　　——B半成品（直接人工）　　　　　　　　　　65 000
　　　　——B半成品（制造费用）　　　　　　　　　　50 000
　　贷：生产成本——基本生产成本——B半成品（直接材料）　　　50 000
　　　　　　——基本生产成本——B半成品（直接人工）　　　65 000
　　　　　　——基本生产成本——B半成品（制造费用）　　　50 000

3. 计算B半成品的入库、出库的成本

B半成品明细账如表5-12所示。

表5-12 自制半成品明细账

品名：B半成品　　　　　　　　2023年9月　　　　　　　　金额单位：元

摘要	数量	金额	其中		
			直接材料	直接人工	制造费用
期初结存	40	32 760	10 240	12 520	10 000
第二车间交库	200	165 000	50 000	65 000	50 000
合计	240	197 760	60 240	77 520	60 000
单位成本		824	251	323	250
第三车间领用	200	164 800	50 200	64 600	50 000
期末结存	40	32 960	10 040	12 920	10 000

B半成品平均单位成本：（32 760 + 165 000）÷（40 + 200）= 824（元/件）

直接材料平均单位成本：（10 240 + 50 000）÷（40 + 200）= 251（元/件）

直接人工平均单位成本：（12 520 + 65 000）÷（40 + 200）= 323（元/件）

制造费用平均单位成本：（10 000 + 50 000）÷（40 + 200）= 250（元/件）

本月发出B半成品成本：200 × 824 = 164 800（元）

直接材料成本：200 × 251 = 50 200（元）

直接人工成本：200 × 323 = 64 600（元）

制造费用成本：200 × 250 = 50 000（元）

填制出库单，编制会计分录如下：

借：生产成本——基本生产成本——丙产品（直接材料）　　　　　　 50 200

　　　　　——基本生产成本——丙产品（直接人工）　　　　　　 64 600

　　　　　——基本生产成本——丙产品（制造费用）　　　　　　 50 000

　　贷：原材料——B半成品（直接材料）　　　　　　　　　　　　　　 50 200

　　　　　——B半成品（直接人工）　　　　　　　　　　　　　　 64 600

　　　　　——B半成品（制造费用）　　　　　　　　　　　　　　 50 000

4. 计算第三步骤成本

丙产品成本计算如表5-13所示。

表5-13　产品成本计算表（丙产品）

2023年9月

车间：第三车间　　　　　　　　　　　产品：丙产品　　　　　　　　　　金额单位：元

摘要	直接材料		直接人工			制造费用		合计
	上步转入	上步转入	本步发生		上步转入	本步发生	
期初在产品成本	9 800	13 400	4 000	10 000	3 000	40 200
本期生产费用	50 200	64 600	42 000	50 000	31 500	238 300
累计生产费用	60 000	78 000	46 000	60 000	34 500	278 500
本期完工产品数量/件	220	220	220	220	220	—
期末在产品约当产量/件	20	20	10	20	10	—
约当总产量/件	240	240	230	240	230	—
费用分配率	250	325	200	250	150	1 175
本期完工产品成本	55 000	71 500	44 000	55 000	33 000	258 500
期末在产品成本	5 000	6 500	2 000	5 000	1 500	20 000

根据第三车间的产品成本计算单，填写入库单，编制会计分录如下：

借：库存商品——丙产品　　　　　　　　　　　　　　　 258 500

　　贷：生产成本——基本生产成本——丙产品（直接材料）　　　　　　 55 000

　　　　　——基本生产成本——丙产品（直接人工）　　　　　　 115 500

　　　　　——基本生产成本——丙产品（制造费用）　　　　　　 88 000

　　注意：从第二步骤的成本计算开始，产品成本计算表的各成本项目下分成两列——上步转入（或仓库转入）和本步发生，因为在本期完工产品和期末在产品采用约当量法分配生产费用的时候，这两部分费用的分配是不一样的。上步转入（或仓库转入）的费用是从前面转过来的，本步骤的完工产品和本步骤的在产品都完成了上步骤的加工，因此在分配上步转入（或仓库转入）费用的时候，完工产品和期末在产品数量都以平等的身份按100%计算，可以按实际数量平均分配。但在分配本步骤发生的人工费用和制造费用时，本步骤的完工产品完成了本步骤的加工，而本步骤的在产品尚未完成本步骤的加工，因此在分配本步骤发生的费用时，期末在产品的人工费用和制造费用需按50%的完工程度把在产品实际数量折算成约当产量。

六、逐步结转分步法的优缺点

　　在逐步结转分步法下，各步骤完工产品成本计算的是半成品成本，上一步骤完工的半成品成本需转入下一步骤，在半成品成本结转时，综合结转方式转的是半成品的总成本，分项结转方式转的是半成品各成本项目的成本。

（一）逐步结转分步法的优点

　　（1）能够提供各步骤的半成品成本信息，便于分析考核产品成本和计算半成品销售成本。

　　（2）由于半成品成本随着半成品实物结转，各步骤产品成本明细账、自制半成品明细账中反映各步骤的在产品和半成品的成本，有利于加强产品的实物管理和资金管理。

　　（3）采用逐步结转法综合结转方式结转半成品成本时，能够全面反映各步骤完工产品中所耗上一步骤半成品费用水平和本步骤加工费用水平，更好地满足各步骤成本管理的要求。

　　（4）采用逐步结转法分项结转方式结转半成品成本时，可直接提供按原始成本项目反映的产品成本资料，满足企业分析考核产品成本构成和成本管理水平的需要，且不必进行成本还原。

（二）逐步结转分步法的缺点

　　（1）各步骤半成品成本要按顺序结转，在加速成本计算工作方面存在一定的局限性。

　　（2）在综合结转半成品成本的情况下，需要进行成本还原，增加了核算工作量。

　　（3）在分项结转半成品成本的情况下，各步骤的成本结转工作比较复杂，核算工作量比较大。

任务三　平行结转分步法应用

一、平行结转分步法的适用范围

　　平行结转分步法是在管理上不要求提供各步骤半成品资料但需提供各步骤自身成本资

料的情况下采用的，适用于大批量且成本管理上不要求计算半成品成本的多步骤生产，尤其是大量大批装配式多步骤生产。例如机械制造企业，首先是铸造车间对各种原材料进行铸造和锻造，生产出铸件和锻件，接着加工车间加工生产零部件，最后装配车间装配各种产成品。这类企业各生产步骤半成品的种类很多，但半成品对外销售的情况很少，在管理上不需计算半成品成本，采用平行结转分步法可以简化和加速成本计算工作。

二、平行结转分步法的特点

（一）成本计算对象是产成品和各步骤生产成本

平行结转分步法的成本计算对象是各步骤生产成本和最终的产成品成本。各步骤的生产成本并不转入下一步，因此，各步骤产品成本明细账中核算的只是该步骤的生产成本。

（二）半成品实物转移，但是成本不随实物转移而转移

平行结转分步法下，各步骤半成品成本不随实物转移，各步骤只归集本步骤发生的费用，不反映耗费的上一步骤半成品的成本。各步骤之间不结转半成品成本，因此也不需要通过"自制半成品"账户进行总分类核算。

（三）各步骤产品成本明细账中的期末余额是广义在产品成本

采用平行结转分步法，各生产步骤所归集的生产费用需在本期完工产品与期末在产品之间分配。但与逐步结转分步法不同的是，平行结转分步法下的完工产品，是狭义的完工产品，指的是完成了所有步骤的产品，即产成品，而不包括各步骤完工的半成品，因而某步骤产品成本明细账中的完工产品成本，只是指该步骤生产费用中应由产成品负担的份额。平行结转分步法下的在产品，是广义的在产品，既包括本步骤正在加工的在制品（狭义在产品），又包括本步骤已完工但尚未最终制成产成品的半成品。也就是说，只要产品尚未最后完工，无论停留在哪个步骤都只能算在产品。因此，平行结转分步法下各步骤生产费用的分配是在狭义的完工产品与广义在产品之间进行的。为了计算完工产品成本，必须将每一步骤发生的费用划分为耗用于完工产品的份额和在产品的份额，各步骤计入完工产品的份额汇总即构成完工产品成本。

三、平行结转分步法的成本计算程序

平行结转分步法下，成本计算程序与逐步结转分步法基本一致，只是最后计算产品成本时，各步骤不需要计算半成品成本，只计算本步骤发生的各项费用，前一步骤完工的半成品成本不进行结转。

平行结转分步法期末产品成本的计算程序是：各生产步骤先计算出本步骤所发生的各种费用，将其在本期完工产品与期末在产品之间进行分配，确定各生产步骤应计入完工产品成本的份额；再把各步骤应计入完工产品成本的份额进行汇总，计算出完工产品的实际总成本。

四、平行结转分步法的具体应用

 项目案例 5 - 5

【任务情境】金锋工厂有三个基本生产车间，经过三个步骤加工丁产品。第一车间生产半成品 C，完工后直接交给第二车间；第二车间加工半成品 D，完工后直接交给第三车间继续加工，产成品验收入库。由于半成品 C、D 只用于继续加工，不对外销售，因此采用平行结转分步法核算成本。

丁产品原材料在生产一开始投入，第一、第二车间的人工费用、制造费用发生比较均衡，第三车间有半成品 D 40 件尚未加工，20 件加工程度 50%。月末完工产品和在产品之间采用约当产量法进行分配。半成品 C、半成品 D、丁产品之间的耗用比例为 1 : 1 : 1。金锋工厂相关资料如表 5 - 14、表 5 - 15 所示。

表 5 - 14 金锋工厂生产费用资料

产品：丁产品 2023 年 9 月 金额单位：元

项目		直接材料	直接人工	制造费用	合计
第一车间	期初在产品成本	35 000	16 250	13 000	64 250
	本期本步骤费用	55 000	26 250	21 000	102 250
第二车间	期初在产品成本	—	20 000	15 000	35 000
	本期本步骤费用	—	40 000	30 000	70 000
第三车间	期初在产品成本	—	4 000	3 000	7 000
	本期本步骤费用	—	42 000	31 500	73 500

表 5 - 15 金锋工厂生产数量资料

产品：丁产品 2023 年 9 月 单位：件

项目	第一车间	第二车间	第三车间
期初在产品数量	20	40	80
本期投入/上步骤转入数量	220	200	200
本期完工转入下步骤或交库数量	200	200	220
期末在产品数量	40	40	60

【任务要求】

（1）计算各步骤成本中应计入完工产品的份额和在产品的份额。

（2）汇总计算并结转完工产品成本。

【任务目标】掌握平行结转分步法计算成本。

【任务分析】

平行结转分步法的成本计算程序与品种法基本一致，主要是最后生产费用在完工产品和在产品之间进行分配时有所不同，故此这里不再赘述，只做最后生产费用分配的业务处理。采用平行结转分步法计算程序：第一步，计算每个步骤的生产成本，分配本步骤完工产品的份额和在产品的份额，计算时可以不必按照步骤顺序逐步计算。第二步，将各步骤完工产品份额相加，汇总计算出完工产品的总成本，并结转验收入库。

采用平行结转分步法计算时，各步骤不计算半成品成本，只计算本步骤所发生的生产费用，半成品的成本也不结转到下一步，成本同实物是分离的。因材料是生产开始时一次性投入，故除第一步骤生产费用中包括所耗用的材料费用、人工费用和制造费用外，其他各步骤只计算本步骤发生的人工费用和制造费用。

【任务实施】

1. 计算分配各步骤成本

第一车间产品成本计算如表 5-16 所示。第二车间产品成本计算如表 5-17 所示。第三车间产品成本计算如表 5-18 所示。

表 5-16　第一车间产品成本计算表

产品：丁产品　　　　　　　　　　　2023 年 9 月　　　　　　　　　　　金额单位：元

	摘要	直接材料	直接人工	制造费用	合计
	期初在产品成本	35 000	16 250	13 000	64 250
	本期生产费用	55 000	26 250	21 000	102 250
	累计生产费用	90 000	42 500	34 000	166 500
	本期产成品数量/件	220	220	220	—
在产品约当产量/件	本步骤在制品约当产量	40	20	20	
	已交下步骤未完工半成品	100	100	100	
	在产品约当产量小计	140	120	120	
	约当总产量（分配标准）/件	360	340	340	
	分配率	250	125	100	
	本期产成品总份额	55 000	27 500	22 000	104 500
	期末在产品成本	35 000	15 000	12 000	62 000

表 5-17　第二车间产品成本计算表

产品：丁产品　　　　　　　　　　　2023 年 9 月　　　　　　　　　　　金额单位：元

摘要	直接人工	制造费用	合计
期初在产品成本	20 000	15 000	35 000
本期生产费用	40 000	30 000	70 000
累计生产费用	60 000	45 000	105 000
本期产成品数量/件	220	220	—

摘要		直接人工	制造费用	合计
在产品约当产量/件	本步骤在制品约当产量	20	20	—
	已交下步骤未完工半成品	60	60	—
	在产品约当产量小计	80	80	—
约当总产量（分配标准）/件		300	300	—
分配率		200	150	—
本期产成品总份额		44 000	33 000	77 000
期末在产品成本		16 000	12 000	28 000

表5-18 第三车间产品成本计算表

产品：丁产品   2023年9月   金额单位：元

摘要	直接人工	制造费用	合计
期初在产品成本	4 000	3 000	7 000
本期生产费用	42 000	31 500	73 500
累计生产费用	46 000	34 500	80 500
本期产成品数量/件	220	220	—
本步骤在制品约当产量/件	10	10	—
约当总产量（分配标准）/件	230	230	—
分配率	200	150	—
本期产成品总份额	44 000	33 000	77 000
期末在产品成本	2 000	1 500	3 500

2. 汇总并结转产成品成本

丁产品成本汇总如表5-19所示。

表5-19 产品成本汇总表

产品：丁产品   2023年9月   金额单位：元

车间	直接材料	直接人工	制造费用	合计
第一车间产成品份额	55 000	27 500	22 000	104 500
第二车间产成品份额		44 000	33 000	77 000
第三车间产成品份额		44 000	33 000	77 000
本月产成品总成本	55 000	115 500	88 000	258 500
本月产成品单位成本	250	525	400	1 175

根据产品成本汇总表，丁产品验收入库编制分录如下：

借：库存商品——丁产品　　　　　　　　　　　　　　　　258 500
　　贷：生产成本——基本生产成本——丁产品（直接材料）　　　　55 000
　　　　　　　　——基本生产成本——丁产品（直接人工）　　　115 500
　　　　　　　　——基本生产成本——丁产品（制造费用）　　　　88 000

　　注意，在第一车间成本计算表中，完工产品指的是产成品，因此完工产品数量指的应该是第三车间产成品的数量 220 件。期末在产品指的是广义的在产品，因此它除了包括本步骤尚未完工的在制品之外，还包括完成了本步骤的加工但是没有完成最终步骤尚未入库的半成品。第一车间产品成本计算表中已交下步骤未完工半成品数量应该为第二车间和第三车间的期末在产品数量，共 100 件。在第二车间成本计算表中，已交下步骤半成品是后面第三车间的期末在产品 60 件。在第三车间成本计算表中，因为第三车间是最后一步，故不存在已交下步骤半成品，该车间成本计算表中的期末在产品指的只是该车间期末未完工的在制品，需要注意的是，第三车间因为加工程度不均衡，40 件尚未加工，20 件加工程度 50%，因此第三车间期末在制品约当产量是 10 件。

　　在上面的项目案例中，半成品 C、半成品 D、丁产成品之间耗用的比例为 1∶1∶1，倘若半成品 C、半成品 D、丁产品之间耗用的比例为 4∶2∶1，那么第一步骤、第二步骤的产品成本计算跟上面的产品成本计算是不同的，因为约当总产量这个分配标准跟上面的任务案例计算不同。下面以此为例，计算三个车间在产品约当产量，如表 5 - 20 所示。

表 5 - 20　约当总产量计算表

项目		第一车间		第二车间	第三车间
		材料费	人工、制造费	人工、制造费	人工、制造费
完工产品耗用量/件		880	880	440	220
在产品耗用约当产量/件	本步骤在产品约当产量	40	20	20	10
	已交下步骤未完工半成品数量	320	320	120	—
	在产品约当产量小计	360	340	140	10
约当总产量/件		1 240	1 220	580	230

　　第一车间，因为 1 件完工丁产品耗用 4 件 C 半成品，因此应该用 220 件产成品乘以 4 算出完工产品耗用半成品 C 数量 880 件。已交下步骤未完工半成品数量中，半成品可以分成两部分：一部分是完成了第一步骤但是没有完成第二步骤的半成品，也就是第二车间在产品 40 件，因为第二车间生产 1 件半成品 D 会消耗 2 件半成品 C，所以要在 40 件的基础上乘以 2 也就是 80 件；还有一部分是完成了第一步骤和第二步骤但是没有完成第三步骤的半成品，也就是第三车间在产品 60 件，因为第三车间生产 1 件丁产品会消耗 4 件半成品 C，所以要在 60 件的基础上乘以 4，也就是 240 件。因此，第一车间在产品约当产量里已交下一步骤未完工半成品数量是 320 件。这样产成品和在产品分配第一车间的生产费用时才会公平合理。

　　第二车间，因为 1 件完工丁产品耗用 2 件半成品 D，因此应该用 220 件产成品乘以 2，也就是 440 件。已交下步骤未完工半成品数量中，有完成了第一步骤和第二步骤但是没有完成第三步骤的半成品，也就是第三车间在产品 60 件，同样要在 60 件的基础上乘以 2，也就是 120 件。因此，第二车间在产品约当产量里已交下一步骤未完工半成品数量是 120 件。

第三车间，完工产品数量即产成品数量 220 件，没有已交下步骤未完工半成品。

五、平行结转分步法的优缺点

在平行结转分步法下，各步骤成本计算只计算本步骤所发生的费用，上一步骤完工的半成品成本不需要转入下一步骤，半成品实物结转。

（一）平行结转分步法的优点

（1）各步骤可以同时计算应计入产成品成本的份额，并将其平行汇总记入产成品成本，不必逐步结转半成品成本，因而能简化和加速成本核算工作。

（2）按成本项目平行结转汇总各步骤应计入产成品成本的份额，直接反映了产成品成本的原始构成，不必进行成本还原，既有利于产品成本结构分析，又简化了成本计算工作。

（二）平行结转分步法的缺点

（1）各步骤半成品成本的结转与实物结转脱节。各步骤产品成本明细账上的期末在产品成本与实际结存在该步骤的在产品实物不一致，在产品的费用在产品最终完工以前，不随实物结转，因而不利于加强产品的实物管理和资金管理。

（2）各步骤不计算和结转半成品成本，不能提供各步骤的半成品成本资料，除第一步骤外，其他步骤都不能全面反映各步骤产品生产耗费的水平。

六、平行结转分步法与逐步结转分步法的对比

平行结转分步法与逐步结转分步法的对比如表 5－21 所示。

表 5－21　平行结转分步法与逐步结转分步法的对比

不同点	逐步结转分步法	平行结转分步法
半成品结转	实物、成本同步结转	实物结转，成本不结转
成本管理要求	上一步骤半成品成本转入下一步骤，计算半成品成本	各步骤只计算本步骤生产成本
成本计算对象	产成品及各步骤半成品成本	产成品及各步骤生产成本
账户设置	可设自制半成品账户	不设自制半成品账户
产成品成本计算方式	只看最后一步	各步骤产成品份额相加
半成品归属范围	半成品属于本期完工产品	半成品属于期末在产品

知识拓展·

平行结转分步法与逐步
结转分步法的对比说明

闯关练习·

项目五

 项目小结

　　分步法是以产品品种和每种产品的分步骤生产成本作为成本核算对象，归集分配生产费用，计算产品成本的方法，它主要适用于大批量且要求计算分步成本的多步骤生产。分步法的特点是：以产品品种及其分步骤生产成本为成本计算对象设置基本生产成本明细账；成本计算定期按月进行；生产费用需要在本期完工产品与期末在产品之间进行分配。由于各个企业生产工艺过程的特点和成本管理对各步骤成本资料的要求不同，分步法分为逐步结转分步法和平行结转分步法。

　　逐步结转分步法又称计算半成品成本的分步法，是按步骤逐步计算并结转半成品成本，直到最后步骤算出产成品成本的方法。它适用于所生产的半成品经常对外销售和需要考核半成品成本的大批量多步骤生产企业。它的特点是：成本计算对象是产成品和各个步骤的半成品成本；半成品成本随实物转移而同步转移；各步骤产品成本明细账中的期末余额是狭义在产品成本。逐步结转分步法按照半成品结转方式的不同分为综合结转和分项结转。综合结转是指在半成品成本转入下一步骤时结转的是半成品的总成本，因为不能反映原始成本构成，所以综合结转必须要进行成本还原。常用的两种还原方法是：按上一步骤所生产半成品成本构成还原、按还原分配率还原。分项结转是指半成品成本转入下一步骤时对应成本项目分别结转，成本构成明确，不需要进行成本还原。

　　平行结转分步法又称不计算半成品成本的分步法，是指各步骤只计算本步骤发生的各项生产费用，期末将生产费用在产成品和广义在产品之间进行分配，最后将各步骤中应计入产成品成本的份额进行汇总，从而计算出完工产品成本的计算方法。平行结转分步法适用于大批量生产且不要求计算半成品成本的多步骤生产企业，尤其是半成品不对外销售的大批量装配式多步骤生产企业。它的主要特点是：成本计算对象是产成品和各步骤生产成本；半成品成本不随实物转移；各步骤产品成本明细账中的期末余额是广义在产品成本。

　　将逐步结转分步法与平行结转分步法进行对比，二者之间的区别主要在以下几个方面：半成品结转不同；成本管理要求不同；成本计算对象不同；账户设置不同；产成品成本计算方式不同；半成品归属范围不同。

 项目综合实训

（一）逐步结转分步法综合结转项目综合实训

　　1. 任务目的：掌握逐步结转分步法综合结转。

2. 任务情境：鲁运工厂 2023 年 12 月生产甲产品，分两个生产步骤，采用逐步结转分步法综合结转方式核算成本。

3. 任务资料：

甲产品所需材料于生产开始时一次性投放，各步骤生产加工程度均衡。在产品采用定额成本计价法。第一车间期初在产品成本为直接材料 3 500 元，直接人工 1 000 元，制造费用 1 400 元；本期生产费用为直接材料 20 000 元，直接人工 8 900 元，制造费用 13 100 元。第二车间期初在产品成本为 A 半成品 11 000 元，直接人工 3 160 元，制造费用 1 200 元；本期生产费用为直接人工 8 000 元，制造费用 7 500 元。产品消耗定额为：第一车间直接材料 32 元/件，直接人工 15 元/件，制造费用 22 元/件；第二车间 A 半成品 90 元/件，直接人工 14 元/件，制造费用 16 元/件。半成品 A 仓库期初结存 200 件，共计 17 400 元。本月第一车间完工 A 半成品验收入库 400 件，第二车间生产领用 A 半成品 500 件。半成品采用全月一次加权平均法计算单价。本月完工甲产成品 400 件，第一、第二车间在产品数量分别为 200 件、150 件。

4. 任务要求：采用逐步结转分步法综合结转方式进行成本核算。编制产品成本计算表，并分别按照上一步骤成本构成和还原分配率进行还原，填写还原计算表。

（二）逐步结转分步法分项结转项目综合实训

1. 任务目的：掌握逐步结转分步法分项结转。

2. 任务情境：红星工厂设有两个基本生产车间，经过两个步骤生产乙产品。第一车间生产 M 半成品，完工后交半成品仓库；第二车间从半成品仓库领用 M 半成品，继续加工生产产成品乙。该厂采用逐步结转分步法分项结转方式。

3. 任务资料：乙产品期末完工产品和在产品之间分配采用约当产量法，半成品仓库采用全月一次加权平均法计价。半成品仓库 M 半成品期初结存 50 件，总成本 8 500 元，其中，材料费用 4 350 元，人工费用 2 350 元，制造费用 1 800 元。生产所用原材料和半成品在各工序初投放，在产品加工程度均衡。其他资料如表 5 - 22、表 5 - 23 所示。

表 5 - 22　红星工厂产量资料　　　　　　单位：件

项目	第一车间	第二车间
期初在产品	50	60
本期投产	190	200
本期完工产品	200	230
期末在产品	40	30

表 5 - 23　红星工厂生产费用资料　　　　金额单位：元

项目		直接材料		直接人工		制造费用		合计
		上步转入	本步发生	上步转入	本步发生	上步转入	本步发生	
第一车间	期初在产品成本	—	10 000	—	4 000	—	2 000	16 000
	本期本步骤费用	—	11 600	—	7 000	—	6 800	25 400

项目		直接材料		直接人工		制造费用		合计
		上步转入	本步发生	上步转入	本步发生	上步转入	本步发生	
第二车间	期初在产品成本	19 190	3 300	10 010	3 025	8 960	2 200	46 685
	本期本步骤费用	—	—	—	8 000	—	7 600	15 600

4. 任务要求：采用逐步结转分步法分项结转方式进行成本核算。

（三）平行结转分步法项目综合实训

1. 任务目的：掌握平行结转分步法的运用，能熟练地运用平行结转分步法进行账务处理。

2. 任务情境：捷云公司经过两个步骤生产 F 产品，第一步骤生产 E 半成品不对外销售，直接转入第二步骤。采用平行结转分步法计算成本。

3. 任务资料：原材料在各工序分次陆续投放，在产品加工程度均衡。期末在产品成本计算采用约当产量法。E 半成品、F 产成品生产数量比例为 1：1。相关生产资料如表 5 - 24、表 5 - 25 所示。

表 5 - 24　产量记录　　　　　　　　　　　　单位：件

项目	第一车间	第二车间
期初在产品	15	60
本期投产	145	120
本期完工产品	120	100
期末在产品	40	80

表 5 - 25　生产费用发生额　　　　　　　　金额单位：元

项目		直接材料	直接人工	制造费用	合计
第一车间	期初在产品成本	6 000	2 000	1 000	9 000
	本期本步骤费用	14 000	3 000	1 500	18 500
第二车间	期初在产品成本	8 000	3 000	2 000	13 000
	本期本步骤费用	14 400	4 700	2 900	22 000

4. 任务要求：采用平行结转分步法进行成本核算。

项目评价表

目标	要求	评分细则	分值	自评	互评	教师
知识	掌握分步法含义和种类	全部阐述清楚得5分，大部分阐述清楚得3~4分，其余视情况得1~2分	5			
	掌握分步法成本核算流程	全部阐述清楚得5分，大部分阐述清楚得3~4分，其余视情况得1~2分	5			
	掌握逐步结转分步法和平行结转分步法的成本计算	全部阐述清楚得20分，大部分阐述清楚得11~19分，其余视情况得1~10分	20			
技能	能独立设计分步法成本核算流程	设计完整得5分，大部分设计得3~4分，其余视情况得1~2分	5			
	熟练设置成本费用核算所需的各种账户	设置准确得5分，大部分准确得3~4分，其余视情况得1~2分	5			
	熟练填制各种分配表并编制记账凭证	填写完整、准确得20分，大部分准确得11~19分，其余视情况得1~10分	20			
素质	按时出勤	迟到早退各扣1分，旷课扣5分	10			
	团队合作	小组氛围融洽，团结合作讨论解决问题，胜任自己的角色任务，视情况1~10分	10			
	职业道德	客观真实地反映经济业务，工作严谨，数据规范，手续齐全，视情况1~10分	10			
完成情况	按时保质完成	按时提交，视情况1~5分	5			
		书写整齐，视情况1~5分	5			
合计	自评、互评、教师评价各自占比30%、20%、50%		100			

项目六　成本计算之分类法

 知识目标 ----

1. 了解分类法的含义、适用范围及特点；
2. 掌握分类法成本计算方法；
3. 掌握联产品、副产品的成本计算方法。

能力目标 ----

1. 能运用分类法计算产品成本；
2. 能正确计算联产品、副产品的成本。

素质目标 ----

1. 维护国家、集体利益，遵守财经法规，客观真实地反映每一项经济业务，诚信为本，恪守会计职业道德；
2. 吃苦耐劳、扎实肯干，经济业务记录全面，手续齐备，数据规范，字迹工整；
3. 具有较强的岗位适应能力和一定的协调沟通能力，与其他会计岗位团结协作。

知识结构导图 ----

分类法
- 认识分类法
  - 含义
  - 适用范围
  - 特点
  - 成本计算程序
  - 类内产品成本计算
- 分类法应用
  - 系数法
  - 定额比例法
- 联产品与副产品
  - 联产品的成本计算
  - 副产品的成本计算

　　甲公司主要生产 X、Y、Z 三种产品，三种产品的产量都比较大，所使用的原材料和制造工艺过程相近，但每种产品下又分为多种不同的型号。该公司会计主管人员张亮认为，每种产品产量较大，并且生产较为稳定，尽管所产型号较多，也可以采用品种法进行产品成本核算。而会计小刘认为公司的三种产品拥有相似的原材料和加工工艺，并且产量都较大，应当采用系数法进行产品成本核算，这样可以减少核算工作量，提高成本核算工作效率。

针对上述情况，你认为采用哪种成本计算方法更合适呢？

任务一　认识分类法

一、分类法的含义

　　分类法，是以产品的类别作为成本核算对象，开设生产成本明细账，归集各类产品的生产费用，并将归集的生产费用在该类完工产品与在产品之间进行分配，计算出该类产成品总成本，再按照一定的方法或标准在该类内各品种或规格产品之间进行分配，计算出该类内产品的总成本和单位成本的一种方法。需要注意的是，分类法并不是一种独立的成本计算方法，因此不能单独使用，它需要与品种法、分批法、分步法等成本计算方法结合起来应用。

二、分类法的适用范围

　　分类法与生产类型没有直接关系，只要企业的产品可以按照性质、用途、生产工艺过程和原材料消耗等特点划分为一定类别，就可以采用。其具体适用于以下几类产品。

（一）同类产品

　　同类产品指结构、性质、用途以及使用的原材料、生产工艺过程等大体相同，只是规格和型号不一样的产品。比如，食品加工厂生产的各种薯片、面包，灯泡厂生产的同一类别不同瓦数的灯泡等。

（二）联产品

　　联产品是指利用相同原材料，经过同一个生产过程，同时生产出的几种产品，它们都是企业的主要产品。例如，炼油厂在原油提炼过程中同时生产出的汽油、煤油、柴油就属于联产品。

（三）副产品

　　副产品是指使用同种原料，在生产主要产品的同时附带生产的非主要产品。例如，制皂厂在生产肥皂过程中，同时生产的甘油，就是副产品。

除了以上几种产品以外，分类法还可适用于一些零星产品。虽然零星产品生产所耗原材料、工艺过程不相同，但是为了简化计算工作，也可用分类法来计算成本。

三、分类法的特点

分类法的特点主要表现在成本核算对象、成本计算周期和生产费用分配三个方面。

（一）成本核算对象

分类法是以产品的类别作为成本核算对象的。

（二）成本计算周期

由于分类法需要和其他成本计算方法结合使用，因此分类法成本计算周期由其他成本计算方法决定。当分类法与品种法或分步法结合应用时，产品成本计算周期与会计核算的报告期一致；当分类法与分批法相结合应用时，产品成本计算周期与生产周期相一致。

（三）通常要在完工产品与在产品之间分配生产费用

分类法与其他成本计算方法结合使用时，首先按照其他计算方法把类别产品成本计算出来，然后根据分类法在同类产品之间进行分配，最后分配完工产品成本与在产品成本。

四、分类法的成本计算程序

（一）按照产品类别设置成本明细账，计算各类产品的总成本

首先将产品按照产品的结构、原材料和工艺过程等，划分为若干类别，然后按照所划分的产品类别设立产品成本明细账，归集产品的生产费用，计算各类产品成本。

（二）选择合理的分配标准，分配计算类内产品的总成本和单位成本

选择分配标准时应注意：

（1）分配标准是否与产品成本计算有关。比如，可以根据产品特点选择与其成本消耗有关的定额消耗量、定额费用、售价、重量等作为分配标准。

（2）各成本项目可以采用同一分配标准分配，也可以按照成本项目的性质，分别采用不同的分配标准，使分配结果更加合理。比如，直接材料费用可以按材料定额消耗量等进行分配，直接人工和制造费用可以按定额工时比例分配。

（3）当产品结构、所用原材料或工艺过程发生较大变动时，及时修订分配标准，以提高成本计算的准确性。

五、类内产品成本的计算方法

在类内产品之间进行成本分配时，要正确选择分配标准，选择时要考虑分配标准与产

品成本之间的关联关系、分配标准获得的难易程度和计算过程是否方便可行等因素。分配类内产品成本的常用方法主要是系数法和定额比例法。

（一）系数法

系数法是指在分类法下，按系数将类别产品总成本在类内各产品之间进行分配的方法。系数法首先要确定类内各产品的系数。一般选择产销量大、正常生产并且销售相对稳定的产品作为标准产品，将其系数定为1；其他产品的分配标准与标准产品的分配标准的比率即为其他产品的系数。然后根据各产品的实际产量和系数折算为标准产品产量；在产品可按约当产量先折算成完工产品的产量，再按系数折算为标准产品产量。最后按标准产品产量的比例计算出各产品的完工产品成本和在产品成本。需要注意的是，系数一经确定，不能轻易改变。系数法有关的计算公式如下：

$$类内某产品系数 = 类内该种产品的分配标准 \div 该类内标准产品的分配标准$$

$$类内某产品标准产量 = 该产品实际产量 \times 该产品系数$$

$$类内全部产品的标准产量之和 = \sum（类内每种产品的标准产量）$$

$$某类产品材料（人工、制造）费用分配率 = 该产品材料（人工、制造）费用总额 \div 类内全部产品标准产量之和$$

$$类内某产品材料（人工、制造）费用实际成本 = 类内该产品标准产品产量 \times 某类产品材料（人工、制造）费用分配率$$

$$类内某产品单位成本 = 类内该种产品成本 \div 该产品实际产量$$

（二）定额比例法

定额比例法是指在分类法下，某类产品的总成本按类内各产品的定额比例进行分配的一种方法。

首先，按照成本项目计算出各类产品的本期定额成本或定额耗用量总数。实务中，为简化核算，通常只计算原材料定额费用（定额耗用量）和工时耗用量，各成本项目则根据原材料定额费用（定额耗用量）和工时定额耗用量比例进行分配。

其次，按照成本项目求得各类产品本期实际总成本，并计算出各项费用分配率。

最后，将某类产品中各种产品分成本项目计算的定额成本或定额耗用量乘以相关的分配率，即可求得各种产品的实际成本

相关计算公式为：

$$某类产品材料（人工、制造）费用分配率 = 该类产品材料（人工、制造）费用总额 \div 该类各种产品材料（人工、制造）定额费用之和$$

$$类内某产品材料（人工、制造）费用实际成本 = 类内该产品材料（人工、制造）定额费用 \times 某类产品材料（人工、制造）费用分配率$$

视频
类内产品成本
计算方法

任务二　分类法应用

一、采用系数法计算类内产品成本

 项目案例 6-1

【任务情境】某服装厂按分类法计算产品成本。该厂生产甲、乙、丙三种服装，其原材料和生产工艺相近。2023 年 5 月份生产甲产品 500 个，乙产品 200 个，丙产品 300 个；月末在产品，甲产品 20 个，乙产品 30 个。本月该类产品发生直接材料费用 48 500 元，直接人工费用 10 520 元，制造费用 11 600 元。月初在产品成本为：直接材料费用 950 元，直接人工费用 430 元，制造费用 450 元。

其中，各产品成本的分配方法是：原材料费用按事先确定的耗料系数比例分配；其他费用按工时系数比例分配。耗料系数根据产品的材料消耗定额计算确定，工时系数根据产品的工时定额计算确定。材料消耗定额为：甲产品 2 千克，乙产品 4 千克，丙产品 1 千克，以甲产品为标准产品。工时消耗定额为：甲产品 3 小时，乙产品 9 小时，丙产品 1.5 小时。各种产品均是一次投料，月末在产品完工程度为 50%。

【任务要求】采用系数法计算类内甲、乙、丙产品的完工成本。

【任务目标】掌握系数法计算类内各产成品成本。

【任务分析】首先确定甲、乙、丙三种产品的耗料系数和工时系数。其次计算完工产品和月末在产品的标准产品产量（即总系数），再计算类别完工产品成本和月末在产品成本。最后计算类内甲、乙、丙产品的完工成本。

【任务实施】

（1）编制系数计算表，如表 6-1 所示。

表 6-1　系数计算表

产品名称	原材料消耗定额/千克	耗料系数	工时消耗定额/小时	工时系数
甲	2	1	3	1
乙	4	2	9	3
丙	1	0.5	1.5	0.5

（2）编制标准产品产量计算表，如表6-2所示。

表6-2　标准产品产量计算表

项目	产成品产量/个	原材料				加工费		
		耗料系数	产成品折合标准产量/个	在产品实际数量/个	在产品折合标准产量/个	工时系数	产成品折合标准产量/个	在产品折合约当产量/个	在产品折合标准产量/个
甲产品	500	1	500	20	20	1	500	10	10
乙产品	200	2	400	30	60	3	600	15	45
丙产品	300	0.5	150	—	—	0.5	150	—	—
合计	—	—	1 050	—	80	—	1 250	—	55
标准总产量/个		1 130				1 305			

（3）编制类别产品成本计算表，如表6-3所示。

表6-3　类别产品成本计算表

产品类别：服装　　　　　　　　2023年5月31日　　　　　　　　金额单位：元

摘要	直接材料	直接人工	制造费用	合计
期初在产品成本	950	430	450	1 830
本期发生费用	48 500	10 520	11 600	70 620
累计生产费用	49 450	10 950	12 050	72 450
产成品标准产品产量/个	1 050	1 250	1 250	—
在产品标准产品产量/个	80	55	55	—
标准产品产量合计/个	1 130	1 305	1 305	—
费用分配率	43.76	8.39	9.23	—
本期完工产品总成本	45 948	10 487.5	11 537.5	67 973
期末在产品成本	3 502	462.5	512.5	4 477

（4）编制类内各种产成品成本计算表，如表6-4所示。

表6-4　类内产品成本计算表

产品类别：服装　　　　　　　　2023年5月31日　　　　　　　　金额单位：元

项目	产量/个	原材料标准产品产量/个	直接材料	工时标准产品产量/个	直接人工	制造费用	合计
费用分配率	—	—	43.76	—	8.39	9.23	—
甲产品	500	500	21 880	500	4 195	4 615	30 690
乙产品	200	400	17 504	600	5 034	5 538	28 076
丙产品	300	150	6 564	150	1 258.5	1 384.5	9 207
合计	—	1 050	45 948	1 250	10 487.5	11 537.5	67 973

二、采用定额比例法计算类内产品成本

 项目案例 6-2

【任务情境】春江公司生产的产品规格很多,其中,X 产品和 Y 产品使用的原材料相同,生产工艺技术过程接近,因而将其归并为甲类产品,采用分类法计算成本。该公司 2023 年 8 月份有关资料如表 6-5、表 6-6 所示。

表 6-5　在产品成本和本月生产费用资料

产品类别:甲类产品　　　　　　　　　2023 年 8 月　　　　　　　　金额单位:元

项目	直接材料	直接人工	制造费用	合计
期初在产品	1 560	960	450	2 970
本期生产费用	37 800	46 200	8 600	92 600
期末在产品	11 600	10 500	6 500	28 600

表 6-6　产品消耗定额和产量记录

产品类别:甲类产品　　　　　　　　　　　　　2023 年 8 月

产品名称	产量/件	定额材料成本/(元·件$^{-1}$)	定额工时/(小时·件$^{-1}$)
X 产品	280	10	2
Y 产品	540	20	2.5

【任务要求】采用定额比例法进行 X、Y 产品分配生产成本的业务处理。

【任务目标】掌握定额比例法计算类内产品成本。

【任务分析】本任务案例中两种产品原材料相同,生产工艺技术过程接近,所以采用分类法进行成本核算。按照定额比例法进行类内产品成本的核算。

【计算过程】

X 产品材料定额比例 $= 280 \times 10 \div (280 \times 10 + 540 \times 20) = 20.59\%$

Y 产品材料定额比例 $= 540 \times 20 \div (280 \times 10 + 540 \times 20) = 79.41\%$

X 产品工时定额比例 $= 280 \times 2 \div (280 \times 2 + 540 \times 2.5) = 29.32\%$

Y 产品工时定额比例 $= 540 \times 2.5 \div (280 \times 2 + 540 \times 2.5) = 70.68\%$

【任务实施】

(1) 按产品类别设置并登记产品成本明细账,如表 6-7 所示。

表 6 - 7 类别产品成本明细账

生产车间：生产车间　　　　　　产品类别：甲类产品　　　　　　金额单位：元

日期	摘要	成本项目			合计
		直接材料	直接人工	制造费用	
8.1	期初在产品	1 560	960	450	2 970
8.31	本期生产费用	37 800	46 200	8 600	92 600
8.31	累计生产费用	39 360	47 160	9 050	95 570
8.31	本期完工产品成本	27 760	36 660	2 550	66 970
8.31	期末在产品	11 600	10 500	6 500	28 600

（2）分配计算 X 产品、Y 产品两种产品的完工产品成本，如表6-8所示。

表 6 - 8 类内产品成本计算表

产品类别：甲类产品　　　　　　2023 年 8 月 31 日　　　　　　金额单位：元

项目	材料定额比例	直接材料	工时定额比例	直接人工	制造费用	合计
完工成本		27 760		36 660	2 550	66 970
X 产品	20.59%	5 715.78	29.32%	10 748.71	746.66	17 211.15
Y 产品	79.41%	22 044.22	70.68%	25 911.29	1 802.34	49 758.85

（3）根据产品成本计算表，结转完工产品成本，编制会计分录如下：

借：库存商品——X 产品　　　　　　　　　　　　　　17 211.15

　　　　——Y 产品　　　　　　　　　　　　　　49 758.85

　　贷：生产成本——基本生产成本（甲类产品）　　　　　　66 970

　　企业在采用分类法计算产品成本时，材料的领用、工时记录、费用分配、产品成本明细账等都按类别设置，从而大大简化了产品成本计算的手续，还能提供各类产品的成本资料。但无论采用何种分配方法在类内产品之间进行分配，都存在一定的假定性。为此，必须正确进行产品分类，合理确定产品的类别与类距。

任务三 联产品、副产品成本计算应用

一、联产品成本计算

　　联产品可能在性质、用途上有所不同，但都是企业的主要产品。联产品所用的加工工艺过程是相同的，因而可归为一类，采用分类法计算成本。

　　联产品的生产是一种联合生产，其特点是：

　　（1）联产品是生产制造的主要目标。

　　（2）联产品比副产品价值高。

　　（3）只要生产出联产品中的一种，就必须同时生产出所有的产品。

（4）对产出的各种产品的相对产量，企业一般无法控制。

一般情况下，联产品在生产过程结束时才能被分离，但有时也会在生产过程的某一个步骤中被分离出来。分离时的生产步骤称为分离点。我们将分离前发生的成本统称为联合成本，而把分离后每种产品自身继续加工产生的成本称为可归属成本。因此，联产品的成本应该包括联合成本和可归属成本。联产品从开始生产到完工要经历三个阶段：分离前、分离点、分离后。分离前是联合成本的归集过程，分离点是联合成本的分配过程，分离后是联产品可归属成本的归集过程。

（一）归集分离前的联合成本

联产品分离前，将同一生产过程的联产品，视为同一类产品，采用分类法计算分离前的联合成本。

（二）分离点分配联合成本

在联产品分离时，将联合成本选择适当的分配标准，将归集的联合成本在联产品之间进行分配，求出各自应负担的联合成本。

在联合成本计算的整个步骤中，核心任务是在分离点上合理分配联合成本。分配联合成本的方法有很多，常用的有系数分配法、实物量比例分配法、相对售价比例分配法。

1. 系数分配法

系数分配法也称为标准产量分配法，是指将各联产品的实际产量按照事先规定的系数折合为标准产量，然后将联合成本按照各联产品的标准产量比例进行分配的方法。具体步骤如下：

（1）确定各联产品的系数，然后用每种产品的产量乘以各自的系数，计算出标准产量。

（2）计算各联产品标准产量比例，作为联合成本分配率。

（3）用联合成本分配率乘以每种产品的标准产量，计算出各种产品应负担的联合成本。

 项目案例 6 - 3

【任务情境】春江公司采用某种原材料经过同一生产过程同时生产出甲、乙两种联产品。2023 年 5 月，共生产甲产品 580 千克、乙产品 260 千克，无期初、期末在产品。该月发生的联合成本分别为：直接材料费用为 26 000 元，直接人工费用为 5 400 元，制造费用为 7 200 元。甲产品的售价为 80 元/千克，乙产品的售价为 160 元/千克，假设全部产品均已售出。

【任务要求】采用系数分配法分配甲、乙两种产品的联合成本。

【任务目标】掌握系数分配法计算产品联合成本。

【任务分析】首先确定两种联产品的系数。本任务案例可利用两种产品的售价作为系数确定的标准。然后用每种产品的产量乘以各自的系数，计算出标准产量；再将联合成本除以各联产品标准产量之和，得出联合成本分配率。最后用联合成本分配率乘以各联产品的标准产量，就可以计算出各联产品应负担的联合成本。

【任务实施】编制联产品成本计算表，如表6-9所示。

表6-9 联产品成本计算表

2023年5月31日　　　　　　　　　　　　　　　　金额单位：元

产品名称	实际产量/千克	系数①	标准产量	分配率	应负担的联合成本			
					直接材料	直接人工	制造费用	合计
甲产品	580	1	580	52.73%	13 709.8	2 847.42	3 796.56	20 353.78
乙产品	260	2	520	47.27%	12 290.2	2 552.58	3 403.44	18 246.22
合计	840	—	1 100	100%	26 000	5 400	7 200	38 600

注①：以售价为标准确定系数，选择甲产品为标准产品，其系数为1，乙产品的系数为160/80=2。

采用系数法分配联合成本的正确与否，取决于系数确定的正确与否，为此，企业要根据各种技术参数尽可能正确计算各种联产品的消耗水平，正确计算分配系数。

2. 实物量比例分配法

实物量比例分配法是指按照分离点上各联产品的重量、体积、长度等实物量度比例来分配联合成本的一种方法。采用这种方法计算出的各种产品单位成本是一致的，而且是平均单位成本。这种方法比较简便易行，但产品成本与实物量并不都是直接相关且成正比例变动的，所以采用实物量比例分配法容易导致成本计算与实际相脱节。因此，此种分配方法比较适用于联产品的成本与实物量密切相关且成正比例变动的情况。相关计算公式如下：

联合分配率＝联合成本÷各种联产品实物量之和

每种产品应分配的联合成本＝该种联产品实物产量×联合成本分配率

 项目案例6-4

【任务情境】沿用项目案例6-3，假定各联产品的单位重量相近，因此以产品产量作为标准分配联合成本。

【任务要求】采用实物量比例分配法分配联合成本。

【任务目标】掌握实物量比例分配法计算产品联合成本。

【任务实施】编制联产品成本计算表，如表6-10所示。

表6-10 联产品成本计算表

2023年5月31日　　　　　　　　　　　　　　　　金额单位：元

产品名称	实际产量/千克	分配比例	应负担的联合成本			
			直接材料	直接人工	制造费用	合计
甲产品	580	69.05%	17 953	3 728.7	4 971.6	26 653.3
乙产品	260	30.95%	8 047	1 671.3	2 228.4	11 946.7
合计	840	100%	26 000	5 400	7 200	38 600

3. 相对售价比例分配法

相对售价比例分配法是以各种联产品的售价作为分配标准来分配联合成本的一种方法。此方法认为既然各种联产品是同时产出的，那么从销售中所获得的收益，理应在各联产品之间按比例进行分配。所以在这种分配方法下，售价高的联产品应该成比例地负担较高的联合成本，它将联合成本按各联产品的售价比例来分摊，其结果是各联产品可取得相对一致的毛利率。这种方法克服了实物量比例分配法的不足，但其也存在以下方面的不足：

售价较高的产品不一定成本就高，比如新型电子产品，成本不高但售价一般较高。

并非所有的联产品都具有同样的获利能力。这种方法一般适用于分离后即为完工产品，不需要进一步加工的且价格波动不大的联产品。因此，在采用各种方法时，应该区分具体情况，不能盲目采用这种方法，否则会对产品生产决策带来不利影响。

 项目案例 6 – 5

【任务情境】沿用项目案例 6 – 3。

【任务要求】采用相对售价比例分配法进行联合成本分配。

【任务目标】掌握相对售价比例分配法计算产品联合成本。

【任务实施】

编制联产品成本计算表，如表 6 – 11 所示。

表 6 – 11　联产品成本计算表

2023 年 5 月 31 日　　　　　　　　　　　　　　　金额单位：元

产品名称	实际产量/千克	单价	金额	分配比例	应负担的联合成本			
					直接材料	直接人工	制造费用	合计
甲产品	580	80	46 400	52.73%	13 709.8	2 847.42	3 796.56	20 353.78
乙产品	260	160	41 600	47.27%	12 290.2	2 552.58	3 403.44	18 246.22
合计	840	—	88 000	100%	26 000	5 400	7 200	38 600

（三）计算分离后进一步加工的可归属成本

分离后还需要进一步加工才能出售的联产品，应采用适当的方法计算分离后的加工成本。联产品应负担的联合成本与可归属成本之和，就是该联产品的成本。

二、副产品成本计算

尽管副产品价值相对于主要产品而言比较低，但它仍具有一定的经济价值，而且也会发生各项耗费，因此需要核算副产品的成本。副产品成本与主要产品成本在分离前是共同发生的，它们发生的费用很难分开，因此，一般是将副产品和主要产品归为一类，按照分类法归集费用，计算其总成本。主、副产品分离前的成本可视为联合成本，确定副产品成本后，从分离前的联合成本中扣除，其余额就是主要产品成本。

副产品的成本计算方法通常有以下几种情况。

（一）副产品成本不计价

副产品成本不计价，是指副产品不负担分离前的联合成本，其成本由主要产品负担。这种方法一般适用于副产品分离后不再加工，而且其价值较低的情况。采用这种方法的优点是手续简便，但由于副产品成本是由主要产品负担的，在一定程度上会提高主要产品的成本。

（二）副产品成本采用可变现净值计价

若副产品价值不低，则需要负担联合成本，这时副产品成本可以采用可变现净值计价。副产品成本是按照未来预计销售价格扣除销售时发生的各种税费后的余额。若副产品在分离后还需要进一步加工才能出售，则还应从售价中扣除分离后的加工费用。利用这种方法计算出来的成本是分离前的联合成本中副产品应负担的部分。

（三）副产品成本按固定价格计价

副产品成本按固定价格计价，就是把确定的固定成本作为副产品的成本。其中，成本可按固定价格计价，也可以按计划单位成本计价。采用固定价格计价时，若副产品在同一年度内进一步加工，且所需的时间不长，那么副产品进一步加工处理的费用可以全部归集在主要产品生产成本中。这种计算方法手续简便，但是当副产品成本变动较大，市价不稳定时，可能会影响主要产品成本计算的准确性。

二　项目案例 6-6

【任务情境】假设春江公司在生产 M 产品时产生的丙副产品由本生产车间进一步加工为 N 产品后再出售。由于 N 产品加工处理的时间不长，加工费用不大，不单独设置生产成本明细账，全部费用在 M 产品成本计算表中归集。本月 M 产品成本计算表中归集的生产费用合计为 153 100 元，其中，直接材料 75 000 元，直接人工 56 000 元，制造费用 22 100 元。N 产品成本按固定价格计价，从 M 产品成本中扣除。本月附带生产的 N 产品为 15 千克，固定价格为 385 元/千克，其中，直接材料 180 元/千克，直接人工 125 元/千克，制造费用 80 元/千克。

【任务要求】根据上述资料，N 产品成本按固定价格计价，计算 M 产品和 N 产品成本。

【任务目标】掌握产品成本按固定价格计价的业务处理。

【任务分析】因为副产品进一步加工处理所需的时间不长，并且是在同一年内进行的，为了简化计算，副产品进一步加工处理的费用全部归集在主产品生产成本明细账中，副产品采用固定价格计价，剩余费用全部为主要产品的成本。

【计算过程】

N 产品总成本 $= 15 \times 385 = 5\ 775$（元）

直接材料费用 $= 180 \times 15 = 2\ 700$（元）

直接人工费用 $= 125 \times 15 = 1\,875$（元）

制造费用 $= 80 \times 15 = 1\,200$（元）

M 产品总成本 $= 153\,100 - 5\,775 = 147\,325$（元）

【任务实施】

编制副产品成本计算表，如表 6–12 所示。

表 6–12　副产品成本计算表

2023 年 5 月 31 日

产品名称：M 产品　　　　　　产量：450 千克　　　　　　金额单位：元

摘要	直接材料	直接人工	制造费用	合计
累计生产费用	75 000	56 000	22 100	153 100
本月完工 N 产品总成本	2 700	1 875	1 200	5 775
本月完工 M 产品总成本	72 300	54 125	20 900	147 325
完工 M 产品单位成本	160.67	120.28	46.44	327.39

根据产品成本计算表，结转完工入库产品成本，编制会计分录如下：

借：库存商品——M 产品　　　　　　　　　　　　　　147 325

　　　　　　——N 产品　　　　　　　　　　　　　　　5 775

　　贷：生产成本——M 产品　　　　　　　　　　　　　153 100

知识拓展

西方国家对副产品的
定义及核算的规定

闯关练习

项目六

项目小结

分类法是以产品的类别作为成本核算对象，开设生产成本明细账，归集各类产品的生产费用，并将归集的生产费用在类内完工产品与在产品之间进行分配，计算出类内各种产品生产成本的方法。

分类法与企业生产类型没有直接联系，主要适用于产品品种、规格繁多并且可以按照一定要求和标准划分类别的企业。

类内产品成本的计算方法有系数法、定额比例法。

项目综合实训

（一）系数法计算类内产品成本实训

1. 任务目的：掌握系数法计算类内产品成本。

2. 任务情境：力得公司采用分类法进行产品成本计算，甲类产品包括 X、Y、Z 三个品种，其中 X 产品为标准产品。类内产品成本分配的方法为：直接材料按材料费用定额系数标准分配，其他费用项目按定额工时系数标准分配。甲类产品相关生产资料如表 6 – 13、表 6 – 14 所示。

表 6 – 13　甲类产品成本计算单　　　　　　　　　金额单位：元

项目	直接材料	直接人工	制作费用	合计
月初在产品成本（定额成本）	8 900	3 200	5 200	17 300
本月发生费用	90 850	45 300	49 700	185 850
完工产品成本	85 200	35 550	47 400	168 150
月末在产品成本（定额成本）	14 550	12 950	7 500	35 000

表 6 – 14　产量及定额资料

名称	产量/件	单位产品材料费用定额/元	单位产品工时定额/小时
X	200	150	12
Y	200	120	15
Z	150	172.5	11.4

3. 任务要求：填制甲类产品系数计算表和甲类产品成本计算表。

（二）售价比例法计算联合成本实训

1. 任务目的：掌握售价比例分配法计算联合成本。

2. 任务情境：某企业在生产甲主产品的同时，还附带生产出了乙副产品，2023 年 6 月，甲、乙产品的联合成本为 80 000 元，其中直接材料 56 000 元，直接人工 16 000 元，制造费用 8 000 元。甲、乙产品分离后可直接出售，本月甲产品的产量为 3 500 千克，乙产品的产量为 600 千克，乙产品销售单价扣除销售费用、销售税金及相关利润后为每千克 5 元，乙产品按比例从联合成本的各成本项目中扣除。

3. 任务要求：计算甲、乙产品的总成本和单位成本，并将计算结果填入产品成本计算表。

项目评价表

目标	要求	评分细则	分值	自评	互评	教师
知识	理解分类法的含义、特点及适用范围	全部阐述清楚得10分，大部分阐述清楚得6~9分，其余视情况得1~5分	10			
	掌握分类法成本计算方法及过程	全部阐述清楚得10分，大部分阐述清楚得6~9分，其余视情况得1~5分	10			
	掌握联产品、副产品的成本计算方法及过程	全部阐述清楚得10分，大部分阐述清楚得6~9分，其余视情况得1~5分	10			
技能	能够运用分类法计算产品成本	能正确计算出产品成本得15分，其他视计算情况得1~14分	15			
	能够正确计算联产品、副产品的成本	能正确计算出联产品、副产品成本得15分，其他视计算情况得1~14分	15			
素质	按时出勤	迟到早退各扣1分，旷课扣5分	10			
	团队合作	小组氛围融洽，合理分工，能认真完成自己承担的工作，视情况1~10分	10			
	职业道德	客观真实地反映经济业务，视情况1~10分	10			
完成情况	按时保质完成	按时提交，视情况1~5分	5			
		书写整齐，视情况1~5分	5			
合计	自评、互评、教师评价各自占比30%、20%、50%		100			

项目七　　成本计算之定额法

知识目标

1. 了解定额成本、脱离定额差异、材料成本差异、定额变动差异的含义;
2. 了解定额法的含义和适用范围;
3. 掌握定额法的特点和成本计算程序。

能力目标

1. 熟悉定额成本、脱离定额差异、材料成本差异、定额变动差异的确认和计量;
2. 能够熟练运用定额法计算产品实际成本。

素质目标

1. 维护国家、集体利益,遵守财经法规,客观真实地反映每一项经济业务,诚信为本,恪守会计职业道德;
2. 吃苦耐劳、扎实肯干,经济业务记录真实全面,手续齐备;
3. 具有较强的岗位适应能力和协调沟通能力,与其他相关岗位团结协作。

知识结构导图

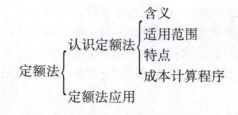

项目导入

　　某公司专门生产并销售各种照明灯,主要产品有吊灯、吸顶灯、庭院灯、草坪灯、壁灯、组合灯、交通信号灯以及灯柱灯杆配套等设施。该公司产品生产稳定,各项消耗定额比较准确,为加强定额管理和成本控制,采用定额法计算产品成本。

任务一　认识定额法

一、定额法的含义

前面介绍的各种成本计算方法，在计算成本时，生产费用的核算都是按实际发生的金额进行的，产品的实际成本也是按实际发生的成本费用计算的。因此，生产费用和产品成本脱离定额的差异以及此差异产生的原因，只能等到月末将实际与定额进行对比时才能得出。很多情况下为了能够及时地控制成本差异，进行有效的成本管理，适合采用定额法。

定额法是以定额成本为目标成本，及时反映生产费用脱离定额的差异，并根据定额成本、脱离定额差异、材料成本差异和定额变动差异计算产品实际成本的一种成本计算方法。

定额法下，核算产品成本要考虑产品的定额成本、脱离定额差异、材料成本差异和定额变动差异四个因素。四个因素与产品的实际成本的关系是：

产品的实际成本＝产品定额成本±脱离定额差异±材料成本差异±定额变动差异

定额成本是指根据企业现行直接材料、燃料和动力消耗定额，工时消耗定额以及其他有关资料计算的一种成本控制目标。产品定额成本的制定过程也是对产品成本事前控制的过程。

产品定额成本不同于产品的计划成本。定额成本会随着企业各项生产技术的不断更新和劳动生产率的不断提高而不断变动；而计划成本是根据企业计划期内的平均消耗定额制定的，一般在计划期内计划成本是固定不变的。定额成本是企业在现有生产条件下能够达到的成本水平，是计算实际成本的基础，也是日常费用控制的依据；而计划成本是企业计划期内成本控制的目标，是考核成本计划是否完成的依据。

脱离定额差异是指产品生产过程中各项实际发生的生产费用与现行定额成本的差异。脱离定额差异反映了企业各项生产费用发生的合理程度和现行定额执行的工作质量。

知识拓展•

定额法的意义

材料成本差异是指在定额法下，材料日常核算采用计划成本法计算的成本与实际成本之间的差异。

定额变动差异，是指由于修订定额而产生的新旧定额之间的差异，它是定额自身变动的结果，与生产费用支出的节约或超支无关。在修订定额的月份，月初在产品账面上的旧的定额成本与按新定额调整计算后的定额成本之间的差异，就是定额变动差异。

二、定额法的适用范围

定额法不是成本计算的基本方法，与生产类型没有直接关系，因此，每种生产类型都可以采用定额法核算生产费用。但是为了充分发挥定额法的作用，采用定额法应当具备两个条件：一是企业的定额管理制度比较健全，定额管理工作基础较好；二是产品的生产已经定型，消耗定额比较准确、稳定。通常情况下，大批量生产产品的企业能够具备上述条件。

三、定额法的特点

定额法是一种将成本核算与成本控制紧密结合的方法。一般成本计算方法无法直接反映产品实际成本与定额成本相脱离的情况，运用定额法进行成本核算，能够有效地节约生产费用、降低产品成本。

（一）事前制定产品的各项定额

定额法是以产品的定额成本为基础来计算产品实际成本的。企业必须事前制定产品的消耗定额，并以现行消耗定额等资料为依据制定产品的定额成本，对产品成本进行事前控制。

（二）分别核算符合定额的费用和脱离定额的差异

在日常核算产品的生产费用时，将定额费用和脱离定额的差异分别核算，月末在定额成本的基础上计算出产品的实际成本。在生产费用发生时确定实际成本与定额成本的差异，这样能及时反映成本差异产生的原因以及对成本的影响，便于企业进行成本控制和管理。

（三）定额法不是一种独立的产品成本计算方法

定额法不是基本成本计算方法，它是一种对产品进行直接控制、管理的方法，应结合其他成本计算方法使用。

悟道明理·

定额的起源

·视　频·

定额法概述

四、定额法的成本计算程序

（一）制定产品的定额成本

企业应根据产品现行的各项消耗定额确定定额成本，编制定额成本表，计算产品的定额成本。由于不同产品的生产工艺过程不同，产品定额成本的计算程序也不尽相同。例如，机械制造企业的产品一般由零件、部件构成。如果零件、部件不多，一般可以先计算各种零件、部件的定额成本，再汇总计算产成品的定额成本。如果零件、部件比较多，也可以不逐一计算各种零件、部件的定额成本，而是根据列有各种零件原材料消耗定额和工时定额的零件定额卡，以及原材料计划单位成本、计划小时工资率和计划小时费用率等，计算各部件的定额成本，再汇总计算产成品的定额成本，或者根据零件定额卡、部件定额卡直接计算产品定额成本。

为了便于进行成本分析和控制，定额成本包含的具体成本项目和计算方法，应该与计划成本、实际成本一致。相关计算公式为：

$$原材料费用定额 = 产品原材料消耗定额 \times 原材料计划单价$$
$$人工费用定额 = 产品生产工时定额 \times 计划小时薪酬率$$
$$制造费用定额 = 产品生产工时定额 \times 计划小时制造费用率$$

其中，计划小时薪酬率、计划小时费用率可用下列公式计算：

$$计划小时薪酬率 = 某车间预计全年工人薪酬总额 \div 该车间预计定额总工时$$
$$计划小时制造费用率 = 某车间预计全年制造费用总额 \div 该车间预计定额总工时$$

 项目案例7-1

【任务情境】甲公司生产的M产品由5个a部件和8个b部件装配而成，其中，a部件由a-1和a-2两种零件组成，b部件由b-1、b-2和b-3三种零件组成。现以该公司编制的a-1零件定额卡、a部件定额成本计算表和M产品定额成本计算表说明定额成本的计算方法，计算结果如表7-1~表7-3所示。

【任务要求】计算M产品的定额成本。

【任务目标】掌握定额成本的计算。

【任务分析】首先依据零件定额卡计算出a部件各个成本项目的定额成本，编制部件定额成本计算表；然后根据计算出来的a部件的定额成本以及已知的b部件的定额成本，计算最终的甲产品的定额成本。

【任务实施】

表7-1 零件定额卡

零件编号：3011　　　　　　2023年5月　　　　　　零件名称：a-1

材料编号	材料名称	计量单位	材料消耗定额
503	101材料	千克	12

工序	1	2	3	4	5	合计
定额工时	1.5	3	5	5	5.5	20

表7-2 部件定额成本计算表

2023年5月

部件编号：301　　　　　　部件名称：a　　　　　　金额单位：元

| 所用零件编号 | 零件名称 | 零件数量 | 材料定额 | | | | | | 金额合计 | 工时定额 |
| | | | 101材料 | | | 102材料 | | | | |
			数量	计划单价	金额	数量	计划单价	金额		
3011	a-1	5	12	8	96				480	20
3012	a-2	7				10	6	60	420	18
装配										7
合计					96			60	900	45

说明：a部件由5个a-1和7个a-2组成。

部件定额成本项目					定额成本合计
原材料费用	人工费用		制造费用		
	计划小时薪酬率	金额	计划制造费用率	金额	
900	4	180	5	225	1 305

表 7-3　产品定额成本计算表

2023 年 5 月

产品编号：321　　　　　　　　　产品名称：M　　　　　　　　　金额单位：元

所用部件编号	部件名称	所用部件数量	部件材料费用定额	产品材料费用定额	部件工时定额	产品工时定额
301	a	5	1 305	6 525	45	225
302	b	8	1 600	12 800	25	200
装配						27
合计				19 325		452

产品定额成本项目					产品定额成本合计
原材料费用	人工费用		制造费用		
	计划小时薪酬率	金额	计划制造费用率	金额	
19 325	4	1 808	5	2 260	23 393

（二）计算脱离定额差异

企业应进行脱离定额差异的日常核算，随时分析差异发生的原因，确定产生差异的责任，及时采取相应的措施进行处理。脱离定额差异应与产品成本项目设置相配合，也就是要分别计算直接材料脱离定额差异、直接人工脱离定额差异和制造费用脱离定额差异。

1. 直接材料脱离定额差异的计算

在成本项目中，直接材料（包括自制半成品）费用一般占有较大的比重，企业一般在材料成本发生时就计算出直接材料的定额费用和脱离定额差异。在实际工作中，直接材料脱离定额差异的计算方法一般有限额领料法、切割核算法和盘存法等。

（1）限额领料法。

限额领料法也叫差异凭证法。在定额成本法下，为了控制材料费用，必须实行限额领料（定额发料）制度，符合定额的原材料应根据限额领料单（定额发料单）等定额凭证进行领料。当因为产品产量增加需要追加用料时，需要办理追加限额手续，然后再根据定额凭证领发。在差异凭证中，应该填明差异数量、金额以及发生差异的原因。差异凭证的签发，必须经过一定的审批手续。

限额领料法下，在一批生产任务完成后，应该根据车间剩余材料编制退料单，办理退料手续。退料单也应视为差异凭证，退料单中所列的原材料数额和限额领料单中的原材料余额，都是原材料脱离定额的节约差异。上述差异凭证反映的差异通常只是领料差异，不一定是用料差异，因此不能完全控制用料。所领原材料的数量也不一定等于原材料的实际消耗量，即期初、期末车间可能有余料。

（2）切割核算法。

为了更好地控制用料差异，对于须经过切割（下料）才能使用的材料，例如板材、棒材等，除了采用限额领料法以外，还可以采用切割核算法，即通过材料切割核算单，核算用料差异。切割核算单应按切割材料的批别开立，填明发出切割材料的种类、数量；切割完毕，填写实际切割成的毛坯数量和实际消耗量。根据实际切割成的毛坯数量和消耗定额即可计算求得材料定额消耗量，最后与材料实际消耗量相比较，即可确定直接材料脱离定额的差异。直接材料定额消耗量和直接材料脱离定额的差异，应填入材料切割核算单中，并注明发生差异的原因，由主管人员签字确认。

（3）盘存法。

对于不能采用切割核算法的原材料，除了采用限额领料法外，也可以按期通过盘存法核算用料差异。这种方法的核算程序为：首先根据完工产品和在产品盘存（实地盘存或账面结存）数量算出投产产品总数量，再乘以原材料消耗定额，计算原材料定额消耗量。然后根据限额领料单或超额领料单等领、退料凭证和车间剩余材料的盘存数量，计算原材料的实际消耗量。最后将原材料的实际消耗量与定额消耗量相比较，计算出直接材料脱离定额差异。

直接材料脱离定额差异的计算公式为：

直接材料脱离定额差异 = 实际消耗量 × 材料计划单价 − 定额消耗量 × 材料计划单价

= (实际消耗量 − 定额消耗量) × 材料计划单价

项目案例 7-2

【任务情境】丙工厂某材料切割核算数据如表 7-4 所示。

【任务要求】利用切割核算法进行材料脱离定额差异的计算。

【任务目标】掌握切割核算法计算材料脱离定额差异。

【任务分析】根据实际切割成的毛坯数量和消耗定额计算出材料定额消耗量，再与材料实际消耗量相比较，即可确定材料脱离定额差异。

【计算过程】

应切割数量 = 550 ÷ 5 = 110（件）

材料定额耗用量 = 80 × 5 = 400（千克）

材料脱离定额差异 = (550 − 400) × 12 = 1 800（元）

【任务实施】

表7-4 材料切割核算表

材料编号和名称：B400　　　　　计量单位：千克　　　　　计量单价：12元
产品名称：甲产品　　　　　零件编号名称：D201　　　　　机床号：3788
切割人：刘丽　　　　　切割日期：2023年6月16日　　完工日期：2023年6月16日

发料数量	退回余料数量		材料实际消耗量		废料实际回收量
588	38		550		—
单位产品消耗定额	单位回收废料定额	应切割成毛坯数量/件	实际切割成毛坯数量/件	材料定额消耗量	废料定额回收量
5	—	110	80	400	—
材料脱离定额差异		废料脱离定额差异		脱离差异原因	责任人
数量	金额/元	数量	金额	技术不娴熟且未按设计图纸切割，增加了毛边，减少了毛坯	刘丽
150	1 800	—	—		

2. 直接人工脱离定额差异的计算

直接人工脱离定额差异一般分为计件工资和计时工资两种不同情况下。

在计件工资形式下，人工费用属于直接计入费用，在计件单价不变的情况下，按计价单价支付的人工费用就是定额直接人工费用，没有脱离定额差异，因此此种情况下的脱离定额差异通常反映因工作条件发生变化而在计件单价之外支付的工资、津贴、补贴等。企业应该将符合定额的人工费用直接反映在产量记录中；脱离定额差异应单独在专设的补付单等差异凭证中反映。

在计时工资形式下，人工费用属于间接计入费用，其脱离定额差异不能在平时计算，只有在月末确定本月实际人工费用总额和产品生产总工时以后才能计算。计算脱离定额差异的公式为：

某产品直接人工实际费用 = 该产品实际产量的实际生产工时 × 实际人工费用率
某产品直接人工定额费用 = 该产品实际产量的定额生产工时 × 计划人工费用率
某产品直接人工脱离定额差异 = 该产品直接人工实际费用 – 该产品直接人工定额费用
实际人工费用率 = 某车间实际生产工人薪酬总额 ÷ 该车间实际生产工时总额
计划人工费用率 = 某车间以计划产量计算的定额薪酬总额 ÷ 该车间计划产量的定额生产工时

需要注意的是，直接人工脱离定额差异同时受生产工时和人工费用率两个因素的影响。要控制产品的人工费用率，必须控制生产工人的薪酬总额，使其不超过计划；控制非生产工时不超过定额，保证在工时总数控制的情况下能充分利用工时；同时要控制单位产品的生产工时不超过工时定额。此外，企业无论采用何种工资形式，都要按照成本核算对象编制定额人工费用和脱离定额差异汇总表。汇总表反映各产品的定额工时和工人薪酬、实际工时和工人薪酬、工时和人工费用脱离定额的差异以及产生差异的原因等资料，以便考核和分析各产品生产工时和生产工资定额的执行情况。

项目案例 7-3

【任务情境】甲公司本月 a、b、c 三种产品实际生产工人工时为 6 700 小时，其中，a 产品 2 500 小时，b 产品 2 000 小时，c 产品 2 200 小时；本月三种产品定额工时 6 870 小时，其中，a 产品 2 520 小时，b 产品 2 100 小时，c 产品 2 250 小时；计划人工费用率为 5 元/小时；本月实际直接人工费用总额为 34 304 元。

【任务要求】编制直接人工脱离定额差异汇总表。

【任务目标】掌握定额法下直接人工脱离定额差异的计算。

【任务分析】首先根据实际的人工费用以及实际生产总工时，计算出实际小时人工费用率；然后分别按照小时人工费用率计算出定额工资和实际工资；最后计算人工费用脱离定额差异。

【任务实施】

直接人工脱离定额差异汇总如表 7-5 所示。

表 7-5 直接人工脱离定额差异汇总表

2023 年 6 月　　　　　　　　　　　　　　　　　　　金额单位：元

产品名称	定额人工费用			实际人工费用			脱离定额差异
	定额工时	计划人工费用率	定额工资	实际工时	实际小时人工费用率	实际工资	
a 产品	2 520	5	12 600	2 500	5.12	12 800	200
b 产品	2 100		10 500	2 000		10 240	−260
c 产品	2 250		11 250	2 200		11 264	14
合计	6 870	5	34 350	6 700	5.12	34 304	−46

知识拓展·

脱离定额差异的处理

3. 制造费用脱离定额差异的计算

若企业生产多种产品，则制造费用一般属于间接费用，因此其脱离定额差异不能在平时计算，只有在月末确定实际制造费用总额以后才能确定。

项目案例 7-4

【任务情境】甲公司本月各种产品实际生产工时和定额工时如表 7-5 所示；本月基本生产车间实际制造费用总额为 20 100 元，小时制造费用率实际为 3 元（20 100 ÷ 6 700），计划为 2 元。

【任务要求】编制制造费用脱离定额差异汇总表。

【任务目标】掌握定额法下制造费用脱离定额差异的计算。

【任务分析】与直接人工脱离定额差异的计算程序一致。首先分别计算实际以及计划制造费用率，然后计算定额费用与实际费用，最后比较计算制造费用脱离定额差异。

【任务实施】

制造费用脱离定额差异汇总如表 7-6 所示。

表 7-6　制造费用脱离定额差异汇总表

2023 年 6 月　　　　　　　　　　　　　　　　金额单位：元

产品名称	定额制造费用			实际制造费用			脱离定额差异
	定额工时	计划制造费用率	定额工资	实际工时	实际制造费用率	实际工资	
a 产品	2 520		5 040	2 500		7 500	2 460
b 产品	2 100		4 200	2 000		6 000	1 800
c 产品	2 250		4 500	2 200		6 600	2 100
合计	6 870	2	13 740	6 700	3	20 100	6 360

（三）材料成本差异的计算

定额法下原材料的日常核算是按照计划成本进行的，因此，原材料的定额费用和脱离定额差异都按原材料的计划成本计算。月末计算产品的实际原材料费用时，还需要计算所耗原材料应分摊的材料成本差异，即所耗原材料的实际成本与计划成本之间的价格差异（价差），其计算公式如下：

某产品应负担材料成本差异 =（该产品原材料定额成本 ± 原材料脱离定额差异）×

材料成本差异率 = 材料实际消耗量 × 材料计划单价 × 材料成本差异率

 项目案例 7-5

【任务情境】　甲公司 A 产品本月所耗直接材料定额成本为 75 000 元，材料脱离定额差异为节约 2 400 元，本月材料成本差异率为节约 2.3%。

【任务要求】　计算甲产品本月应负担的材料成本差异。

【任务目标】　掌握材料成本差异计算。

【任务实施】

A 产品本月应负担的材料成本差异 =（75 000 - 2 400）×（-2.3%）= -1 669.8（元）

（四）定额变动差异的计算

企业一般在月初修订新定额并开始执行，当月投入的相关生产费用，都按新定额来计算脱离定额差异，但月初在产品的定额成本是上月末按旧定额计算的。为了统一按照新定额作为计算基础，便于计算产品的实际成本，需要调整月初在产品按旧定额计算的定额成本为按新定额计算的定额成本。相关计算公式为：

月初在产品定额变动差异 = 按旧定额计算的月初在产品成本 × (1 - 定额变动系数)

定额变动系数 = 按新定额计算的单位产品成本 ÷ 按旧定额计算的单位产品成本

项目案例 7 - 6

【任务情境】甲公司生产的 C 产品从 2023 年 1 月份起实行新的材料消耗定额，直接人工和制造费用定额不变。单位产品新的直接材料费用定额为 54 800 元，旧的直接材料费用定额为 55 780 元。C 产品月初在产品按旧定额计算的直接材料费用为 89 600 元。

【任务要求】计算月初在产品定额变动差异。

【任务目标】掌握定额变动差异的计算。

【任务分析】首先计算定额变动系数，然后计算月初在产品定额变动差异。

【任务实施】

定额变动系数 = 54 800 ÷ 55 780 = 0.98

月初在产品定额变动差异 = 89 600 × (1 - 0.98) = 1 792(元)

需要注意的是，月初在产品定额变动差异是定额本身变动的结果，与生产费用的使用情况并无关系。但是，定额成本是计算产品实际成本的基础，月初在产品定额成本调低时，应将定额变动差异计入产品实际成本；反之，应从实际成本中扣除。也就是月初在产品定额成本调整的数额与计入产品实际成本的定额变动差异之和应当等于零。C 产品月初在产品成本调整减少了 1 792 元，则 C 产品实际成本中应当加上定额变动差异 1 792 元。

（五）产品实际成本的计算

月末，对计算出的定额成本、脱离定额差异、定额变动差异以及材料成本差异，在完工产品和在产品之间按照定额成本比例进行分配。在定额法下，产品成本的日常核算是将定额成本与各种成本差异分别核算的，因而在完工产品与月末在产品之间分配费用时，也要按定额成本与各种成本差异分别进行。即先计算完工产品和在产品的定额成本，再计算分配完工产品和在产品的各种成本差异。为保证分配结果的正确，应分别对直接材料脱离定额差异、直接人工脱离定额差异和制造费用脱离定额差异进行分配。在脱离定额差异金额不大的情况下，脱离定额差异可以全部由完工产品负担；在脱离定额差异金额较大，且各月在产品数量变化也较大的情况下，脱离定额差异应当在完工产品与在产品之间按定额成本比例法分配。

任务二　定额法应用

项目案例 7 - 7

【任务情境】2023 年 5 月 20 日，丁公司的财务总监张明发现产品加工的各项定额差异较大，因此，提出自 2023 年 6 月 1 日起进行各项定额调整，将 M 产品原材料消耗定额由每件 120 千克降为每件 115 千克，生产工时由每件 140 小时降为每件 130 小时。M 产品采用定额法计算产品成本。已知 2023 年 6 月初 M 产品有 10 件在产品，这 10 件在产品在月初的有关资料如表7-7所示。本月份M产品应分配的直接材料费用为24 050元，材料成本差异率为-1%，直接人工费用为2 350元，制造费用为1 700元。本月投产50件，月末完工45件。

表7-7 月初在产品资料

2023年6月

金额单位：元

成本项目	产量	消耗定额	计划单价	定额成本	定额差异	定额变动差异
直接材料	10件	120千克	4.50	5 400	800	150
直接人工	10件	140小时	0.37	518	-120	—
制造费用	10件	140小时	0.28	392	-80	—
合计	—	—	—	6 310	600	150

【任务要求】采用定额法计算M产品的实际成本。

【任务目标】掌握定额法计算产品实际成本。

【任务分析】首先计算月初在产品定额变动差异，再计算本月投产产品定额成本；然后计算脱离定额差异以及材料成本差异；最后编制产品成本计算表，计算出完工产品的实际成本。

【计算过程】

（1）月初在产品定额变动差异的计算。

直接材料定额变动差异 = $(115-120) \times 4.50 \times 10 = -225$（元）

直接人工定额变动差异 = $(130-140) \times 0.37 \times 10 = -37$（元）

制造费用定额变动差异 = $(130-140) \times 0.28 \times 10 = -28$（元）

（2）本月投产产品定额成本的计算。

直接材料定额成本 = $115 \times 50 \times 4.50 = 25\,875$（元）

直接人工定额成本 = $130 \times 50 \times 0.37 = 2\,405$（元）

制造费用定额成本 = $130 \times 50 \times 0.28 = 1\,820$（元）

（3）脱离定额差异的计算。

直接材料脱离定额差异 = $24\,050 - 25\,875 = -1\,825$（元）

应分配的材料成本差异 = $(25\,875 - 1\,825) \times (-1\%) = -240.50$（元）

脱离定额差异合计 = $-1\,825 - 240.50 = -2\,065.50$（元）

直接人工定额差异 = $2\,350 - 2\,405 = -55$（元）

制造费用定额差异 = $1\,700 - 1\,820 = -120$（元）

（4）根据上述计算结果，确定各成本项目定额成本。

直接材料定额成本 = $45 \times 115 \times 4.50 = 23\,287.50$（元）

直接人工定额成本 = $45 \times 130 \times 0.37 = 2\,164.50$（元）

制造费用定额成本 = $45 \times 130 \times 0.28 = 1\,638$（元）

产品成本计算表如表7-8所示。

表7-8 产品成本计算表

2023年6月

金额单位：元

成本项目	月初在产品成本			月初在产品定额		本月费用		费用合计			分配率		完工产品成本				月末在产品成本		
	定额成本	定额差异	定额变动	定额变动	定额调整	定额成本	定额差异	定额成本	定额差异	定额变动	定额差异	定额变动	定额成本	定额差异	定额变动	实际成本	定额成本	定额差异	定额变动
直接材料	5 400	800	150	-225	225	25 875	-2 065.50	31 050	-1 265.50	375	-0.04	0.012	23 287.5	-931.5	279.45	22 635.45	7 762.5	-334	95.55
直接人工	518	-120	—	-37	37	2 405	-55	2 886	-175	37	-0.06	0.012 8	2 164.5	-129.87	27.71	2 062.34	721.5	-45.13	9.29
制造费用	392	-80	—	-28	28	1 820	-120	2 184	-200	28	-0.091 5	0.012 8	1 638	-149.88	20.97	1 509.09	546	-50.12	7.03
合计	6 310	600	150	-290	290	30 100	-2 240.50	36 120	-1 640.50	440	—	—	27 090	-1 211.25	328.13	26 206.88	9 030	-429.25	111.87

闯关练习

项目七

项目小结

　　定额法是一种成本核算与成本管理相结合的方法，运用定额法能够加强成本管理与成本控制。定额法下，产品实际成本是以事前制定的产品定额成本为基础，加上（或减去）脱离定额的差异、材料成本差异和定额变动差异来计算的。其中，定额成本是指根据企业现行直接材料、燃料和动力消耗定额，工时消耗定额及人工费用率、制造费用率等数据计算的一种成本控制目标。脱离定额差异是指产品生产过程中各项实际发生的生产费用与现行定额的差异。定额变动差异，是指由于修订定额而产生的新旧定额之间的差异，它是定额自身变动的结果，与生产费用支出的节约与超支无关。

　　定额法成本计算程序包括：制定定额成本；计算脱离定额差异；计算材料成本差异以及定额变动差异；月末，在完工产品和在产品之间按照定额成本比例法进行分配，进而计算出产品的实际成本。

项目综合实训

（一）定额法计算产品成本实训

　　1. 任务目的：掌握定额法计算产品成本。

　　2. 任务情境：某公司采用定额法计算甲产品成本，有关甲产品资料如下。

　　（1）7月1日，材料定额成本确定为20元。

　　（2）8月1日，材料定额成本调整为18元。

　　（3）7月末在产品结存350件，材料定额成本为7 000元，材料成本差异率为－1%，无定额差异和定额变动。

　　（4）8月份投产1 650件，实际材料费用为30 000元。

　　（5）8月份完工甲产品2 000件，月末无在产品。

　　3. 任务要求：

　　（1）计算月初在产品定额变动差异。

　　（2）计算8月份脱离定额差异（材料成本差异并入脱离定额差异计算）。

　　（3）计算8月份完工2 000件甲产品的实际材料成本。（以上计算均要列出计算式）

（二）定额法计算完工产品和在产品实际成本实训

　　1. 任务目的：掌握采用定额法计算完工产品和在产品成本。

2. 任务情境：

2023 年 9 月，瑞利有限责任公司生产情况和定额资料如下：月初在产品 40 件，本月投产 300 件，本月完工 320 件，月末在产品 20 件，月末在产品完工程度 50%，原材料一开始全部投入，单位产品直接材料消耗定额由上月的 5.5 千克下降为 5 千克，工时定额为 5 小时，计划小时人工费用率为 4 元，计划小时制造费用率为 5 元，材料计划单位成本 6 元，材料成本差异率为 −2%。甲产品相关资料如表 7 − 9、表 7 − 10 所示。

表 7 − 9　月初在产品成本表

项目	直接材料	直接人工	制造费用
月初在产品定额成本	$40 \times 5.5 \times 6 = 1\,320$	$40 \times 5 \times 4 \times 50\% = 400$	$40 \times 5 \times 5 \times 50\% = 500$
脱离定额差异	−20	10	30
实际成本	1 300	410	530

表 7 − 10　甲产品生产费用表

项目	直接材料	直接人工	制造费用
产品定额成本	$300 \times 5 \times 6 = 9\,000$	$[320 + (20 - 40) \times 50\%] \times 5 \times 4 = 6\,200$	$[320 + (20 - 40) \times 50\%] \times 5 \times 5 = 7\,750$
脱离定额差异	60	30	−20
实际成本	9 060	6 230	7 730

说明：表中的实际成本未考虑材料成本差异。

3. 任务要求：计算完工产品和在产品实际成本，并将计算结果填入产品成本计算表中。

 项目评价表

目标	要求	评分细则	分值	自评	互评	教师
知识	能够理解并阐述定额成本、脱离定额差异、材料成本差异、定额变动差异的含义	全部阐述清楚得 10 分，大部分阐述清楚得 6~9 分，其余视情况得 1~5 分	10			
	能够理解并阐述定额法的含义和适用范围	全部阐述清楚得 10 分，大部分阐述清楚得 6~9 分，其余视情况得 1~5 分	10			
	能够阐述定额法的特点，掌握定额法计算产品成本的计算程序	全部阐述清楚得 10 分，大部分阐述清楚得 6~9 分，其余视情况得 1~5 分	10			

目标	要求	评分细则	分值	自评	互评	教师
技能	能够确认和计量定额成本、脱离定额差异、材料成本差异、定额变动差异	能正确确认和计量定额成本、脱离定额差异、材料成本差异、定额变动差异得15分，其他视情况得1~14分	15			
	能够运用定额法计算产品实际成本	能运用定额法正确计算出产品实际成本得15分，其他视计算过程情况得1~14分	15			
素质	按时出勤	迟到早退各扣1分，旷课扣5分	10			
	团队合作	小组氛围融洽，合理分工，能认真完成自己承担的工作，视情况1~10分	10			
	职业道德	客观真实地反映经济业务，视情况1~10分	10			
完成情况	按时保质完成	按时提交，视情况1~5分	5			
		书写整齐，视情况1~5分	5			
合计	自评、互评、教师评价各自占比30%、20%、50%		100			

项目八　　成本报表的编制与分析

知识目标

1. 理解成本报表的意义、编制依据、编制要求及分类;
2. 掌握主要成本报表的编制方法;
3. 掌握主要成本报表的分析方法。

能力目标

1. 能编制主要产品成本报表;
2. 能正确分析主要产品成本报表。

素质目标

1. 遵守法律、法规和国家统一的会计制度,进行成本报表的编制;
2. 具备团队精神,互相帮助完成学习任务;
3. 具有良好的职业态度,认真完成任务;
4. 具备解决问题的能力,能够查错、纠错。

知识结构导图

```
                                          ┌ 成本报表的概念
                                          │ 成本报表的作用
                      ┌ 成本报表的编制 ┤ 成本报表的分类
                      │                   │ 成本报表的编制要求
                      │                   └ 各种成本报表的编制
成本报表的            │
编制与分析    ┤                   ┌ 成本报表分析的概念
                      │                   │ 成本报表分析的作用
                      └ 成本报表的分析 ┤                   ┌ 对比分析法
                                          │ 常用分析方法 ┤ 比率分析法
                                          │                   └ 因素分析法
                                          └ 成本计划完成情况分析
```

　　2023年4月某企业财务部为了考核实习生小王的实习成果，把本企业生产的X、Y、Z三种产品的产量以及相关的成本资料交给了他。主管刘某告诉他，本企业的主要产品是X产品、Y产品，Z产品是次要产品，要求他根据这些数据，按产品品种编制产品生产成本表和主要产品单位生产成本表，并对相关报表进行分析。

任务一　成本报表的编制

　　产品生产成本是综合反映企业生产、技术以及经营管理工作水平的一项重要指标，因此成本报表的编制和分析是成本会计工作的一项重要内容。在市场经济环境下，企业的成本报表是作为向企业经营管理者提供有关成本和经营管理费用信息、进行成本分析的一种内部管理报表，一般不对外公开。

一、成本报表的概念

　　成本报表是按照成本管理的各项需要，根据日常成本核算资料和其他有关经营管理费用等资料编制的，用以反映企业一定时期产品成本水平和成本构成情况，并且考核产品成本计划和生产费用预算执行情况的书面报告。

二、成本报表的作用

　　成本报表是会计报表体系的重要组成部分，也是企业内部报告中的主要部分。正确、及时地编制成本报表，对加强企业管理和提高经济效益具有重要作用。

（一）综合反映企业成本计划完成情况

　　成本报表能够反映企业在一定时期内的成本水平及其构成情况，检查成本计划执行情况，为制订下期的成本计划提供依据，同时可以促使企业降低成本、节约费用，提高企业经济效益。

（二）揭示影响产品成本指标和费用项目变动的因素

　　成本报表能够揭示企业生产技术和经营管理方面取得的成果和存在的问题，揭示影响产品成本指标和费用项目变动的因素和原因，从生产技术、生产组织和经营管理等各方面挖掘节约费用和降低产品成本的潜力。

（三）有助于企业日常成本管理与经营决策的制定

　　成本报表提供的实际产品成本和费用资料，可以作为企业确定产品价格，进行成本费用和利润预测、制定有关生产经营决策的依据，为编制成本和利润计划提供重要的数据。

悟道明理

成本报表的
编制原则

三、成本报表的分类

成本报表作为企业内部的报表，主要是为满足企业内部经营管理的需要而编制的，内容具有针对性、较大的灵活性，与对外报表相比，更注重时效性，因此其格式、编报时间、报送对象等都由企业的自身特点和经营管理要求而定。不仅企业之间各不相同，就是同一企业在不同时期也可能设置不同的内部成本报表。依据不同的分类标准，成本报表可进行以下分类。

（一）按成本报表反映的内容分类

1. 反映产品成本情况的报表

这类报表主要包括产品生产成本表、主要产品单位成本表等，主要反映报告期内各种产品的实际成本水平。通过本期实际成本与本期计划成本、历史最好水平、同行业同类产品先进水平、前期平均成本相比较，可以了解企业成本发展变化趋势和成本计划的完成情况，为企业寻找差距、发现薄弱环节，进而针对性采取有效措施降低成本提供有效的资料。

2. 反映各种费用支出的报表

这类报表主要包括制造费用明细表、管理费用明细表、销售费用明细表等，反映企业在一定时期内费用支出总额及其构成情况。了解费用支出的合理性，分析费用支出的变动趋势，有利于企业合理制定费用预算，考核各项消耗支出指标的完成情况，明确各有关部门和人员的责任。

3. 反映生产经营情况的报表

这类报表主要包括生产情况表、材料耗用表、材料价格差异分析表等，属于专题报表，主要反映生产中影响产品生产成本的某些特定问题，一般依据企业实际情况自主设置。

（二）按成本报表编制的时间分类

成本报表按其编制的时间可以分为定期报表和不定期报表两大类。

1. 定期报表

定期报表一般按月、季、年来编制。成本报表属于内部报表，为了及时反映发生的重要成本信息，以便管理部门采取措施，定期报表也可以采用月报、周报、日报，甚至按工作班的形式编报。

2. 不定期报表

不定期报表是针对成本管理中出现的问题或急需解决的问题而按要求编制的报表。例如，当企业产生了金额较大的内部故障成本时，需要编制质量成本表等，以及时将成本信息反馈给有关部门。

此外，成本报表还可以按编制的范围分为全厂成本报表、车间成本报表和班组（或个人）成本报表等。

视 频
成本报表概述

四、成本报表的编制要求

为了提高成本信息的质量，充分发挥成本报表的作用，成本报表的编制应体现下列基本要求。

（一）综合性

成本报表反映的相关信息需要同时满足财务部门、各级生产技术部门和计划管理部门等的需要。对于这些职能部门而言，不仅要求提供各部门事后分析的资料，还要求提供事前计划、事中控制所需的相关信息。因此，成本报表不仅要设置货币指标，还需要设置反映成本消耗的其他形式的指标，还应包括会计核算、统计核算、业务核算等指标，这些指标实质上是会计核算资料与技术经济资料的有机结合。

（二）实用性

企业对外公布的财务报表都有统一的规定要求，企业不得自行决定。而成本报表是内部报表，主要用于企业的内部管理，针对它的内容、格式及编制方法，国家没有统一标准，可由企业自行决定。因此为了适应不同的管理要求，企业可以自己决定成本报表的格式、内容、指标等；会计部门除了定期编报全面成本计划完成情况的报表外，还可以对某一方面问题，或从某一侧面编制报表进行重点反映；而且成本报表可以事后编报，也可以事中编报或事前预报，本着实质重于形式的要求，力求简明扼要、讲求实效。

（三）针对性

企业对外提供的财务报表，包括资产负债表、利润表、现金流量表三张主表以及其他报表附注等信息，信息需求者包括政府部门、企业投资人、债权人等外部使用者以及企业内部经营管理者，是反映企业财务状况和经营成果的财务报表。而成本报表作为内部报表主要是为企业内部经营管理者服务的，满足企业领导及各部门、车间和岗位责任人员对成本信息的需求。因此，成本报表的内容要有针对性，而不仅仅只是按照要求格式提供信息，而是要能够促进各有关部门和人员多关注成本，了解其工作对成本的影响，明确自身在成本管理中的责任。

（四）及时性

企业的对外财务报表一般都是定期编制和公开报送的。而作为对内报表的成本报表，主要用于满足定期考核和分析成本计划，及时反馈成本信息，及时揭示成本工作中存在的问题和技术经济指标变动对成本的影响。因此，成本报表可采用日报、周报或旬报的形式，定期和不定期地向有关部门和人员编报，要尽可能使报表提供的信息与其反映的内容在时间上保持一致，以发挥其时效性。

五、各种成本报表的编制

企业在编制成本报表时，应根据有关的产品成本费用明细账填列。

（一）产品生产成本表的编制

产品生产成本表是反映企业在一定会计期间生产产品时所发生的全部生产费用和全部产品的生产总成本的报表。按其揭示的指标内容不同，产品生产成本表又可分为两种格式：一是按成本项目反映，揭示企业在报告期内所生产的全部产品总成本和各种主要产品单位成本及总成本；二是按产品品种和类别反映，汇总揭示企业在报告期内发生的全部生产费用（按成本项目反映）和全部产品总成本。

1. 按照成本项目反映的产品生产成本表的编制

按照产品成本项目编制的产品生产成本表的一般格式，如表8-1所示。

表8-1　产品生产成本表
（按成本项目编制）

编制单位：甲公司　　　　　　　　　2022年12月　　　　　　　　金额单位：元

项目	行次	上年实际	本月实际	本年累计实际
一、生产费用总额	1	106 550	11 450	123 500
1. 直接材料	2	41 555	4 400	47 547.5
2. 燃料和动力	3			
3. 直接人工	4	33 030	3 650	39 520
4. 制造费用	5	31 965	3 400	36 432.5
加：在产品及自制半成品期初余额	6	6 250	6 000	5 800
减：在产品及自制半成品期末余额	7	5 800	5 875	5 875
二、产品生产成本总额	8	1 07 000	11 575	1 23 425
1. 直接材料	9	42 120	4 560	48 587.5
2. 燃料和动力	10			
3. 直接人工	11	31 500	3 550	36 362.5
4. 制造费用	12	33 380	3 465	38 475

按成本项目反映的产品生产成本表分为生产费用和产品成本两部分。生产费用部分按成本项目反映，产品成本部分是在生产费用合计数的基础上，加期初、减期末在产品和自制半成品余额计算的产品成本合计数。生产费用和产品成本可以按本年计划数、本月实际数和本年累计实际数分栏反映，以便于分析利用。如果可比产品单列，还可以增设上年实际数栏。

按成本项目反映的产品生产成本表各项目的填列方法：本年计划数应根据成本计划有关资料填列；本月实际数，按成本项目反映的各种生产费用合计数填列；本年累计实际数应根据本月实际数，加上上月份本表的本年累计实际数计算填列。期初、期末在产品和自制半成品余额，应根据各种产品成本明细账的期初、期末在产品成本和各种自制半成品明细账的期初、期末余额，分别汇总填列。以生产费用合计数加减在产品、自制半成品期初期末余额，即可计算出产品成本合计数。

2. 按照产品品种和类别反映的产品生产成本表的编制

按照产品品种和类别编制的产品生产成本表的格式如表8-2所示。

表8-2　产品生产成本表

（按产品品种和类别编制）

编制单位：力得工厂　　　　　　　　　　2023年8月　　　　　　　　　金额单位：元

产品名称	实际产量	单位成本			总成本		
		上年实际平均	本年计划	本年实际	按上年实际平均单位成本计算	按本年计划单位成本计算	本期实际成本
	①	②	③	④=⑦÷①	⑤=①×②	⑥=①×③	⑦
可比产品合计					3 176 000	3 127 000	3 125 500
X产品	2 500	800	790	775	2 000 000	1 975 000	1 937 500
Y产品	1 200	980	960	990	1 176 000	1 152 000	1 188 000
不可比产品							
Z产品	500	1300	1280	1250	650 000	640 000	625 000
合计						3 767 000	3 750 500

补充资料：①可比产品成本实际降低额50 500元（计划降低额为49 000元）；②可比产品成本降低率1.59%（计划降低率1.54%）。

报表可按可比产品和不可比产品分别填列。可比产品是指企业过去曾经正式生产过，有完整的成本资料可以进行比较的产品；不可比产品是指企业本期第一次生产的新产品，或虽不是第一次生产，但以前仅属试制而未正式投产的产品，缺乏可比的成本资料。在成本计划中，对不可比产品只规定有本年计划成本，而对可比产品不仅规定有计划成本指标，而且规定有成本降低的计划指标，即本年度可比产品计划成本比上年度（或以前年度）实际成本的降低额和降低率。

按产品种类反映的产品生产成本表表内各栏数字填列方法：表中各种可比产品和不可比产品本月实际产量、实际单位成本和实际总成本，应根据本月产品成本明细账中的有关记录填列。为了反映可比产品和不可比产品成本计划的完成情况，表内还应反映可比产品和不可比产品本年计划单位成本和本年按计划单位成本计算的总成本。计划单位成本应根据本年成本计划填列，本月按计划单位成本计算的总成本应根据计划单位成本与本月实际产量计算填列。为了计算可比产品成本降低额和降低率，表内还应反映可比产品上年实际平均单位成本和本月按上年实际平均单位成本计算的总成本。上年实际平均单位成本应根据上年度累计实际总成本与累计实际产量计算填列；本月按上年实际平均单位成本计算的总成本，应根据上年实际平均单位成本与本月实际产量计算填列。

补充资料部分各项目的计算方法：

（1）可比产品成本降低额，指可比产品按上年实际平均单位成本计算的总成本与本期实际总成本的差额，超支额用负数表示。

可比产品成本降低额=可比产品按上年实际平均单位成本计算的总成本-本期实际总成本

· 197 ·

以表 8 - 2 资料为例，可比产品成本降低额 = 3 176 000 - 3 125 500 = 50 500（元）

（2）可比产品成本降低率，指可比产品实际总成本降低额与按上年实际平均单位成本计算的总成本的比率，超支率用负数表示。

可比产品成本降低率 = 可比产品成本降低额 ÷ 可比产品按上年实际平均单位成本计算的总成本 × 100%

以表 8 - 2 资料为例，可比产品成本降低率 = 50 500 ÷ 3 176 000 × 100% = 1.59%

表 8 - 2 中，可比产品成本计划降低额 49 000 元和计划降低率 1.54% 应根据可比产品成本降低计划填列。

需要注意的是，企业设置了产品生产成本及销售成本表，一般不单独编制按产品品种和类别反映的产品生产成本表，因为产品生产成本及销售成本表包括了产品生产成本表的基本内容。

（二）主要产品单位成本表的编制

主要产品是指企业经常生产，在企业全部产品中所占比重较大，能概括反映企业生产经营面貌的产品。主要产品单位成本表是反映企业在报告期内生产的主要产品单位成本水平和构成情况的报表。该表应按主要产品分别编制，是对产品生产成本表中所列各种主要产品成本的补充说明。主要产品单位成本表，可以根据成本项目分析和考核主要产品单位成本计划的执行情况；可以按照成本项目将本月实际和本年累计实际平均单位成本，与上年实际平均单位成本和历史先进水平进行对比，了解单位成本的变动情况；可以分析和考核各种主要产品的主要技术经济指标的执行情况，进而查明主要产品单位成本升降的具体原因。

主要产品单位成本表的格式一般可分设产量、单位成本和主要技术经济指标三个部分。

（1）产量。本月及本年累计计划产量应根据生产计划填列；本月及本年累计实际产量应根据产品成本明细账或产成品成本汇总表填列；销售单价应根据产品定价表填列。

（2）单位成本。历史先进水平，应根据历史上该种产品成本最低年度的实际平均单位成本填列；上年实际平均单位成本，应根据上年度主要产品累计实际平均单位成本填列；本年计划单位成本，应根据本年度成本计划填列；本月实际单位成本，应根据产品成本明细账或产成品成本汇总表填列；本年累计实际平均单位成本，应根据该种产品明细账所记自年初至报告期末完工入库产品实际总成本除以累计实际产量计算填列。

（3）主要技术经济指标。如产品主要原材料的耗用量，应根据业务技术核算资料填列。

主要产品单位成本表如表 8 - 3 所示。

表 8 - 3 主要产品单位成本表

编制单位：甲公司　　　　　　　　　　2023 年 11 月　　　　　　　　　　金额单位：元

产品名称	甲产品	本月计划产量	180
规格		本月实际产量	200
产量单位	台	本年计划产量	1 800

销售单价	140	本年累计实际产量			2 200
成本项目	历史先进水平①	上年实际平均②	本年计划③	本月实际④	本年累计实际平均⑤
直接材料	55	60	58	56	56
燃料和动力					
直接人工	18	370	375	375	372
制造费用	12	360	350	350	341
合计	85	100	90	88	89

技术经济指标	单位	单耗	金额	单耗	金额	单耗	金额	单耗	金额	单耗	金额
M 材料	kg	15	3.0	16	2.5	15	2.4	14	2.5	15	2.4
N 材料	kg	10	1.0	10	2.0	11	2.0	10	2.1	10	2.0
工时	h	36	—	42		40	—	36	—	38	—

　　主要产品单位成本表中，上年实际平均、本年计划、本月实际和本年累计实际平均的单位成本，应与按产品种类反映的产品生产成本表中该产品相应的单位成本核对相符。

（三）制造费用明细表的编制

　　制造费用明细表是反映企业在一定会计期间内发生的制造费用构成情况及其总额的报表。制造费用的构成，除了可以按照费用发生的明细项目反映外，还可以按照企业的成本中心反映。按各成本中心汇总的制造费用明细表，只汇总设置的基本生产单位成本中心的制造费用，不包括辅助生产单位发生的制造费用。

　　制造费用明细表按照费用发生的明细项目提供制造费用的上年实际数、本年计划数、本月实际数和本年累计实际数等指标。通过编制以及分析制造费用明细表可以了解企业中制造费用的不同构成和项目增减变动情况，并且可以考核制造费用预算的执行情况。制造费用明细表一般应该按月编制，制造费用明细表也可以按年编制，主要是在某些季节性生产企业使用。

　　制造费用明细表的一般格式如表8-4所示。

表 8-4　制造费用明细表

编制单位：丙工厂　　　　　　　　2023 年 12 月　　　　　　　　金额单位：元

费用项目	行次	上年实际	本年计划	本月实际	本年累计实际
工资	1			2 650	29 100
福利费	2			1 600	19 200
折旧费	3			1 150	14 850
修理费	4			2 800	27 900
办公费	5			890	59 150

费用项目	行次	上年实际	本年计划	本月实际	本年累计实际
水电费	6			170	1 250
差旅费	7			6 670	700
运输费	8			1 890	14 000
保险费	9			890	5 000
租赁费	10			800	48 300
设计制图费	11			560	4 280
试验检验费	12			470	32 900
在产品盘亏与毁损	13			950	1 200
停工损失	14			145	1 760
其他	15			2 890	4 560
合计	16			24 525	264 150

制造费用明细表中，上年实际数是根据上年度 12 月份编制的制造费用明细表中"本年累计实际"栏的数字填列；本年计划数是根据企业制定的本年度制造费用的预算资料填列；本月实际数是根据制造费用明细账中各费用项目本月发生额填列；本年累计实际数是根据制造费用明细账中各费用项目本年累计发生额填列，也可以由本月实际数加上上月本表中本年累计实际数后填列。

（四）期间费用明细表的编制

期间费用明细表是反映企业一定会计期间内期间费用的发生额及其构成情况的报表，包括销售费用明细表、管理费用明细表和财务费用明细表。期间费用明细表通常按月编制。

各项期间费用明细表一般按照其费用项目，分别反映该费用项目的上年实际数（或上年同期实际数）、本年（月）计划数、本月实际数和本年累计实际数。利用期间费用明细表，可以分析该项期间费用的构成及增减变动情况，考核期间费用计划的执行情况。

销售费用明细表、管理费用明细表和财务费用明细表分别如表 8-5～表 8-7 所示。

表 8-5　销售费用明细表

编制单位：丙工厂　　　　　　　　　　　　2023 年 12 月　　　　　　　　　　　　金额单位：元

项目	上年实际	本年计划	本月实际	本年累计实际
1. 专设销售机构费用	158 600	152 050	14 136	159 400
其中：职工薪酬	31 600	41 300	2 736	39 500
差旅费	7 000	5 000	2 000	13 000
办公费	3 200	1 000	100	2 800
业务费	2 200	1 250	1 000	2 000

项目	上年实际	本年计划	本月实际	本年累计实际
租赁费	98 000	85 000	7 000	84 000
折旧费	9 000	13 000	1 000	12 900
修理费	3 200	2 000	0	1 600
低值易耗品摊销	4 400	3 500	300	3 600
2. 运输费	26 000	25 000	2 200	25 600
3. 装卸费	7 000	6 000	1 000	8 000
4. 包装费	11 000	12 200	1 600	14 000
5. 保险费	27 000	22 000	2 000	26 000
6. 展览费	0	0	0	0
7. 广告费	12 000	1 610	0	12 000
8. 其他	0	0	0	0
合计	241 600	218 860	20 936	245 000

表 8−6　管理费用明细表

编制单位：丙工厂　　　　　　　　　　　2023 年 12 月　　　　　　　　　　　金额单位：元

项目	上年实际	本年计划	本月实际	本年累计实际
一、管理费用	612 000	629 940	55 000	654 300
1. 管理人员薪酬	175 000	180 100	13 600	184 720
2. 折旧费	224 500	227 500	22 500	234 900
3. 修理费	56 000	56 200	6 000	65 400
4. 办公费	9 800	10 100	2 200	10 100
5. 董事会费	0	0	0	0
6. 无形资产摊销	10 000	8 200	600	8 000
7. 技术转让费	10 000	10 000	0	10 000
8. 差旅费	8 400	10 000	2 200	10 100
9. 物料消耗	4 200	5 440	900	4 080
10. 聘请中介机构费	60 000	80 000	6 000	82 000
11. 环保费用	28 000	30 000	0	32 000
12. 低值易耗品摊销	2 000	2 400	200	2 400
13. 诉讼费	0	0	0	0
14. 业务招待费	10 000	10 000	800	10 600
15. 咨询费	0	0	0	0
16. 其他	14 100	0	0	0
二、研究费用	150 000	160 000	19 000	175 000
合计	762 000	789 940	74 000	829 300

表 8-7　销售费用明细表

编制单位：丙工厂　　　　　　　　　2023 年 12 月　　　　　　　　金额单位：元

项目	上年实际	本年计划	本月实际	本年累计实际
1. 利息费用	134 000	167 000	12 000	150 000
2. 利息收入	10 000	12 400	1 000	10 500
3. 汇兑损益	0	0	0	0
4. 金融机构手续费	1 200	1 600	300	1 800
5. 发生的现金折扣或收到的现金折扣	5 000	-6 500	700	7 300
6. 其他筹资费用	0	0	0	0
合计	130 200	149 700	12 000	148 600

知识拓展·

技术经济指标变动
对产品成本的影响

明细表中，上年实际数应根据上年 12 月份相应各明细表中累计实际数填列；本年计划数应根据本年销售费用预算、管理费用预算和财务费用预算中确定的本年计划数额填列；本月实际数应根据企业编制的销售费用明细账、管理费用明细账和财务费用明细账的本月发生额的合计数填列；本年累计数应根据销售费用明细账、管理费用明细账和财务费用明细账的本年累计发生额的合计数填列，也可以根据上月该表的本年累计实际数与本月该表的本月实际数之和填列。

任务二　成本报表的分析

一、成本报表分析的概念

成本报表分析是根据成本核算资料和成本计划资料及其他有关资料，运用科学的方法，揭示企业各项指标计划的完成情况和原因，从而对企业一定时期的成本管理工作情况获得比较全面的、本质的认识，以帮助企业寻找降低成本、挖掘企业内部增产节支潜力的一项专门工作。成本报表分析属于事后分析。

产品成本是反映企业生产经营管理工作质量和劳动消耗水平的综合性价值指标。企业在生产经营过程中大多资源的利用效果及生产组织管理水平等都会直接或间接地反映到产品成本中，因而企业做好成本分析是项重要的工作，成本分析有利于揭示企业生产经营中存在的不足、总结经验、改善管理工作。

二、成本报表分析的作用

（一）考核成本计划执行情况

通过成本分析，可以对企业成本计划的完成情况进行考核，找出影响计划执行的因素，并具体分析影响计划执行的各项因素的影响程度，进而对企业成本计划的可行性和先进性进行评价，最终总结企业成本管理的经验教训，助力企业生产经营。

（二）完善企业的成本管理责任制

企业通过各个层面的成本分析可以明确内部各部门及相关责任人在成本管理工作的具体责任，有利于考核和评估成本管理工作的业绩，不断完善企业的成本管理责任制。

（三）挖掘内部降低成本的潜力

通过成本分析，可以揭示企业存在的问题和差距，促使企业挖掘降低成本的能力，寻找降低成本的途径和方法，提高经济效益。

知识拓展

成本分析的意义

三、成本报表分析的常用方法

成本报表分析的方法有很多种，企业具体选用何种方法主要取决于成本分析的目的、所依据的资料性质以及费用和成本形成的特点等。常用的成本报表分析的方法有对比分析法、比率分析法和因素分析法。

（一）对比分析法

对比分析法也称比较分析法，是指将两个以上的同类经济指标进行数量对比，借以揭示指标之间差距及其程度的一种分析方法。在实际工作中，对比分析法主要表现为通过本期实际数与基期数的对比来揭示两者之间的差异，反映经济管理活动取得的成绩和面临的问题。

对比分析法是成本分析中最简便、运用范围最广泛的一种方法，它旨在揭示成本差异，指出未来成本管理的方向。但需要指出的是，对比分析法只适用于同质指标的数量对比，因此，应用此法时要注意所对比的指标应具有一定的可比性。

采用对比分析法时，对比的基期数由于分析的目的不同而有所不同，实际工作中通常有以下几种形式。

1. 与本期成本计划指标（定额指标）的比较

通过该类指标的比较分析，可以反映计划或定额的完成情况，检查计划、定额本身是否具备可行性与先进性。

2. 与前期（上年同期或历史先进水平）实际指标的比较

这种比较是一种纵向比较。通过该类指标的比较分析，可以反映成本指标变动情况和发展趋势，揭示本期同前期成本指标间的差距，分析企业生产经营工作的改进情况。

3. 与国内外同行业先进指标的比较

这种比较是一种横向比较。通过该类指标的比较分析，可以反映企业成本水平在国内外同行业中所处的地位，揭示企业与国内外先进成本指标间的差距。

由表 8-8 可知，甲产品的材料消耗量本年实际数比计划数、比上年实际数都有所降低，但与先进水平相比还有较大差距，说明在降低材料消耗方面企业还有很大潜力可挖。

表 8 - 8　产品材料消耗比较分析表

产品名称：甲产品　　　　　　　　　2023 年 12 月 31 日　　　　　　　金额单位：元

E 指标	上年实际	本年		国内外先进实际水平	差异		
		计划	实际		比计划	比上年	比先进
材料消耗	90	85	84	80	-1	-6	+4

（二）比率分析法

比率分析法是指通过计算各指标之间的相对数，即比率，借以考察、评价企业成本活动的相对效益的一种分析方法。比率用倍数或比例表示。比率分析法主要有相关比率分析法、构成比率分析法。

1. 相关比率分析法

相关比率是两个相互联系、相互依存但性质不同的指标的比率。例如，利润总额与成本费用总额的比率，反映了一定时期内企业所得与所耗之间的比例关系。这一比率是反映企业成本效益的重要指标。

相关比率分析法就是通过计算两个指标之间的比率进行分析的方法。通过相关比率的计算，可以排除企业之间和同一企业不同期间的某些不可比因素，有利于企业经营管理者进行成本效益分析和经营决策。

在成本效益分析中，与成本指标性质不同而又相关的指标包括反映企业生产成果的产值指标、反映企业销售成果的营业收入指标和反映企业财务成果的利润指标等。运用相关比率分析法所计算的相关比率包括产值成本率、营业收入成本率和成本费用利润率等。

产值成本率是指企业一定时期内产品成本总额与工业总产值的比率。它反映了企业一定时期内生产耗费与生产成果的关系。其计算公式为：

$$产值成本率 = 产品生产成本 \div 工业总产值 \times 100\%$$

营业收入成本率是指企业一定时期内营业成本总额与营业收入总额的比率，它反映了企业一定时期内生产耗费与销售收入的关系，其计算公式为：

$$营业收入成本率 = 营业成本 \div 营业收入 \times 100\%$$

成本费用利润率是指企业一定时期内利润总额与成本费用总额的比率。它反映了企业一定时期内的利润总额（营业利润额）与成本费用总额（营业成本总额）的关系，其计算公式为：

成本费用利润率（成本利润率）= 利润总额（营业利润总额）÷ 成本费用总额（营业成本）

2. 构成比率分析法

构成比率也称为结构比率，是指某项经济指标的各个组成部分占总体的比重，即局部在总体中的比重，如在单位产品成本或产品总成本中各个成本项目所占的比重，在费用总额中各个费用项目所占的比重等。

构成比率分析法通过计算产品成本中各个成本项目的比重、费用总额中各个费用项目的比重，可以反映产品成本或费用总额的构成是否合理，进而寻找企业降低成本、节约费用的途径。成本分析中有关构成比率的计算公式如下：

产品成本的构成比率＝直接材料（直接人工、制造费用）数额÷产品成本总额×100%

期间费用的构成比率＝管理费用（财务费用、销售费用）数额÷期间费用总额×100%

制造费用的构成比率＝制造费用中某费用项目数额÷制造费用总额×100%

在分别计算销售费用、管理费用、财务费用的费用项目的构成比率时，采用的计算公式与制造费用构成比率的计算公式相同。其中，产品成本（或期间费用等）各成本项目（或费用项目）的构成比率之和等于1。

知识拓展·

比率分析法的由来

（三）因素分析法

成本是反映企业工作质量的综合性指标，企业成本、费用的高低是多种因素共同影响的结果。因素分析法是将某一综合指标分解为若干相互联系的因素，并分别计算各个因素的影响程度的一种分析方法。利用因素分析对综合性指标进行分析，应首先确定该指标的组成因素，并建立起各因素与此综合指标的函数关系，然后根据分析目的，测定各因素变动对指标影响的程度。因素分析法包括连环替代法以及差额计算法（连环替代法的简化形式）。

1. 连环替代法

连环替代法是将综合性指标分解为各个因素后，以组成该指标的各个因素的实际发生数按顺序替换比较标准（如计划数、前期实际数等）来计算各因素变动对该指标的影响程度的方法。

（1）根据综合性经济指标的特征和分析目的，确定影响该项指标的因素。例如，在分析单位产品成本中直接材料成本项目的变动原因时，主要受消耗量和单价两个因素的影响。

（2）根据因素的依存关系，按一定顺序排列因素。采用连环替代法，改变因素的排列顺序，计算结果会有所不同。各因素排列的顺序要根据指标与各因素的内在联系进行确定，一般是数量指标因素排列在前，质量指标因素排列在后；用实物与劳动量度表示的因素排列在前，用货币表示的因素排列在后。例如，单位产品成本中直接材料费用的影响因素有消耗量和单价两个因素，一般将消耗量排列在前面。又如，影响产品材料消耗总额的因素有产品产量、单位产品材料消耗量和材料单价三个因素，一般按产品产量、单位产品材料消耗量、材料单价的顺序排列各因素。

（3）按排好的顺序对各项因素的基数（各因素的本期计划数值或前期实际数值）进行计算，确定综合指标的基期数值。

（4）依次以各因素的本期实际数值替代该因素的基数，每次替换都计算出新的数据，有几个因素就替换几次，直至最后计算出该指标的实际数据。

（5）以每次替换后计算出的新数据减去前一个数据，其差额即为该因素变动对该指标的影响程度。

（6）综合各个因素的影响程度，其代数和（正负数抵销以后）应等于该指标的实际数据与标准数据本期计划数据或前期实际数据的差异。

项目案例 8-1

【任务情境】 力得工厂利用 M 材料加工生产甲产品,计划产量 120 件,实际产量 130 件,单位产品 M 材料计划消耗量为 20 千克,实际为 18 千克;M 材料每千克计划单价为 5 元,实际为 4 元。

【任务要求】 运用连环替代法分析单位产品材料消耗量和材料单价两个因素对甲产品材料成本的影响。

【任务目标】 掌握连环替代法分析各影响因素对产品成本的影响。

【任务分析】 按照上述所讲的运用连环替代法进行分析计算时应当遵循的计算顺序,对甲产品材料成本的影响因素进行计算分析。

【计算过程】

①分析对象(甲产品材料成本脱离计划的差异): $130 \times 18 \times 4 - 120 \times 20 \times 5 = 9\,360 - 12\,000 = -2\,640$ (元)。

②计划数据(比较标准): $120 \times 20 \times 5 = 12\,000$ (元)。

③第一次替换(以甲产品实际产量替换计划产量): $130 \times 20 \times 5 = 13\,000$ (元)。

④计算产量变化对甲产品成本的影响: $13\,000 - 12\,000 = 1\,000$ (元)。

⑤第二次替换(以单位产品 M 材料实际消耗量替换计划消耗量): $130 \times 18 \times 5 = 11\,700$ (元)。

⑥计算 M 材料单位产品消耗量变化对甲产品成本的影响: $11\,700 - 13\,000 = -1\,300$ (元)。

⑦第三次替换(以 M 材料实际单价替换计划单价): $130 \times 18 \times 4 = 9\,360$ (元)。

⑧计算材料单价变化对甲产品成本的影响: $9\,360 - 11\,700 = -2\,340$ (元)。

【任务实施】

编制产品材料成本分析表,如表 8-9 所示。

表 8-9　产品材料成本分析表

产品名称:甲产品　　　　　　　　　　2023 年 6 月　　　　　　　　　　金额单位:元

项目	计划	实际	差异	差异分析		
				产量影响	单耗影响	单价影响
甲产品 M 材料成本	12 000	9 360	-2 640	-2 640		
产量/件	120	130	10	1 000		
单位产品 M 材料消耗量/(千克·件$^{-1}$)	20	18	-2		-1 300	
M 材料单价	5	4	-1			-2 340

综上所述,甲产品成本中 M 材料成本实际比计划节约 2 640 元,是甲产品产量、单位产品材料消耗量和材料单价三个因素共同影响的结果。其中,甲产品产量增加 10 件,

使甲产品成本超支 1 000 元（13 000 – 12 000）；单位产品材料消耗量减少 2 千克（18 – 20），使甲产品成本降低 1 300 元（11 700 – 13 000）；M 材料单价降低 1 元（4 – 5），使甲产品成本节约 2 340 元（9 360 – 11 700）。

2. 差额计算法

差额计算法根据各因素本期实际数值与各因素的基数（本期计划数值或前期实际数值）的差额直接计算各因素变动对经济指标的影响程度，是连环替代法的简化形式。

根据任务案例 8 – 1 提供的资料，运用差额计算法，分析计算过程如下：

①分析对象：$130 \times 18 \times 4 - 120 \times 20 \times 5 = 9\ 360 - 12\ 000 = -2\ 640$（元）。

②产量变动对甲产品成本的影响：$(130 - 120) \times 20 \times 5 = 1\ 000$（元）。

③单位产品 M 材料消耗量变动对甲产品成本的影响：$130 \times (18 - 20) \times 5 = -1\ 300$（元）。

④M 材料单价变动对甲产品成本的影响：$130 \times 18 \times (4 - 5) = -2\ 340$（元）。

综合以上计算结果进行评价，与连环替代法的分析相同。

四、成本计划完成情况的分析

分析产品总成本的计划完成情况，目的是找出影响成本升降的原因，确定各个因素对成本计划完成情况的影响程度，为进一步挖掘降低成本的潜力并寻求降低成本的途径指明方向。

（一）全部产品成本计划完成情况的分析

全部产品成本计划是按产品类别和成本项目分别编制的，全部产品成本计划完成情况的分析，也应当按照产品类别和成本项目分别进行。通过分析，应当查明全部产品和各种产品成本计划完成情况；查明全部产品总成本中各个成本项目的成本计划完成情况；找出成本超支或成本降低幅度较大的产品和成本项目，为进一步分析指明方向。

1. 按产品类别分析全部产品成本计划完成情况

全部产品成本计划完成情况的分析，主要分析本期全部产品的实际总成本与计划总成本相比的升降情况，分析原因，寻求降低成本的途径和措施。在实际工作中，是将全部产品的实际总成本与计划总成本对比，确定实际成本比计划成本的降低额和降低率。为了使成本指标可比，必须先将成本计划中的计划总成本换算为按实际产量、实际品种构成、计划单位成本计算的总成本，然后再与实际总成本对比，确定成本计划的完成程度。

 项目案例 8 – 2

【任务情境】力得工厂 2023 年甲、乙、丙产品各自的实际产量分别为 625 件、250 件、250 件，实际单位成本分别为：2 316 元、1 964 元、2 120 元，产品成本计划资料如表 8 – 10 所示。

表 8 – 10 产品成本计划资料

编制单位：力得工厂　　　　　　　　　　　　　2023 年　　　　　　　　　　金额单位：元

产品名称	计量单位	计划产量	单位成本		计划产量的总成本		成本降低任务	
			上年实际	本年计划	按上年实际单位成本计算	本年计划	成本降低额	成本降低率/%
可比产品					1 800 000	1 751 040	48 960	2.72
甲产品	件	540	2 400	2 328	1 296 000	1 257 120	38 880	3.00
乙产品	件	252	2 000	1 960	504 000	493 920	10 080	2.00
不可比产品								
丙产品	件	240		2 220		532 800		—
合计						2 283 840		—

【任务要求】根据资料编制全部产品成本计划完成情况分析表（按产品类别分析）。

【任务目标】能够按产品类别分析编制全部产品成本计划完成情况分析表。

【任务实施】

在力得工厂全部产品成本计划完成情况分析表（见表 8 – 11）中，总成本都是按实际产量来计算的，因为只有同一实物量的总成本才可以比较。在企业全部产品中，有的以前年度没有正式生产过，没有上年成本资料。因此，对企业全部产品成本计划完成情况的分析是与计划比较，计算出全部产品的成本降低额和降低率，查明成本计划的完成情况。在表 8 – 11 中可以看到，力得工厂本年全部产品总成本完成了计划，实际总成本与计划总成本相比，成本降低额为 31 500 元，成本降低率为 1.26%。在全部产品中，不可比产品成本计划完成较好，实际总成本较计划降低了 4.504 5%，成本降低额为 25 000 元；可比产品虽然完成了成本计划，但成本降低率仅为 0.334 2%，成本降低额仅为 6 500 元；在主要产品中，乙产品总成本比计划还超支了 1 000 元，超支 0.204 1%，应进一步查明原因。

2. 按成本项目进行成本计划完成情况分析

全部产品按成本项目进行的成本计划完成情况分析，依据是企业编制的按成本项目反映的产品生产成本表和产品成本计划表，是将全部产品的总成本按成本项目汇总，以实际总成本的成本项目构成与计划总成本的成本项目构成进行对比，确定每个成本项目的降低额和降低率。

编制单位：力得工厂

表 8-11　全部产品成本计划完成情况分析表

（按产品类别分析）

2023 年

金额单位：元

产品名称	计量单位	实际产量	单位成本 上年实际	单位成本 本年计划	单位成本 本年实际	实际产量的总成本 按上年实际单位成本计算	实际产量的总成本 按本年计划单位成本计算	实际产量的总成本 本年实际	与计划成本比 成本降低额	与计划成本比 成本降低率/%	与计划成本比 降低率的构成/%
可比产品						2 000 000	1 945 000	1 938 500	6 500	0.334 2	0.26
甲产品	件	625	2 400	2 328	2 316	1 500 000	1 455 000	1 447 500	7 500	0.515 5	0.30
乙产品	件	250	2 000	1 960	1 964	500 000	490 000	491 000	-1 000	-0.204 1	-0.04
不可比产品											
丙产品	件	250		2 220	2 120		555 000	530 000	25 000	4.504 5	1.00
合计							2 500 000	2 468 500	31 500	1.26	1.26

【任务情境】 力得工厂本年产品计划单位成本表列示：直接材料项目甲产品为 878 元，乙产品为 770 元，丙产品为 1 035 元；直接人工项目甲产品为 750 元，乙产品为 510 元，丙产品为 515 元；制造费用项目甲产品为 700 元，乙产品为 680 元，丙产品为 670 元。本年实际产品产量甲产品为 625 件，乙产品为 250 件，丙产品为 250 件。本年实际总成本为：直接材料费 971 750 元，直接人工费 727 250 元，制造费用 769 500 元。

【任务要求】 根据资料编制全部产品成本计划完成情况分析表（按成本项目分析）。

【任务目标】 能够按成本项目分析编制全部产品成本计划完成情况分析表。

【任务实施】

全部产品成本计划完成情况分析（按成本项目分析）如表 8-12 所示。

表 8-12 全部产品成本计划完成情况分析表

（按成本项目分析）

编制单位：力得工厂　　　　　　　　　2023 年　　　　　　　　　金额单位：元

成本项目	本年实际产量的总成本		降低指标		
	按本年计划单位成本计算	本年实际	成本降低额	成本降低率/%	降低率的构成/%
直接材料	1 000 000	971 750	28 250	2.825 0	1.13
直接人工	725 000	727 250	-2 250	-0.310 3	-0.09
制造费用	775 000	769 500	5 500	0.709 7	0.22
合计	2 500 000	2 468 500	31 500	1.26	1.26

从表 8-12 中可以看到，力得工厂按成本项目反映的全部产品成本降低额为 31 500 元，成本降低率为 1.26%，与该厂按产品类别反映的全部产品成本计划完成情况的分析计算结果相同（见表 8-11"合计"行）。进一步分析可以发现，构成产品总成本的三个成本项目，直接材料项目和制造费用项目完成了计划，与计划相比较的降低率分别为 2.825% 和 0.709 7%，但直接人工项目超支了 2 250 元，超支 0.310 3%。对于直接人工项目超支的原因，应当进一步分析。

（二）可比产品成本计划完成情况分析

可比产品成本计划完成情况分析一般是先检查本期各种产品实际单位成本比计划、比上年实际平均单位成本的升降情况；然后进一步分析各主要成本项目变动情况，查明成本升降的具体原因。为了在更大范围内找差距，挖掘潜力，企业还应广泛收集国内外同行业同类产品的成本资料，进行横向对比分析。

分析可比产品成本降低任务的完成情况，根据因素分析法的原理，首先要确定分析对象，其次要确定影响成本降低任务完成情况的主要因素，最后要计算出各个因素变动对成本降低任务完成情况的影响程度。

1. 确定分析对象

企业可比产品成本降低任务完成情况的分析，其分析对象是可比产品实际成本降低额与计划成本降低额的差额，以及可比产品实际成本降低率与计划成本降低率的差异。

2. 确定影响成本降低任务完成的因素

从一种产品来看，影响成本降低率的主要是产品单位成本一个因素，影响成本降低额的主要是产品单位成本和产品产量两个因素。从多种产品综合来看，各种产品的计划成本降低率不同，当各种产品的产量在总产量中的比重发生变化时，会影响成本降低任务的完成程度。其中，各种产品在总产品中的比重称为产品品种结构。因此，从多种产品综合分析来看，影响产品成本降低率完成情况的因素，有产品单位成本和产品品种结构两个因素；进而影响产品成本降低额完成的因素有产品单位成本、产品品种结构和产品产量三个因素。

3. 计算各个因素变动对成本降低完成情况的影响程度

（1）产品单位成本变动的影响。

一般来说，在影响可比产品成本降低任务完成情况的各个因素中，产品单位成本是最主要的因素，因为从单一产品来说，影响成本降低率的只有产品单位成本一个因素。产品产量的变动，在不考虑将产品成本划分为固定成本和变动成本的情况下，不会对成本降低率产生影响。产品总成本的降低率，也就是指产品单位成本的降低率。

产品单位成本的降低或者超支，直接带来成本的降低或超支。因此，产品单位成本变动对可比产品成本降低任务完成情况的影响程度可以用下列公式计算：

产品单位成本变动影响的成本降低额 = 实际产量按上年实际单位成本计算的总成本 − 实际总成本

产品单位成本变动影响的成本降低率 = 产品单位成本变动影响的成本降低额 ÷ 实际产量按上年实际单位成本计算的总成本 × 100%

（2）产品品种结构变动的影响。

由于产品实物量不能综合，在可比产品成本降低任务完成情况的分析中，总产品是根据各种产品的实物产量和该产品上年实际单位成本来综合计算的。

可比产品的成本降低率受多种产品综合影响，它不仅受各种产品成本降低率（单位成本）变动影响，而且受产品品种结构变动影响。产品品种结构变动对产品成本降低率的影响程度具体计算时，可以先求得在各种产品计划成本降低率不变的情况下产品品种结构变动的综合成本降低率，再与计划的综合成本降低率比较，其差额就是产品品种结构变动对成本降低率的影响。

在实际工作中，产品品种结构变动对成本降低额和降低率的影响，可以利用下述公式直接计算：

产品品种结构变动影响成本降低率 = （实际产量按上年实际单位成本计算的总成本 − 实际产量按计划单位成本计算的总成本）÷ 实际产量按上年实际单位成本计算的总成本 − 计划成本降低率

产品品种结构变动影响成本降低额 = 实际产量按上年实际单位成本计算的总成本 × 产

品品种结构变动影响成本降低率

（3）产品产量变动的影响。

若不考虑将成本区分为固定成本和变动成本的情形，那么产品产量的变动只影响成本降低额，不影响成本降低率。若分产品计算产品产量变动对成本降低额的影响情况，则包含了产品品种结构变动的影响；若多种产品综合计算，则不包括产品品种结构变动的影响。综合计算时可以有两种计算方法，其计算公式为：

产品产量变动影响的成本降低额＝实际产量按上年实际单位成本计算的总成本×计划成本降低率－计划成本降低额＝（实际产量按上年实际单位成本计算的总成本－计划产量按上年实际单位成本计算的总成本）×计划成本降低率

计算产品单位成本、产品品种结构和产品产量三个因素对成本降低任务完成情况的程度，也可以采用连环替代法。根据连环替代法的计算原理，影响成本降低额的三个因素的排列顺序为产品产量、产品品种结构、产品单位成本；影响成本降低率的两个因素的排列顺序为产品品种结构、产品单位成本。

 项目案例 8 - 4

【任务情境】 力得工厂生产甲产品和乙产品，沿用表 8 - 10 ～表 8 - 12 提供的资料。

【任务要求】 确定可比产品成本计划完成情况分析对象和影响成本降低任务完成的因素，计算并分析各个因素变动对成本降低完成情况的影响程度。

【任务目标】 掌握影响成本降低任务完成的各个因素对成本降低完成程度的影响。

【任务分析】

根据表 8 - 10 提供的资料，计划产量下 2023 年力得工厂可比产品按上年实际平均单位成本计算的总成本为 1 800 000 元，计划总成本为 1 751 040 元，计划成本降低额为 48 960 元，计划成本降低率为 2.72%（48 960 ÷ 1 800 000 × 100%）。可见，可比产品的计划成本降低额和降低率都是与上年比较计算的。因此，为了便于考核，可比产品实际成本降低额和降低率也应与上年比较计算。

根据表 8 - 11 提供的资料，实际产量下 2023 年力得工厂可比产品按上年实际平均单位成本计算的总成本为 2 000 000 元，实际总成本为 1 938 500 元；与上年实际相比较，可比产品实际成本降低额为 61 500 元（2 000 000 - 1 938 500），实际成本降低率为 3.075%（61 500 ÷ 2 000 000 × 100%）。

计算结果表明，力得工厂可比产品实际成本降低额超计划 12 540 元（61 500 - 48 960），实际成本降低率超计划 0.355%（3.075% - 2.72%），说明企业较好地完成了可比产品成本降低目标。企业如何能够做到超额完成成本降低任务？超计划的成本降低额 12 540 元和成本降低率 0.355%，就是我们要进一步进行因素分析的分析对象。

【任务实施】

（1）确定分析对象。

编制可比产品成本降低任务完成情况计算表，如表 8 - 13 所示。

表 8-13 可比产品成本降低任务完成情况计算表

编制单位：力得工厂　　　　　　　　　　2023 年　　　　　　　　　金额单位：元

项目	可比产品成本降低额	可比产品成本降低率/%
1. 计划数		
甲产品	38 880	3.00
乙产品	10 080	2.00
合计	48 960	2.72
2. 实际数		
甲产品	52 500	3.50
乙产品	9 000	1.80
合计	61 500	3.075
3. 差异数（分析对象）		
甲产品	13 620	0.50
乙产品	-1 080	-0.20
合计	12 540	0.355

力得工厂甲产品本年实际平均单位成本为 2 316 元，上年实际平均单位成本为 2 400 元，本年实际总成本为 1 447 500 元，按上年实际平均单位成本计算的总成本为 1 500 000 元，实际成本降低率为：

$$(2\,400 - 2\,316) \div 2\,400 \times 100\% = 3.5\%$$

或

$$(1\,500\,000 - 1\,447\,500) \div 1\,500\,000 \times 100\% = 3.5\%$$

同理计算乙产品。

（2）确定影响成本降低任务完成的因素。

表 8-13 的计算结果表明，力得工厂可比产品成本降低任务已经超额完成，成本降低额超计划 12 540 元，成本降低率超计划 0.355 个百分点。但是，分产品来看，甲产品的成本降低额和降低率都完成了计划，而乙产品成本降低额比计划少 1 080 元，成本降低率比计划低 0.2 个百分点。究其原因，影响产品成本降低额完成的因素有产品单位成本、产品品种结构和产品产量三个因素。

（3）计算各个因素变动对成本降低完成情况的影响程度。

①产品单位成本变动的影响。

根据表 8-11 提供的资料，力得工厂本年由于产品单位成本变动对成本降低任务完成情况的影响计算如下：

产品单位成本变动影响的成本降低额 = 1 945 000 - 1 938 500 = 6 500（元）
产品单位成本变动影响的成本降低率 = 6 500 ÷ 2 000 000 × 100% = 0.325%

②产品品种结构变动的影响。

根据表 8-10 和表 8-11，编制品种结构计算表，如表 8-14 所示。

表8-14 产品品种结构计算表

编制单位：力得工厂　　　　　　　　　2023年　　　　　　　　金额单位：元

产品	计划产量	实际产量	上年实际单位成本	计划产量按上年实际单位成本计算的总成本	计划品种结构	实际产量按上年实际单位成本计算的总成本	实际品种结构
甲产品	540	625	2 400	1 296 000	72%	1 500 000	75%
乙产品	252	250	2 000	504 000	28%	500 000	25%
合计	—	—	—	1 800 000	100%	2 000 000	100%

在表8-13中，力得工厂甲、乙两种产品计划成本降低率分别为3%和2%；实际成本降低率分别为3.5%和1.8%；综合的计划成本降低率为2.72%，实际成本降低率为3.075%。根据表8-14的资料，综合成本降低率计算如下：

$$计划成本降低率 = 3\% \times 72\% + 2\% \times 28\% = 2.72\%$$
$$实际成本降低率 = 3.5\% \times 75\% + 1.8\% \times 25\% = 3.075\%$$

根据表8-10和表8-14的资料，力得工厂产品品种结构变动对成本降低率的影响计算如下：

a. 计划成本降低率：

$$3\% \times 72\% + 2\% \times 28\% = 2.72\%$$

b. 结构变动以后的综合成本降低率（各种产品的计划成本降低率不变）：

$$3\% \times 75\% + 2\% \times 25\% = 2.75\%$$

c. 产品品种结构变动影响的成本降低率：

$$2.75\% - 2.72\% = 0.03\%$$

上述计算结果表明，力得工厂在甲、乙两种产品的计划成本降低率（3%和2%）不变的情况下，由于产品品种结构的变动，可比产品综合的成本降低率由2.72%提高到2.75%，增加了0.03个百分点。这是在企业总产品中计划成本降低率比较高的甲产品的比重由72%上升到75%的结果。

根据表8-10和表8-11提供的资料，力得工厂本年产品品种结构变动影响的成本降低率和降低额计算如下：

产品品种结构变动影响的成本降低率 = (2 000 000 - 1 945 000) ÷ 2 000 000 - 2.72%
= 0.03%

产品结构变动影响的成本降低额 = 2 000 000 × 0.03% = 600(元)

③产品产量变动的影响。

根据表8-10和表8-11提供的资料，力得工厂本年产品产量变动影响的成本降低额可以计算如下：

产品产量变动影响的成本降低额 = 2 000 000 × 2.72% - 48 960 = 5 440(元)

产品产量变动影响的成本降低额 = (2 000 000 - 1 800 000) × 2.72% = 5 440(元)

在具体计算各个因素对成本降低任务完成情况的影响程度时，还可以采用更为简便的"余额法"，即在已知两个因素共同影响的数值和其中一个因素影响的数值以后，用减法求出另一个因素影响的数值。其计算过程如表 8 – 15 所示，其中①–⑦分别表示数据取得或计算的顺序。

表 8 – 15　可比产品成本降低任务完成情况分析表

编制单位：力得工厂　　　　　　　　　　2023 年　　　　　　　　　金额单位：元

影响因素	对成本降低额的影响	对成本降低率的影响
产品单位成本	③1 945 000 – 1 938 500 = 6500	④6 500 ÷ 2 000 000 = 0.325%
产品品种结构	⑥2 000 000 × 0.03% = 600	⑤0.355% – 0.325% = 0.03%
产品产量	⑦12 540 – 6 500 – 600 = 5 440	
合计	①12 540	②0.355%

综上，力得工厂可比产品成本降低任务的完成情况分析评价如下：

力得工厂本年可比产品成本降低额和降低率基本完成了计划。成本降低额比计划增加 12 540 元，成本降低率比计划增加 0.355 百分点。该厂成本降低任务的超额完成，是产品单位成本、产品产量和产品品种结构三个因素共同影响的结果。在这三个因素中，主要是产品单位成本和产品产量较好地完成了计划。由于产品单位成本的降低，成本降低额增加了 6 500 元，降低率增加 0.325 个百分点；由于产品产量的增加，成本降低额增加了 5 440 元。但是，在企业两种可比产品中，只有甲产品的单位成本和产品产量完成了计划；乙产品单位成本较计划超支 4 元，产量比计划减少 2 件，没有完成成本降低目标和产品产量计划，企业应对乙产品成本超支的原因做进一步分析。

（三）主要产品单位成本计划完成情况分析

在对产品单位成本计划完成情况的分析中，重点分析两类产品：一是单位成本升降幅度较大的产品；二是在企业全部产品中所占比重较大的产品。在这两类产品中，同样的，又应重点分析其中单位成本升降幅度较大和所占比重较大的成本项目。产品单位成本计划完成情况的分析，依据的是有关成本报表资料和成本计划资料，具体是先运用比较分析法确认产品单位成本计划的完成情况，即进行一般分析，再运用因素分析法明确各个成本项目成本升降的具体原因，即进行因素分析。

项目案例 8 – 5

【任务情境】力得工厂生产的甲产品和乙产品是主要产品，单位成本资料如表 8 – 16 所示。

表 8 – 16　产品单位成本

编制单位：力得工厂　　　　　　　　　　2023 年　　　　　　　　　金额单位：元

产品及成本项目	上年实际	本年计划	本年实际
甲产品	2 400	2 328	2 316
其中：直接材料	940	878	890

产品及成本项目	上年实际	本年计划	本年实际
直接人工	740	750	744
制造费用	720	700	682
乙产品	2 000	1 960	1 964
其中：直接材料	800	770	742.8
直接人工	500	510	516
制造费用	700	680	705.2

【任务要求】运用比较分析法的原理，编制产品单位成本计划完成情况分析表。

【任务目标】掌握比较分析法分析产品单位成本计划完成情况。

【任务实施】

编制产品单位成本计划完成情况分析表，如表 8-17 所示。

表 8-17　产品单位成本计划完成情况分析表

编制单位：力得工厂　　　　　　　　　2023 年　　　　　　　　金额单位：元

产品及成本项目	单位成本			与上年实际比		与本年计划比	
	上年实际	本年计划	本年实际	成本降低额	降低率/%	成本降低额	降低率/%
甲产品	2 400	2 328	2 316	84	3.500	12	0.515
其中：直接材料	940	878	890	50	5.319	-12	1.367
直接人工	740	750	744	-4	-0.541	6	0.800
制造费用	720	700	682	38	5.278	18	2.571
乙产品	2 000	1 960	1 964	36	1.800	-4	-0.204
其中：直接材料	800	770	742.8	57.2	7.150	27.2	3.532
直接人工	500	510	516	-16	3.200	-6	-1.176
制造费用	700	680	705.2	-5.2	0.743	-25.2	-3.706

　　根据表 8-17 的计算结果，可以对力得工厂主要产品单位成本计划的完成情况进行评价分析：与上年实际情况相比，力得工厂甲、乙两种主要产品的单位成本都有所降低，降低额分别为 84 元和 36 元，降低率分别为 3.5% 和 1.8%，其中两种产品的直接人工费用都有所增加，影响了产品单位成本的降低幅度。与本年计划相比，甲产品单位成本降低 12 元，降低率为 0.515%；乙产品单位成本超支 4 元，超支 0.204%。甲产品单位成本超额完成计划，主要是直接人工和制造费用较好地完成计划，成本降低额分别为 6 元和 18 元；但直接材料项目较计划超支 12 元，超支 1.367%，应当进一步分析原因。乙产品虽然直接材料项目超额完成计划，比计划降低 27.2 元，降低 3.532%，但直接人工和制造费用分别超支 6 元和 25.2 元，分别超支 1.176% 和 3.706%，影响了乙产品没有完成单位成本的计划金额，之后应对乙产品的直接人工和制造费用超计划的原因重点分析。

（四）制造费用预算执行情况的分析

企业费用预算执行情况的分析是成本分析的重要组成部分。根据制造费用明细表、制造费用预算和其他有关资料对制造费用预算执行情况进行分析时，应当注意以下几点。

1. 运用比较分析法分析

运用比较分析法，将本年（月、季、半年）实际制造费用总额及明细项目金额与本年制造费用预算进行比较，了解制造费用预算的执行情况；将本年实际制造费用与上年实际制造费用进行比较，了解两个年度制造费用总额及明细项目金额的变化情况。

2. 分固定费用和变动费用进行分析

根据费用与产品产量的关系，将制造费用划分为固定制造费用和变动制造费用。在运用比较分析法进行分析时，固定费用项目可以直接对比，变动费用项目可以先按产品产量（业务量）的变化情况对本年预算数进行调整，再将本年实际数与调整后的预算数进行对比。

 项目案例 8 - 6

【任务情境】力得工厂本年产量计划完成率为 110%，制造费用本年度、上年度实际总额和本年度预算总额如表 8 - 18 所示。

表 8 - 18　制造费用明细表

编制单位：力得工厂　　　　　　　　2023 年　　　　　　　　金额单位：万元

费用项目	本年实际总额	上年实际总额	本年预算总额
一、固定制造费用	1 200	1 220	1 210
1.……			
2.……			
二、变动制造费用	1 760	1 500	1 636
1.……			
2.……			
制造费用总额	2 960	2 720	2 846

【任务要求】根据力得工厂制造费用明细表编制制造费用分析表。

【任务目标】掌握固定制造费用和变动制造费用预算执行情况的计算分析。

【任务分析】力得工厂本年产量计划完成率为 110%，变动制造费用调整后的预算数 1 800 万元，是对本年预算数 1 636 万元按产量计划完成率（110%）进行调整后计算求得的，即 $1\ 636 \times 110\% = 1\ 799.6$（万元）；本年变动制造费用实际数 1 760 万元与调整后的预算数 1 800 万元相比，减少了 40 万元。

【任务实施】

制造费用分析如表 8 – 19 所示。

编制单位：力得工厂

表 8 – 19　制造费用分析表

2023 年

金额单位：万元

费用项目	本年实际		比较标准						脱离标准的差异			
			上年实际		本年预算		调整后的本年预算		与上年比		与调整后的本年预算比	
	总额	比重/%	总额	比重/%	总额	比重/%	总额	比重/%	差异额	差异率/%	差异额	差异率/%
一、固定制造费用	1 200	40.54	1 220	44.85	1 210	42.52	1 210	40.20	-20	-1.64	-10	-0.83
1. ……												
2. ……												
二、变动制造费用	1 760	59.46	1 500	55.15	1 636	57.48	1 799.6	59.80	260	17.33	-39.6	-2.20%
1. ……												
2. ……												
制造费用总额	2 960	100.00	2 720	100.00	2 846	100.00	3 009.6	100.00	240	8.82	-49.6	-1.65

3. 分析重点费用项目

对制造费用各个明细项目逐项分析，分析的重点项目应是实际情况脱离预算较大（或与上年比较差异额较大）的费用项目，以及在制造费用总额中数额较大且所占比重较大的费用项目。

4. 分析费用项目的构成比例

在分析重点费用项目数额变动的同时，应当进一步分析制造费用各明细项目构成比例（比重）的变化情况，检查费用构成变化的合理性。

（五）期间费用预算执行情况的分析

成本费用计划完成情况的分析也包括了期间费用预算执行情况的分析。对企业管理费用、财务费用和销售费用等期间费用预算执行情况的分析，在分析的对象、内容、方法和费用分析表的编制等方面，都与制造费用预算执行情况的分析基本相同，不再专门叙述。

闯关练习·

项目八

 项目小结

成本报表是按照成本管理的各项需要，根据日常成本核算资料及其他有关资料编制的，用以反映企业一定时期内产品成本水平和成本构成情况，并且考核产品成本计划和生产费用预算执行情况的书面报告。成本报表是为企业内部经营管理的需要而编制的，报表的种类、格式、项目和内容等由企业自行决定。成本报表一般包括产品生产成本表、主要产品单位成本表、制造费用明细表、期间费用明细表等。成本报表的编制和报送必须做到数字真实、计算准确、内容完整、报送及时。

成本报表分析是根据成本核算资料和成本计划资料及其他有关资料，运用科学的方法，揭示企业各项指标计划的完成情况和原因，从而对企业一定时期的成本管理工作情况获得比较全面的、本质的认识，以帮助企业寻找降低成本、挖掘企业内部增产节支潜力的一项专门工作。成本报表分析属于事后分析。成本报表分析常用对比分析法、比率分析法和因素分析法。

 项目综合实训

（一）按产品品种类别反映的产品生产成本表编制实训

1. 任务目的：按照产品品种类别编制产品生产成本表。
2. 任务情境：某公司生产 A、B、C 三种产品，其中 A 和 B 产品为主要产品，C 产品为次要产品。相关资料如表 8 - 20 所示。

表 8 - 20 产量、成本资料

2023 年   金额单位：元

项目		A 产品	B 产品	C 产品
产品产量/件	本年计划	2 260	1 000	980
	本年实际	2 580	1 020	1 000
单位成本	上年实际平均	600	500	
	本年计划	585	490	545
	本年实际平均	579	492	530

3. 任务要求：根据上述资料，按产品品种类别编制产品生产成本表。

（二）制造费用明细表编制实训

1. 任务目的：掌握公司制造费用明细表编制方法。

2. 任务情境：某工厂 2023 年 12 月份生产车间制造费用有关资料如表 8 - 21 所示。

表 8 - 21 制造费用明细资料

2023 年 12 月   金额单位：元

项目	上年同期实际	本月计划	本月实际	1～11 月份实际累计
职工薪酬	2 655	2 712	2 769	30 280
办公费	700	800	800	9 200
折旧费	3 000	3 300	3 350	36 860
修理费	1 040	1 160	1 180	12 440
运输费	1 380	1 500	1 300	15 700
租赁费	450	600	650	7 400
保险费	700	800	820	9 120
水电费	400	500	500	5 460
劳动保护费	300	400	430	4 880
机物料消耗	180	210	220	2 470
其他	127	153	170	1 400
合计	10 932	12 135	12 189	135 210

3. 任务要求：编制该工厂 2023 年 12 月份制造费用明细表。

（三）连环替代法实训

1. 任务目的：掌握连环替代法。

2. 任务情境：某企业某月某种产品的原材料费用计划为 156 000 元，实际为 139 810

元，降低了 16 190 元。该种产品的数量为：计划生产 400 件，实际生产 410 件；单件消耗计划为 30 千克，实际为 31 千克；每千克原材料计划单价为 13 元，实际为 11 元。

3. 任务要求：用连环替代法计算分析产品数量、单位产品耗料数量和原料单价变动对原材料费用的影响。

（四）产品单位成本计划完成情况分析实训

1. 任务目的：掌握各个因素变动对成本计划完成情况的影响分析。
2. 任务情境：甲企业的 A 产品产量变动对单位成本的影响资料如表 8 – 22 所示。

表 8 – 22　产品产量变动对单位成本影响分析表

金额单元：元

项目	本年计划			本年实际			降低额		
	产量/件	总成本	单位成本	产量/件	总成本	单位成本	产量/件	总成本	单位成本
变动成本	—	200 000	400	—	220 000	400	—	– 20 000	0
固定成本	—	50 000	100	—	50 000	90. 90	—	0	9. 10
合计	1 000	250 000	500	1 100	270 000	490. 90	– 100	– 20 000	9. 10

3. 任务要求：计算以下数据，并做出相应的分析。
（1）产量增长率。
（2）计划固定成本占单位产品全部成本的比重。
（3）产品产量变动影响的成本降低率。
（4）产品产量变动影响的总成本降低额。

 项目评价表

目标	要求	评分细则	分值	自评	互评	教师
知识	了解成本报表的意义、编制依据与要求及分类	全部阐述清楚得 10 分，大部分阐述清楚得 6~9 分，其余视情况得 1~5 分	10			
	掌握常见的主要成本报表的编制	全部阐述清楚得 10 分，大部分阐述清楚得 6~9 分，其余视情况得 1~5 分	10			
	掌握主要成本报表的分析思路与方法	全部阐述清楚得 10 分，大部分阐述清楚得 6~9 分，其余视情况得 1~5 分	10			

目标	要求	评分细则	分值	自评	互评	教师
技能	能够编制主要产品成本报表	能完全正确编制主要产品成本报表得15分，其他根据编制结果视情况得1~14分	15			
	能够根据主要产品成本报表的相关数据分析成本	能正确分析主要产品成本报表得15分，其他根据分析结果视情况得1~14分	15			
素质	按时出勤	迟到早退各扣1分，旷课扣5分	10			
	团队合作	小组氛围融洽，合理分工，能认真完成自己承担的工作，视情况1~10分	10			
	职业道德	客观真实地反映经济业务，视情况1~10分	10			
完成情况	按时保质完成	按时提交，视情况1~5分	5			
		书写整齐，视情况1~5分	5			
合计	自评、互评、教师评价各自占比30%、20%、50%		100			

智能化成本核算与管理

成本管理

项目九　成本管理方法

 知识目标 ----

1. 了解目标成本法的含义，掌握目标成本法的计算方法；
2. 熟悉标准成本法的含义，明确标准成本的制定，掌握成本差异的计算和分析方法；
3. 熟悉作业成本法的含义和核心概念，掌握作业成本法的计算方法。

能力目标 ----

1. 能够运用标准成本法正确地进行标准成本和成本差异的计算，能够对成本差异进行分析；
2. 能够运用作业成本法进行动因的划分和作业成本的计算。

素质目标 ----

1. 维护国家、集体利益，遵守财经法规，客观真实地反映每一项经济业务，诚信为本，坚持准则，恪守会计职业道德；
2. 吃苦耐劳、扎实肯干，经济业务记录全面，手续齐备，数据规范，字迹工整；
3. 具有较强的岗位适应能力和一定的协调沟通能力，与其他岗位会计团结协作。

知识结构导图 ....

```
                    ┌ 含义
            目标成本法 ┤ 应用程序
            │         └ 优缺点
            │         ┌ 含义及优缺点
            │         │ 种类
成本管理方法 ┤ 标准成本法┤ 标准成本的制定
            │         └ 成本差异的计算分析
            │         ┌ 含义及优缺点
            │         │ 核心概念
            └ 作业成本法┤ 应用
                      └ 传统完全成本法和作业成本法的对比
```

━ 项目 导入 ・

　　鑫鑫公司是一家红糖生产企业，主要靠手工制作，因此需要大量劳动力。公司原有的员工都是经验丰富的老工人，但最近为满足销售旺季对红糖的需求不得不扩招劳动力，雇用没经验的新员工。公司总裁召集会议，讨论企业成本超支的问题，会议上大家各抒己见。公司总裁认为人力成本开销过大且没有达到生产要求，应该解雇一些新员工。生产经理说新员工刚来不到一个月，还需要一点时间熟悉工作流程。采购经理提出采购部门浪费了很多原材料，特别是甘蔗，导致材料费用超标。生产经理说是采购部门买的那些甘蔗有质量问题。试问，企业应当如何确定红糖各成本项目的标准成本并对超支的成本差异进行分析？

任务一　目标成本法

一、目标成本法的含义

　　目标成本法，是指企业以市场为导向，以目标售价和目标利润为基础确定产品的目标成本，从产品设计阶段开始，通过各部门、各环节乃至与供应商的通力合作，共同实现目标成本的成本管理方法。

　　目标成本法一般适用于成熟制造业企业的产品改造以及开发设计中的成本管理，也可以在物流、建筑、服务等行业应用。

二、目标成本法的应用程序

　　目标成本法的应用程序一般包括确定应用对象，成立跨部门团队，收集相关信息，计算目标成本，落实目标成本责任，考核成本管理业绩以及持续改善等环节。

（一）确定应用对象

　　企业应根据目标成本法的应用目标、应用环境，综合考虑产品的产能、销量、盈利能力等方面的因素，确定应用对象。一般情况下，企业会选择拟开发的新产品或那些功能与设计存在较大弹性空间、对企业经营业绩具有重大影响、产销量较大且处于亏损状态或者盈利水平较低的老产品作为目标成本法的应用对象。

（二）成立跨部门团队

　　目标成本法是一种全过程、全方位、全人员的成本管理方法。因此，目标成本法的应用需要企业设立由研发、供应、生产、营销、财务等有关部门负责人组成的跨部门团队。在该团队之下，企业可以建立成本规划、成本设计、成本确认、成本实施等小组，开展目标成本法相关工作。

1. 成本规划小组

　　成本规划小组由业务及财务人员组成，负责设定目标利润，制定新产品开发或老产品改进方针，考虑目标成本等。该小组的职责主要是收集信息、计算市场可容许成本。

2. 成本设计小组

成本设计小组由技术及财务人员组成，负责确定产品的技术性能、规格，负责对比各种成本因素，考虑价值工程，进行设计图上成本降低或成本优化的预演等。该小组的职责主要是可实现目标成本的设定和分解等。

3. 成本确认小组

成本确认小组由有关部门负责人、技术及财务人员组成，负责分析设计方案或试制品评价的结果，确认目标成本，进行生产准备、设备投资等。该小组的职责主要是可实现目标成本设定与分解的评价和确认等。

4. 成本实施小组

成本实施小组由有关部门负责人及财务人员组成，负责确认实现成本策划的各种措施，分析成本控制中出现的差异，并提出对策，对整个生产过程进行分析、评价等。该小组的职责主要是落实目标成本责任、考核成本管理业绩等。

（三）收集相关信息

目标成本法要以大量市场调查为基础，估计出在未来某一时点市场上的目标售价，然后减去企业的预期目标利润，从而得到目标成本。因此，目标成本法的应用需要各部门收集与应用对象相关的信息，包括产品成本构成及料、工、费等方面的财务和非财务信息，产品功能及其设计、生产流程与工艺等技术信息，材料的主要供应商、供求状况、市场价格及其变动趋势等信息，产品的主要消费者群体、分销方式和渠道、市场价格及其变动趋势等信息，本企业及同行业标杆企业产品盈利水平等信息。

（四）计算目标成本

1. 市场可容许成本

根据市场调研和竞争品的功能与售价分析，考虑市场变化趋势、竞争产品情况、新品所增加新机能的价值等情况，结合本企业的历史数据和竞争地位，了解客户需求，确定目标售价和目标利润，进而确定市场可容许成本。

2. 可实现目标成本

企业应将市场可容许成本与新产品设计成本或老产品当前成本进行比较，确定二者的差异及成因，设定可实现的目标成本。可选择的方式包括：改进产品设计，改进生产工艺，寻找替代材料；使用先进的生产设备，提高工人的劳动生产率；加强设备维修，减少闲置设备；组织好生产经营活动等。

3. 零部件目标成本

企业应根据设定的可实现目标成本，按主要功能对可实现的目标成本进行分解，确定产品所包含的每一零部件的目标成本。在分解时，首先确定主要功能的目标成本，然后寻求实现这种功能的方法，并把主要功能及其目标成本分解给零部件，最后将零部件的目标成本转化为供应商的目标售价，将企业所面临的竞争压力传递给供应商的设计者。

（五）落实目标成本责任

企业应将设定的可实现目标成本、零部件目标成本等进一步量化为可控制指标，落实到各责任主体，形成各责任主体的责任成本和成本控制标准，将成本责任落到实处。

（六）考核成本管理业绩

企业应以各责任主体的责任成本和成本控制标准为依据，结合企业业绩考核制度，定期进行成本管理业绩的考评，为各责任主体的激励奠定基础。

（七）持续改善

企业应定期将产品实际成本与设定的可实现目标成本进行对比，确定二者的差异，分析差异的成因，寻求解决问题的途径措施，进行可实现目标成本的重新设定、再达成，推动成本的持续改善。

三、目标成本法的优缺点

目标成本法可以帮助企业优化作业，合理配置资源，进行全面质量管理，调动员工降低成本的积极性，且能够对成本进行事前控制。但是目标成本法的运用不仅要求企业具有各类所需要的人才，更需要各有关部门和人员的通力合作，因此对企业的管理水平要求较高。

任务二　标准成本法

一、标准成本法的含义及优缺点

（一）标准成本法的含义

标准成本法，是指企业以预先制定的标准成本为基础，通过比较标准成本与实际成本，核算和分析成本差异，揭示成本差异动因，实施成本控制，评价经济业绩的一种成本管理方法。

标准成本法的实施一般包括以下几个步骤：制定单位产品标准成本，计算实际产量下产品的标准成本，计算产品的实际成本，计算实际成本与标准成本之间的成本差异，分析差异产生的原因。

标准成本是指按照成本项目事先制定的，在正常的生产技术水平和有效的经营管理条件下，应当达到的产品成本水平。成本差异是指实际成本与相关标准成本之间的差额，当实际成本大于标准成本时，形成超支差异；当实际成本小于标准成本时，形成节约差异。

企业应用标准成本法的主要目标是，通过标准成本与实际成本的比较，揭示与分析标准成本与实际成本之间的差异，并按照例外管理的原则，对不利差异予以纠正，以提高工作效率，不断改善产品成本。

（二）标准成本法的优缺点

标准成本法能够及时反馈各成本项目不同性质的差异，便于进行成本控制，有利于考核相关部门及人员的业绩；为企业定价、竞标等提供依据；有助于公司合理分配资源，激励和鼓舞员工；标准成本的制定及其差异和动因的信息可以使企业预算编制更为科学和可行，有助于企业的经营决策。

但是，标准成本法也有缺点。它要求企业产品的成本标准比较准确、稳定，在使用条件上存在一定的局限性；而且对标准管理要求较高，系统维护成本较高；标准成本需要根据市场价格波动频繁更新，导致成本差异可能缺乏可靠性，降低成本控制效果。

因此，标准成本法一般适用于产品及其生产条件相对稳定，或生产流程与工艺标准化程度较高的企业。

知识拓展

标准成本法的意义

二、标准成本的种类

按制定标准成本所依据的生产技术和经营管理水平划分，标准成本可以分为理想标准成本和正常标准成本。

1. 理想标准成本

它是指以现有技术、设备和经营管理处于最佳状态为前提所确定的标准成本。这种标准成本是在假定材料没有浪费、设备不发生故障、产品无废品、工作不停顿的基础上制定的，在实际工作中很难达到，所以它不适合被选为现行标准成本，只能作为一种最高的参考标准。

2. 正常标准成本

它是根据企业近期最可能发生的生产要素耗用量、生产要素价格和生产经营能力的利用程度而制定的，通过有效的经营管理活动应达到的标准成本，又称期望可达到的标准成本。这种成本从企业实际出发，考虑到企业一时还不能完全避免的成本或损失，具有一定的可操作性；同时又能对改进未来成本管理提出合理要求，是一种既先进又合理，既切实可行又接近实际的，经过努力可以实现的成本目标。因此，正常标准成本是各类企业在制定标准成本时首选的标准成本。

三、标准成本的制定

产品成本主要由直接材料、直接人工、制造费用等成本项目构成，制造费用又分为变动制造费用和固定制造费用，应当分别为它们制定标准成本。直接材料标准成本、直接人工标准成本、变动制造费用标准成本是由用量标准和价格标准共同构成的，而固定制造费用标准成本只能编制预算总额。直接材料标准成本、直接人工标准成本、变动制造费用标准成本计算公式如下：

$$单位产品标准成本 = 标准用量 \times 标准单价$$
$$实际产量下的总标准成本 = 实际产量 \times 单位产品标准成本$$

（一）直接材料标准成本

直接材料标准成本是单位产品的直接材料标准用量与标准单价之积。直接材料标准用量，是指产品应耗用材料的数量，通常也称为材料消耗定额。直接材料标准用量的确定，应由企业的产品设计技术部门、生产部门参加，充分考虑产品的设计、生产现状和使用过程中的必要损耗，结合企业经营管理和降低成本目标的要求测定各种原料及主要材料的消耗定额。直接材料的标准单价是指取得该材料应付的单位价格，包括进价和预计的采购费用，如订货费用、运输费用和装卸费用等。直接材料的标准单价，一般由采购部门会同财务、生产等部门，在考虑市场环境及其变化趋势、订货价格以及最佳采购批量等因素的基础上综合确定。

$$单位产品直接材料标准成本 = \sum（直接材料标准用量 × 直接材料标准单价）$$

 项目案例 9-1

【任务情境】红星公司生产甲产品，材料正常用量 1 千克/件，允许损耗量 0.05 千克/件。材料买价 9 元/千克，装卸检验费 1 元/千克。

【任务要求】计算直接材料的标准成本。

【任务目标】掌握直接材料标准成本的计算。

视　频·

直接材料标准
成本的计算

【任务分析】直接材料标准成本是单位产品的直接材料标准用量与标准单价之积。标准用量是正常用量和损耗量等之和，标准单价是买价和装卸、检验等费用之和。

【任务实施】

直接材料标准用量 = 1 + 0.05 = 1.05（千克/件）

直接材料标准单价 = 9 + 1 = 10（元）

直接材料标准成本 = 1.05 × 10 = 10.5（元/件）

（二）直接人工标准成本

直接人工标准成本是单位产品的直接人工标准工时与小时标准工资率之积。小时标准工资率是指生产工人每消耗一个标准工时应分配的工资成本，属于价格标准。其计算公式为：

$$直接人工标准成本 = 直接人工标准工时 × 小时标准工资率$$

$$小时标准工资率 = 预计直接人工工资总额 ÷ 标准总工时$$

直接人工标准工时是指单位产品工时消耗定额，应由生产部门、技术部门、财务部门在现有生产技术条件下，考虑提高生产率的要求进行确定，包括有效作业时间、必要的休息时间和生理上所需的时间，以及机器设备的停工修理时间和不可避免的废品生产时间。标准总工时是企业在充分利用现有生产能力的条件下，单位产品工时消耗定额与可能达到的最大产量的乘积。

 项目案例 9-2

【任务情境】红星公司生产甲产品，作业时间 4 小时/件，设备调整时间 0.5 小时/件，工间休息 0.5 小时/件。工人每人每月工时 176 小时，出勤率 95%，人数 20 人，每月预算工资总额 33 440 元。

【任务要求】计算直接人工的标准成本。

【任务目标】掌握直接人工标准成本的计算。

【任务分析】直接人工标准成本是单位产品的直接人工标准工时与小时标准工资率之积。标准工时是作业时间、设备调整时间、休息时间等之和。小时标准工资率需要先算出工人的出勤总工时，再根据预算工资总额和出勤总工时计算。

【任务实施】

直接人工标准工时 = 4 + 0.5 + 0.5 = 5（小时/件）

直接人工出勤总工时 = 176 × 95% × 20 = 3 344（小时）

直接人工标准工资率 = 33 440 ÷ 3 344 = 10（元/小时）

直接人工标准成本 = 5 × 10 = 50（元/件）

（三）变动制造费用标准成本

变动制造费用是指随产量变动呈正比例变化的制造费用。变动制造费用标准成本是变动制造费用标准用量与变动制造费用标准分配率之积。变动制造费用标准用量可以用直接人工工时或机器台时或其他标准用量来表示。变动制造费用标准分配率是每消耗一个标准工时应发生的变动性制造费用。标准用量以标准工时为例，其计算公式为：

变动制造费用标准成本 = 变动制造费用标准工时 × 变动制造费用标准分配率

变动制造费用标准分配率 = 变动制造费用预算总额 ÷ 标准总工时

变动制造费用标准总工时按照依据的业务量基础不同又分为最大产量标准总工时和预算产量标准总工时两种形式。最大产量标准总工时是企业在充分利用现有生产能力的条件下单位产品工时消耗定额与可能达到的最大产量的乘积。它与式中的标准总工时口径完全相同。预算产量标准总工时是企业按照预算产量组织生产过程中单位产品工时消耗定额与预算产量的乘积。

 项目案例 9 - 3

【任务情境】沿用项目案例 9 - 2，红星公司生产甲产品，运输费预算 272 元，电力费用预算 500 元，材料费用预算 500 元，燃料费用预算 400 元。

【任务要求】计算变动制造费用的标准成本。

【任务目标】掌握变动制造费用标准成本的计算。

【任务分析】变动制造费用标准成本是标准工时与变动制造费用标准分配率之积。标准工时见项目案例 9 - 2，标准分配率需要先算出变动制造费用的预算总成本，再根据变动制造费用预算总成本和标准总工时计算。

【任务实施】

变动制造费用预算总成本 = 272 + 500 + 500 + 400 = 1 672（元）

变动制造费用标准分配率 = 1 672 ÷ 3 344 = 0.5（元/小时）

变动制造费用标准成本 = 5 × 0.5 = 2.5（元/件）

（四）固定制造费用标准成本

固定制造费用主要是指间接生产费用中那些不随产品产量变化费用，例如厂房设备的折旧费用、维修费用、租赁费用等。固定制造费用应由财务部门、采购部门、生产部门、营销部门根据不同项目特性，充分考虑产能、费用预算等情况，通过汇总各项目的标准成本进行确定。

在变动成本法下，固定制造费用实行总量控制，通常根据事先编制的固定预算来控制其费用总额。在完全成本法下，固定制造费用通过计算标准分配率，将固定制造费用分配到单位产品，形成固定制造费用的标准成本。也就是说，在完全成本法下，固定制造费用与变动制造费用一样也要通过分配计入单位产品的标准成本中。在这种情况下，制定固定制造费用的标准成本可采取两种方法：第一种方法与确定变动制造费用标准成本的过程相类似，即分别确定固定制造费用标准分配率和标准工时，然后计算两者的乘积；第二种方法是直接按固定制造费用预算总额除以预算产量，得到单位产品的固定制造费用标准成本。

$$固定制造费用预算总额 = \sum 固定制造费用各项目预算成本$$

$$固定制造费用标准分配率 = 固定制造费用预算总额 \div 标准总工时$$

$$固定制造费用标准成本 = 标准工时 \times 固定制造费用标准分配率$$

 项目案例 9 – 4

【**任务情境**】沿用项目案例 9 – 2，红星公司生产甲产品，折旧费用预算 3 000 元，技术、管理人员薪酬预算 2 688 元，保险费用预算 500 元，办公费用预算 500 元。

【**任务要求**】计算固定制造费用的标准成本。

【**任务目标**】掌握固定制造费用标准成本的计算。

【**任务分析**】固定制造费用标准成本是标准工时与固定制造费用标准分配率之积。标准工时见项目案例 9 – 2。标准分配率需要先算出固定制造费用的预算总额，再根据固定制造费用预算总额和标准总工时计算。

【**任务实施**】

固定制造费用预算总额 = 3 000 + 2 688 + 500 + 500 = 6 688（元）

固定制造费用标准分配率 = 6 688 ÷ 3 344 = 2（元/小时）

固定制造费用标准成本 = 5 × 2 = 10（元/件）

四、成本差异的计算分析

成本差异，是指实际成本与相对应的标准成本之间的差额。当实际成本大于对应的标准成本，形成超支差异，我们称之为不利差异，通常用 U 表示；当实际成本小于对应的标准成本，形成节约差异，我们称之为有利差异，通常用 F 表示。

成本差异 = 实际成本 − 实际产量下的标准成本

= 实际用量 × 实际单价 − 实际产量下标准用量 × 标准单价

注意，标准成本指的是实际产量下的标准成本，标准用量指的是实际产量下的标准用量，标准工时指的是实际产量下的标准工时。

（一）变动成本差异的计算分析

直接材料标准成本、直接人工标准成本、变动制造费用标准成本这三项的成本差异主要由两方面原因造成：一方面是用量脱离标准造成的用量差异，另一方面是单价脱离标准造成的价格差异。

用量差异是指由特定成本项目的实际耗用量与标准耗用量不一致而导致的成本差异，其计算公式如下：

$$用量差异 = 实际产量下的用量差 \times 标准单价$$
$$= （实际用量 - 实际产量下的标准用量）\times 标准单价$$

价格差异是指由特定成本项目的实际单价与标准单价不一致而导致的成本差异。其计算公式如下：

$$价格差异 = 单价差 \times 实际用量 = （实际单价 - 标准单价）\times 实际用量$$

因此可以看到，用量差异和价格差异共同构成了成本差异。

$$用量差异 + 价格差异 = 实际用量 \times 实际单价 - 实际产量下标准用量 \times 标准单价$$
$$= 成本差异$$

1. 直接材料成本差异的计算分析

直接材料成本差异是指直接材料的实际成本与实际产量下的标准成本之间的差异，由两部分构成：用量差异（量差）和价格差异（价差）。价差由直接材料单价脱离标准单价的差额与实际用量计算确定。量差由直接材料实际用量脱离标准用量的差额与标准单价计算确定。

$$直接材料成本差异 = 实际成本 - 实际产量下的标准成本$$
$$= 实际用量 \times 实际单价 - 实际产量下标准用量 \times 标准单价$$
$$= 用量差异 + 价格差异$$
$$直接材料用量差异 = （实际用量 - 实际产量下标准用量）\times 标准单价$$
$$直接材料价格差异 = 实际用量 \times （实际单价 - 标准单价）$$

对于直接材料成本项目来说，实际产量下的标准用量就是按材料消耗定额和实际产量计算的直接材料定额消耗量，实际产量下的用量差异为实际产量下直接材料的实际消耗量与标准消耗量之差。用量差异形成的原因有生产部门原因，也有非生产部门原因，包括工人技术熟练程度、工人操作失误、技术改进、新工人上岗、废品率高低、产品结构设计、材料质量等。用量差异需要具体分析，但主要由生产部门承担。

材料价格差异是在材料采购过程中形成的，不应由耗用材料的生产部门负责，而应由材料的采购部门负责并说明原因。采购部门未能按标准进货的原因有许多，例如，市场价格、供应厂商、采购批量、紧急订货、运费和途耗增加、运输方式、违反合同被罚款、承接紧急订单等。对此需要进行具体分析和调查，才能明确最终原因和责任归属。

 项目案例 9 – 5

【任务情境】 沿用项目案例 9 – 1 ～ 项目案例 9 – 4，红星公司甲产品标准成本如表 9 – 1 所示。

表 9-1　甲产品标准成本卡　　　　　　　金额单位：元

项目	标准用量	标准单价（标准分配率）	标准成本
直接材料	1.05 千克/件	10	10.5
直接人工	5 小时/件	10	50
变动制造费用	5 小时/件	0.5	2.5
固定制造费用	5 小时/件	2	10
合计	—	—	73

　　红星公司本月生产甲产品 1 000 件，期初期末无在产品，直接材料实际用量 1 200 千克，实际单价 9.5 元/千克。

　　【任务要求】计算并分析直接材料的成本差异。

　　【任务目标】掌握直接材料成本差异的计算分析。

　　【任务分析】直接材料成本差异是指直接材料的实际成本与实际产量下的标准成本之间的差异，由两部分构成：用量差异和价格差异。用量差异由直接材料实际用量脱离标准用量的差额与标准单价计算确定。价格差异由直接材料单价脱离标准单价的差额与实际用量计算确定。

　　【任务实施】

　　直接材料用量差异 = (1 200 - 1.05 × 1 000) × 10 = 1 500 （元）

　　直接材料价格差异 = (9.5 - 10) × 1 200 = -600 （元）

　　直接材料成本差异 = 1 500 + (-600) = 900 （元）

　　分析：直接材料项目用量差异为超支差 1 500 元，价格差异为节约差 600 元，从而使得直接材料的总成本超支了 900 元。

2. 直接人工成本差异的计算分析

　　直接人工成本差异，是指直接人工的实际成本与实际产量下的标准成本之间的差异，亦可区分为量差和价差两部分。价差由直接人工实际工资率脱离标准工资率的差额与实际工时计算确定。量差由直接人工实际工时脱离标准工时的差额与标准工资率计算确定。由于工时耗用量发生了差异而导致的直接人工成本差异，工时用量的多少意味着生产率的高低，所以又称为人工效率差异（人工效率通常直接体现为时间的节约）。

　　直接人工成本差异 = 实际成本 - 实际产量下的标准成本

　　　　　　　　　　 = 实际用量 × 实际单价 - 实际产量下标准用量 × 标准单价

　　　　　　　　　　 = 效率差异 + 工资率差异

　　直接人工效率差异 = （实际工时 - 实际产量下标准工时）× 标准工资率

　　直接人工工资率差异 = 实际工时 × （实际工资率 - 标准工资率）

　　对于直接人工项目来说，实际产量下的标准用量就是按工时消耗定额和实际产量计算的工时定额消耗量；实际产量下的用量差异为实际产量下实际耗用工时与标准耗用工时之差。直接人工效率差异的形成原因也很多，包括工作环境、工人技术经验、劳动情绪、机器或工具的选用、设备有无故障、生产计划安排、产量规模等，这些主要由生产部门负责，但也不是绝对的，例如，材料质量不高也会影响生产效率。

直接人工工资率差异的形成原因比较复杂，包括工资制度变化、生产工人升级降级、奖励制度未产生实效、年资率调整、加班或临时工增减、出勤率变化等。一般而言，这主要由人力资源部门管控。

 项目案例 9 - 6

【任务情境】沿用项目案例 9 - 5，实际工时 5 200 小时，实际工资 54 600 元。

【任务要求】计算并分析直接人工成本差异。

【任务目标】掌握直接人工的成本差异计算分析。

【任务分析】直接人工成本差异是指直接人工的实际成本与实际产量下的标准成本之间的差异，由两部分构成：效率差异和工资率差异。效率差异 = 直接人工实际工时脱离标准工时的差额 × 标准单价。工资率差异 = 直接人工实际工资率脱离标准工资率的差额 × 实际工时。

【任务实施】

直接人工效率差异 = $(5\ 200 - 5 \times 1\ 000) \times 10 = 2\ 000$（元）

直接人工工资率差异 = $(54\ 600 \div 5\ 200 - 10) \times 5\ 200 = 2\ 600$（元）

直接人工成本差异 = $2\ 000 + 2\ 600 = 4\ 600$（元）

分析：直接人工项目效率差异为超支差 2 000 元，工资率差异为超支差 2 600 元，从而使得直接人工的总成本超支了 4 600 元。

3. 变动制造费用成本差异的计算分析

变动制造费用的差异，是指实际变动制造费用与标准变动制造费用之间的差额，亦可区分为量差和价差两部分。价差是指燃料、动力、辅助材料等变动制造费用项目的实际价格脱离标准价格的差异，由变动制造费用的实际分配率脱离标准分配率的差额与实际工时计算确定，反映耗费水平的高低，故称为耗费差异。量差是指燃料、动力、辅助材料等变动制造费用项目的实际消耗量脱离标准用量的差异，由实际工时脱离标准工时的差额与小时标准分配率计算确定，是由于工时耗用量差异而导致的变动制造费用成本差异，同样是由生产率变动而引起的差异，反映工作效率变化引起的费用节约或超支，所以又称为效率差异。

变动制造费用成本差异 = 实际成本 – 实际产量下的标准成本

= 实际工时 × 实际分配率 – 实际产量下标准工时 × 标准分配率

= 耗费差异 + 变动制造费用效率差异

效率差异 = （实际工时 – 实际产量下标准工时）× 标准分配率

耗费差异 = 实际工时 × （实际分配率 – 标准分配率）

变动制造费用效率差异，是由于实际工时脱离了标准工时，多用工时导致的费用增加，因此其形成原因与直接人工效率差异相似。强化生产管理，提高工时利用效率和生产率是降低变动制造费用率差异的主要手段。

变动制造费用的耗费差异，通常是由各有关项目的价格原因造成的，耗费差异主要是部门经理的责任,他们有责任将变动制造费用控制在弹性预算限额之内。

 项目案例 9 - 7

【任务情境】 沿用项目案例 9 - 5,实际工时 5 200 小时,实际变动制造费用 2 548 元。

【任务要求】 计算并分析变动制造费用的成本差异。

【任务目标】 掌握变动制造费用的成本差异计算分析。

【任务分析】 变动制造费用成本差异是指变动制造费用的实际成本与实际产量下的标准成本之间的差异,由两部分构成:效率差异和耗费差异。效率差异=(实际工时-实际产量下标准工时)×标准单价。耗费差异=(实际分配率-标准分配率)×实际工时。

【任务实施】

变动制造费用效率差异=(5 200 - 5×1 000)×0.5 = 100(元)

变动制造费用耗费差异=(2 548÷5 200 - 0.5)×5 200 = -52(元)

变动制造费用成本差异= 100+(-52)= 48(元)

分析:变动制造费用项目效率差异为超支差 100 元,耗费差异为节约差 52 元,从而使得变动制造费用的总成本超支了 48 元。

(二) 固定制造费用成本差异的计算分析

固定制造费用成本差异是指实际发生的固定制造费用与实际产量下的标准固定制造费用之间的差额,计算公式如下:

固定制造费用差异=实际成本-实际产量下的标准成本

= 实际工时×实际分配率-实际产量下标准工时×标准分配率

标准分配率=固定制造费用预算总额÷标准总工时

与变动制造费用不同,固定制造费用不会随产量的变化而变化。这就决定了其计算分析方法与变动制造费用不同。固定制造费用成本差异分析可以采用两种方法:两差异分析法和三差异分析法。

(1) 两差异分析法。

两差异分析法是将固定制造费用成本差异分成两部分:耗费差异和能量差异。其中,耗费差异是固定制造费用实际成本与预算产量下标准成本的差额,能量差异是固定制造费用预算产量下标准成本与实际产量下的标准成本之间的差额。计算公式如下:

耗费差异=实际成本-预算产量下的标准成本

= 实际工时×实际分配率-预算产量下标准工时×标准分配率

能量差异=预算产量下的标准成本-实际产量下标准成本

= 预算产量下标准工时×标准分配率-实际产量下标准工时×标准分配率

=(预算产量下标准工时-实际产量下标准工时)×标准分配率

项目案例 9-8

【任务情境】沿用项目案例 9-5，实际工时 5 200 小时，甲产品预算产量 1 100 件，实际固定制造费用为 11 500 元。

【任务要求】采用两差异分析法计算分析固定制造费用的成本差异。

【任务目标】掌握两差异分析法计算分析固定制造费用的成本差异。

【任务分析】固定制造费用成本差异是指固定制造费用的实际成本与实际产量下的标准成本之间的差异，由两部分构成：耗费差异和能量差异。耗费差异＝实际成本－预算产量下的标准成本。能量差异＝预算产量下的标准成本－实际产量下的标准成本。

【任务实施】

固定制造费用耗费差异＝11 500－1 100×10＝500（元）

固定制造费用能量差异＝1 100×10－1 000×10＝1 000（元）

固定制造费用成本差异＝500＋1 000＝1 500（元）

分析：固定制造费用项目耗费差异为超支差 500 元，能量差异为超支差 1 000 元，从而使得固定制造费用的总成本超支了 1 500 元。

（2）三差异分析法。

三差异分析法是将固定制造费用成本差异分成三部分：耗费差异、产量差异、效率差异。也就是在两差异分析法的基础上，将能量差异分解成两部分：产量差异和效率差异。其中，产量差异是产量不同而产生的差异，效率差异是工时不同而产生的差异。计算公式如下：

耗费差异＝固定制造费用实际成本－预算产量下的标准成本

　　　　＝实际工时×实际分配率－预算产量下标准工时×标准分配率

产量差异＝（预算产量下标准工时－实际产量下实际工时）×标准分配率

效率差异＝（实际产量下实际工时－实际产量下的标准工时）×标准分配率

产量差异又称为闲置能力差异，是由于生产的产品数量不同导致的差异。产量差异产生的主要原因是：产品销量、材料供应、订货多少、生产能力有无过剩或利用不充分、设备有无故障等。产量差异主要应由企业管理部门负责，但如果由于产品质量导致销路不好，应该由生产部门负责。效率差异和耗费差异产生的主要原因与变动制造费用相同。影响耗费差异的原因可能有人员薪酬调整、折旧方法改变、费用开支变化等；影响效率差异的原因可能有生产率、设备利用、产量规模等。

项目案例 9-9

【任务情境】沿用项目案例 9-8。

【任务要求】采用三差异分析法计算分析固定制造费用的成本差异。

【任务目标】掌握三差异分析法计算分析固定制造费用的成本差异。

【任务分析】固定制造费用成本差异是指固定制造费用的实际成本与实际产量下的标准成本之间的差异，由三部分构成：耗费差异、产量差异、效率差异。

【任务实施】

固定制造费用耗费差异 = $11\,500 - 1\,100 \times 10 = 500$（元）

固定制造费用产量差异 = $(1\,100 \times 5 - 5\,200) \times 2 = 600$（元）

固定制造费用效率差异 = $(5\,200 - 1\,000 \times 5) \times 2 = 400$（元）

固定制造费用成本差异 = $500 + 600 + 400 = 1\,500$（元）

分析：固定制造费用项目耗费差异为超支差 500 元，产量差异为超支差 600 元，效率差异为超支差 400 元，从而使得固定制造费用的总成本超支了 1 500 元。

实际工作中，需要将上述标准成本的计算和成本差异汇总到一起，编制标准成本差异分析汇总表，如表 9-2 所示。

表 9-2 标准成本差异分析汇总表

产品：甲产品　　　　　　　　　　产量：1 000 件　　　　　　　　金额单位：元

项目	实际成本	标准成本	成本差异	差异分析	
直接材料	11 400	10 500	900	用量差异	1 500
				价格差异	-600
直接人工	54 600	50 000	4 600	效率差异	2 000
				工资率差异	2 600
变动制造费用	2 548	2 500	48	效率差异	100
				耗费差异	-52
固定制造费用	11 500	10 000	1 500	耗费差异	500
				产量差异	600
				效率差异	400
合计	80 048	73 000	7 048	—	—

任务三　作业成本法

一、作业成本法的含义及优缺点

（一）作业成本法产生的背景及含义

作业成本法起源于美国，首先由科勒提出。科勒发现，在水力发电生产过程中，直接成本比重很低、间接成本很高，这就从根本上冲击了传统的按照工时比例分配间接费用的成本核算方法。后来，斯托布斯对 ABC 理论做了进一步研究。20 世纪末，以计算机为主导的生产自动化、智能化程度日益提高，直接人工费用普遍减少，间接成本相对增加，这就明显突破了制造成本法中"直接成本比例较大"的假定，导致了 ABC 研究的全面兴起，其中的代表者是哈佛大学的卡普兰教授。

2005 年 1 月，《哈佛商业评论》发表了卡普兰的文章《时间驱动的作业成本法》。卡普兰是哈佛大学商学院的知名教授，是作业成本法的创始人，同时是著名管理工具平衡记分卡的创始人之一。卡普兰教授提出，传统管理会计的可行性下降，应该用一种全新的 ABC 思路来研究成本，其观点包括：ABC 的本质就是将作业作为确定分配间接费用的基础，引导管理人员将注意力集中在成本发生的原因及成本动因上，而不仅仅是关注成本计算结果本身；通过对作业成本的计算和有效控制，可以较好地克服传统制造成本法中间接费用责任不清的缺点，并且使以往不可控的间接费用在 ABC 系统中变为可控。所以，ABC 不仅仅是一种成本计算方法，更是一种成本控制和企业管理的手段，从而产生了作业管理法。

作业成本法是指以作业为核算对象，通过成本动因来确认和计量作业量，进而以作业量为基础分配间接费用的成本计算方法。

（二）作业成本法的优缺点

1. 作业成本法的优点

与传统的成本计算方法相比，作业成本法的优点主要表现在以下几个方面：拓宽了成本核算的范围；提供了相对准确的成本信息；作业成本信息可以有效地改进企业战略决策；提供了便于不断改进的业绩评价体系；便于调动各部门挖掘盈利潜力的积极性；有利于企业杜绝浪费，提高经济效益。

2. 作业成本法的缺点

就作业成本法本身而言，它不是一种十分完美的成本计算方法，还存在着许多不足，主要表现在以下几个方面：实施作业成本计算的费用较高；在成本动因的选择上有一定的主观性；作业成本计算的实施将会降低或失去成本信息的纵向和横向可比性。

二、作业成本法的核心概念

若要了解作业成本法，首先必须了解其所使用的一些概念。

（一）资源

资源是企业生产耗费的原始形态，是成本产生的源泉。企业作业活动系统所涉及的人力、物力、财力都属于资源。资源费用，是指企业在一定期间开展经济活动所发生的各项资源耗费。资源费用既包括各种房屋及建筑物、设备、材料、产品等各种有形资源的耗费，也包括信息、知识产权、土地使用权等各种无形资源的耗费，还包括人力资源耗费以及其他各种税费支出等。用会计术语表示，资源费用就是企业生产所消耗的各项资产。

（二）作业

作业是指企业为了达到其生产经营的目标所进行的与产品相关或对产品有影响的各项具体活动。常见的作业可以分为以下四类。

（1）单位作业，是指使单位产品受益的作业。此类作业是重复性的，每生产一单位产品即需要作业一次，所耗用成本将随产品数量而变动，与产品产量成比例变动。

（2）产品作业，是指使某种产品的每个单位都受益的作业。如对每一种产品编制数控规划、材料清单，这种作业的成本与产品产量及批数无关，但与产品项目成比例变动。

（3）批别作业，是指使一批产品受益的作业。如对每批产品的检验、机器准备、原材料处理、订单处理等，这些作业的成本与产品的批数成比例变动。

（4）维持性作业，是指使某个机构或某个部门受益的作业。它与产品的种类和某种产品的多少无关。

（三）成本动因

知识拓展·

我国企业推广作业成本法应注意的问题

成本动因又称为成本驱动因素，是对导致成本发生及增加的、具有相同性质的某一类重要的事项进行的度量，是对作业的量化表现。成本动因通常选择作业活动耗用的资源的计量标准来进行度量，如质量检查次数、用电度数等。选择合理的成本动因很重要，最好由成本会计师、生产工艺工程师、ABC 专家共同组成专门小组来做选择，要把企业看作价值链的组合，照顾到动因选择的全面性、代表性、操作性和动因与其他部门的密切关联性。

三、作业成本法的应用

项目案例 9 – 10

【任务情境】M 公司的主要业务是生产服装。该公司的服装生产车间生产 3 种款式的夹克衫和 2 种款式的休闲西服。夹克衫和西服分别由两个独立的生产线进行加工，每个生产线有自己的技术部门。5 款服装均按批组织生产，每批 100 件。相关生产资料如表 9 – 3、表 9 – 4 所示。

表 9 – 3　夹克、西服生产资料

金额单位：元

产品品种	夹克			西服		合计
型号	夹克 1	夹克 2	夹克 3	西服 1	西服 2	
本月批次/批	8	10	6	4	2	30
每批产量/件	100	100	100	100	100	—
本月产量/件	800	1 000	600	400	200	3 000
每批直接人工成本	3 300	3 400	3 500	4 400	4 200	—
直接人工总成本	26 400	34 000	21 000	17 600	8 400	107 400
每批直接材料成本	6 200	6 300	6 400	7 000	8 000	—
直接材料总成本	49 600	63 000	38 400	28 000	16 000	195 000

表9-4 制造费用发生额

金额单位：元

项目	金额
生产设备、检验和供应成本（批次级成本）	84 000
夹克产品线成本（产品级作业成本）	54 000
西服产品线成本（产品级作业成本）	66 000
其他成本（生产维持级成本）	10 800
制造费用合计	214 800
制造费用分配率（直接人工）	2

【任务要求】分别按传统完全成本法和作业成本法计算产品成本。

【任务目标】掌握作业成本法计算产品成本。

【任务分析】采用传统的完全成本法时，制造费用使用统一的分配率进行分配。采用作业成本法时，批次级作业成本按批次比例分配，夹克产品线作业成本按夹克线的生产批次分配，西服产品线作业成本按西服生产批次进行分配，生产维持成本按直接人工成本分配。作业成本分配的第一步是计算作业成本动因的单位成本，作为作业成本的分配率。

【任务实施】

（1）按传统完全成本法计算成本。

制造费用分配率＝制造费用/直接人工成本＝214 800/107 400＝2

成本计算如表9-5所示。

表9-5 成本计算表

金额单位：元

产品型号	夹克1	夹克2	夹克3	西服1	西服2	合计
直接人工	26 400	34 000	21 000	17 600	8 400	107 400
直接材料	49 600	63 000	38 400	28 000	16 000	195 000
制造费用分配率	2	2	2	2	2	—
制造费用	52 800	68 000	42 000	35 200	16 800	214 800
总成本	128 800	165 000	101 400	80 800	41 200	517 200
每批成本	16 100	16 500	16 900	20 200	20 600	
每件成本	161	165	169	202	206	—

（2）按作业成本法计算成本。作业成本分配率计算如表9-6所示。

表9-6 作业成本分配率计算表

金额单位：元

作业	成本	批次	直接人工	分配率
批次级作业成本	84 000	30		2 800 元/批
夹克产品线成本	54 000	24		2 250 元/批
西服产品线成本	66 000	6		11 000 元/批
生产维持级成本	10 800		107 400	0.100 6

根据单位作业成本和作业量，将作业成本分配到产品，如表9-7所示。

表9-7 作业成本分配表

金额单位：元

型号	夹克1	夹克2	夹克3	西服1	西服2	合计
本月批次/批	8	10	6	4	2	30
直接人工	26 400	34 000	21 000	17 600	8 400	107 400
直接材料	49 600	63 000	38 400	28 000	16 000	195 000
制造费用：						
分配率/(元·批$^{-1}$)	2 800	2 800	2 800	2 800	2 800	
批次相关总成本	22 400	28 000	16 800	11 200	5 600	84 000
产品相关成本：						
分配率/(元·批$^{-1}$)	2 250	2 250	2 250	11 000	11 000	
产品相关总成本	18 000	22 500	13 500	44 000	22 000	120 000
生产维持成本：						
分配率	0.100 6	0.100 6	0.100 6	0.100 6	0.100 6	
生产维持成本	2 655	3 419	2 112	1 770	845	10 800
间接费用合计	43 055	53 919	32 412	56 970	28 445	214 800
总成本	119 055	150 919	91 812	102 570	52 845	517 200
每批成本	14 882	15 092	15 302	25 642	26 422	
单件成本（作业成本法）	148.82	150.92	153.02	256.42	264.22	
单件成本（完全成本法）	161	165	169	202	206	
差异	-12.18	-14.08	-15.98	54.42	58.22	
差异率	-7.57%	-8.53%	-9.46%	26.94%	28.26%	

四、传统完全成本法和作业成本法的对比

通过比较完全成本法和作业成本法的计算结果，可以看出：

（1）完全成本法扭曲了产品成本，对某种产品高估或低估。

（2）作业成本法和完全成本法都是对全部生产成本进行分配，不区分固定成本和变动成本，这与变动成本法不同。从长远来看，所有成本都是变动成本，都应当分配给产品。

（3）完全成本法以直接人工作为间接费用的唯一分配率，夸大了高产量产品的单位成本。

闯关练习

项目九

 项目小结

目标成本法，是指企业以市场为导向，以目标售价和目标利润为基础确定产品的目标成本，从产品设计阶段开始，通过各部门、各环节乃至与供应商的通力合作，共同实现目标成本的成本管理方法。目标成本法一般适用于成熟制造业企业的产品改造以及开发设计中的成本管理，也可以在物流、建筑、服务等行业应用。目标成本法的程序一般包括：确定应用对象，成立跨部门团队，收集相关信息，计算目标成本，落实目标成本责任，考核成本管理业绩以及持续改善等环节。

标准成本法，是指企业以预先制定的标准成本为基础，通过比较标准成本与实际成本，核算和分析成本差异，揭示成本差异动因，实施成本控制，评价经济业绩的一种成本管理方法。标准成本法一般适用于产品及其生产条件相对稳定，或生产流程与工艺标准化程度较高的企业。标准成本法的实施一般包括：制定单位产品标准成本，计算实际产量下产品的标准成本，计算产品的实际成本，计算实际成本与标准成本之间的成本差异，分析差异产生的原因。直接材料、直接人工、变动制造费用、固定制造费用的标准成本应为各成本项目的标准用量（或标准工时）与标准单价（或标准分配率）二者之积。直接材料、直接人工、变动制造费用成本差异是实际成本与实际产量下的标准成本之间的差额，主要由两方面原因造成，一方面是实际用量脱离标准用量造成的差异，另一方面是实际价格脱离标准价格造成的差异。固定制造费用成本差异分析可以采用两差异分析法和三差异分析法。

作业成本法是以作业为核算对象，通过成本动因来确认和计量作业量，进而以作业量为基础分配间接费用的成本计算方法。作业成本法适用于作业类型较多且作业链较长，产品、顾客和生产过程多样化程度较高、间接成本或辅助费用所占比重较大的企业。作业是指企业为了达到其生产经营的目标所进行的与产品相关或对产品有影响的各项具体活动，常见的作业可以分为四类：单位作业、产品作业、批别作业、维持性作业。成本动因是对导致成本发生及增加的、具有相同性质的某一类重要的事项进行的度量，是对作业的量化表现。

项目综合实训

（一）标准成本法实训

1. 任务目的：掌握标准成本法的运用。

2. 任务情境：

东方公司生产丁产品，材料正常用量 5.5 千克/件，允许损耗量 0.5 千克/件。材料买价 13 元/千克，装卸检验费 2 元/千克。

丁产品作业时间 5 小时/件，设备调整时间 0.3 小时/件，工间休息 0.2 小时/件。工人每人每月工时 176 小时，出勤率 90%，人数 25 人，每月预算工资总额 99 000 元。

变动制造费用：电力费用预算 2 000 元，材料费用预算 668 元，燃料费用预算 500 元。

固定制造费用：折旧费用预算 3 000 元，技术、管理人员薪酬预算 1 940 元，保险费用预算 600 元，办公费用预算 400 元。

东方公司本月生产丁产品 800 件，期初期末无在产品。直接材料实际用量 5 000 千克，实际单价 13 元/千克，实际工时 4 500 小时，实际工资 126 000 元，实际变动制造费用 3 600 元。丁产品预算产量 850 件，实际固定制造费用为 7 225 元。

3. 任务要求：

（1）计算直接材料、直接人工、变动制造费用、固定制造费用的标准成本。

（2）计算直接材料、直接人工、变动制造费用、固定制造费用的成本差异，并进行差异分析（固定制造费用差异采用三差异分析法）。

（二）作业成本法

1. 任务目的：掌握作业成本法的运用。

2. 任务情境：

甲公司是一家制造企业，生产 A、B 两种产品，按照客户订单分批组织生产，采用分批法核算产品成本。由于产品生产工艺稳定，机械化程度高，制造费用在总成本中比重较大，采用作业成本法按实际分配率分配制造费用。公司设三个作业成本库：材料切割作业库，以切割次数为成本动因；机器加工作业库，以机器小时为成本动因；产品组装作业库，以人工工时为成本动因。

2023 年 9 月，公司将客户本月订购 A 产品的 18 个订单合并为 901A 批，合计生产 2 000 件产品；将本月订购 B 产品的 6 个订单合并为 902B 批，合计生产 8 000 件产品。A、B 各自领用 X 材料，共同耗用 Y 材料。两种材料在各批次开工时一次领用，依次经过材料切割、机器加工、产品组装三个作业完成生产。其中，材料切割在各批次开工时一次完成，机器加工、产品组装随完工进度陆续均匀发生。

9 月末，901A 批产品全部完工，902B 批产品有 4 000 件完工，4 000 件尚未完工。902B 批未完工产品机器加工完成进度 50%，产品组装尚未开始。902B 批生产成本采用约当产量法在完工产品和月末在产品之间进行分配。

（1）本月直接材料费用。

　　901A、902B 分别领用 X 材料的成本为 160 000 元、100 000 元；共同耗用 Y 材料 20 000 千克，单价 5 元/千克，本月 901A、902B 的 Y 材料单耗相同，按照产品产量进行分配。

　　（2）本月制造费用。

　　作业成本明细如表 9−8 所示。

表 9−8　作业成本明细

作业成本库	作业成本/元	成本动因	作业量		
			901A	902B	合计
材料切割	240 000	切脚次数/次	12 000	12 000	24 000
机器加工	900 000	机器小时/小时	2 000	1 000	3 000
产品组装	435 000	人工小时/小时	1 700	1 200	2 900
合计	1 575 000	—	—	—	—

3. 任务要求：

（1）编制直接材料费用分配表、作业成本分配表。

（2）编制 901A 批、902B 批的产品成本计算单。

◆ 项目评价表

目标	要求	评分细则	分值	自评	互评	教师
知识	熟悉标准成本法和作业成本法的含义以及核心概念	全部阐述清楚得 10 分，大部分阐述清楚得 6~9 分，其余视情况得 1~5 分	10			
	掌握标准成本和成本差异的计算公式	全部阐述清楚得 10 分，大部分阐述清楚得 6~9 分，其余视情况得 1~5 分	10			
	明确成本动因的划分，掌握作业成本法的计算	全部阐述清楚得 10 分，大部分阐述清楚得 6~9 分，其余视情况得 1~5 分	10			
技能	能够准确计算各项目的标准成本并编制成本差异计算汇总表	能准确计算标准成本和成本差异各得 8 分，能准确分析差异产生的原因得 4 分。其余视情况得分	20			
	能准确地编制作业成本分配表	能准确编制得 10 分，其余视情况得 1~9 分	10			

目标	要求	评分细则	分值	自评	互评	教师
素质	按时出勤	迟到早退各扣1分，旷课扣5分	10			
	团队合作	小组氛围融洽，合理分工，能进行良好的沟通，视情况1~10分	10			
	职业道德	遵守财经纪律，认真谨慎，数据规范，视情况1~10分	10			
完成情况	按时保质完成	按时提交，视情况1~5分	5			
		书写整齐，视情况1~5分	5			
合计		自评、互评、教师评价各自占比30%、20%、50%	100			

参考文献

[1] 缪金和，王立群，崔维瑜．成本会计实务 [M]．北京：北京理工大学出版社，2020．

[2] 王超．成本会计实务 [M]．北京：教育科学出版社，2021．

[3] 孙颖．成本会计项目化教程 [M]．北京：高等教育出版社，2023．

[4] 张晓燕，王丹．管理会计 [M]．大连：大连理工大学出版社，2018．

[5] 中国注册会计师协会．财务成本管理 [M]．北京：中国财政经济出版社，2023．

[6] 财政部会计财务评价中心．财务管理 [M]．北京：经济科学出版社，2023．

[7] 张敏，黎来芳，于富生．成本会计学 [M]．北京：中国人民大学出版社，2021．

[8] 刘国军，蒋宏成．成本会计实务 [M]．北京：中国人民大学出版社，2017．

[9] 杨继杰，徐联云．成本会计实务 [M]．北京：中国财政经济出版社，2014．

[10] 郑福芹，李丽，王立群．成本会计 [M]．北京：清华大学出版社，2018．

[11] 孙茂竹，于富生．成本与管理会计 [M]．北京：中国人民大学出版社，2018．

[12] 韩英锋，郝海霞，王素娟．成本核算与管理 [M]．北京：中国商业出版社，2020．